# 디지털 시스템 설계

Digital System Design

류장렬 지음

청문각

1947년 Bardeen, Shockley 및 Brattain에 의한 트랜지스터(transistor)의 발명으로 부피가 큰 진공관 기술은 회로의 크기가 작은 반도체 소자들로 대체되었다. 1958년 최초로 실리콘(silicon)재료를 사용한 반도체 부품이 제조된 이후, 평면기술(planar technology)의 발전으로 능동소자(active device) 및 수동소자(passive device)까지도 반도체 집적회로로 구성할 수 있는 미세 전자회로의 시대를 열게 되었다.

국내의 반도체 산업은 1980년에 접어들면서 급속히 발전해 오고 있는데, 이에 따라 반도체 소자들은 더욱 고성능, 고집적화를 이루게 되었다. 즉, 반도체 제조기술의 발전으로 집적회로(IC : integrated circuit)는 더욱 소형화되는 동시에 대량생산으로 값이 저렴하게 되어 실용화의 근간을 이루게 된 것이다. 이러한 발전에 힘입어 반도체는 현대의 첨단 산업기기인 컴퓨터, 통신시스템, 인공위성 및 로봇(robot)에서부터 일상생활의 가전제품에 이르기까지 모든 분야에서 필수적으로 사용되고 있다.

반도체 제품은 크게 메모리(memory)와 비메모리(non-memory)소자로 구분이 되는데, 특히 국내의 기억소자분야는 세계 정상급의 기술 및 생산능력을 보유하고 있다. 그러나 세계 및 국내 반도체 시장에서 비메모리 기술이 차지하는 위치는 매우 취약한 실정에 있다.

우리의 경제와 산업에서 반도체가 차지하는 비중이 대단히 높아지고 있어 국가의 미래를 가늠하는 척도로 사용할 만큼 중요한 위치를 점하고 있다. 그동안 많은 투자와 공정기술 개발을 통하여 메모리 분야는 짧은 역사에도 불구하고 세계 최고의 기술과 공급능력을 갖추게 되었다. 그러나 비메모리 분야는 선진국과 일부 개도국에 비하여 뒤쳐져 있는 것이 현실이다. 전자정보산업의 경쟁력이 곧 국가의 경쟁력이 될 21세기에 메모리와 비메모리를 포함하는 시스템기술과 회로의 설계 및 그 구현기술을 향상시켜야 할 것이다.

고부가가치를 창출하는 첨단제품의 내부를 들여다보면, 반도체 칩(chip)으로 구성되어 있고, 이 반도체 칩의 제작기술은 ASIC(application specific integrated circuit)설계와 공정기술로 나누어진다. ASIC설계란 주어진 설계사양을 하드웨어로 구현하는 것으로 설계사양이 점점 복잡해지고 난이도가 높아지는 반면에 설계기간은 짧아지는 현실 속에서 회로의 설계 자동화에 대한 기술의 혁신이 이루어지고 있다. 설계의 기반인 컴퓨터가 발전하면서 기존의 도식적 설계(schematic design) 방식 대신에 하드웨어 기술언어(HDL : hardware description language)인 VHDL(very high speed integrated circuit HDL)과 Verilog HDL 등이 출현하여 언어적 특성을 이용하여 보다 수준 높은 하드웨어 설계가 가능하므로 설계시간을 단축할 수 있게 되었다. 이러한 장점으로 HDL의 사용이 세계적으로 공인되어 널리 활용되고 있다.

본 교재에서는 VHDL에 대한 기본 문법 및 활용을 통하여 보다 쉽고 빠르게 VHDL에 접근할 수 있도록 실전예제와 문제를 수록하였으며, 이것은 대부분의 회로 설계자들이 빠른 시간 내에 자신이 목적하는 제품을 구현해야 하는 습성을 고려한 것이다.

본 교재의 구성은 크게 세 영역으로 나누어 기술하였는데, 제1편에서는 디지털 시스템의 개념으로 설계의 기본, 설계기술, 디지털 회로 등을 기술하였고, 제2편에서는 VHDL의 기본과 관련한 내용 즉, VHDL의 기본, 객체와 자료형 및 연산자, VHDL의 표현방법, package와 부프로그램을 기술하였다. 제3편에서는 디지털 회로의 설계 및 응용으로 조합논리회로 및 순서논리회로와 VHDL의 응용으로 교통신호기 제어, 디지털시계의 제어, 자동판매기의 제어, PS2키보드 인터페이스의 설계, 승강기의 제어 등 실전 활용의 내용으로 구성되었다. 따라서 이런 내용들은 대학에서 디지털회로설계, VLSI설계 등의 과목 강좌에 활용하면 좋을 것이다.

마지막으로 본 교재의 저술에 VHDL을 보급하여 준 관련 기업의 기술과 국내·외의 관련 저서들을 참고하였기에 충심으로 감사의 말씀을 드리며, 아직도 많이 부족한 내용이라 생각되나, 앞으로 더욱 좋은 책이 될 수 있도록 독자와 관심 있는 분들의 질책과 격려를 기대하며 많은 노력을 경주하고자 한다. 또한 이 책을 펴내는 데 힘써준 청문각출판 편집부 관계자 여러분에게 감사를 드리는 바이다.

2017년 7월
저자

# C o n t e n t s

# VHDL의 기본

# 디지털 회로의 설계 및 응용

Supplement

# Quartus Prime Design Software의 사용

Part

01

디지털
시스템

# 1

Integrated Circuit

# 집적회로

## 집적회로의 개념

### 1 반도체의 기본 성질

전자공학이 발달하기 이전에는 높은 전압의 전원을 주요 에너지원으로 사용하였으며 이에 따라 에너지 소모를 최소화할 수 있는 양질의 도체(conductor)와 누설 전류가 적은 절연체(insulator)가 주요 재료로 사용되었다. 그러나 통신기술 및 컴퓨터기술의 획기적 발전을 위해서는 미소한 전기신호를 처리할 수 있는 부품 및 재료들이 필요하게 되었는데 이것이 바로 반도체(semiconductor)이다. 전기전도의 관점에서 반도체는 도체와 절연체의 중간적 성질을 갖는다. 전기신호의 처리를 위해서는 전기전도를 쉽게 제어할 수 있는 반도체의 특성이 적합하다. 순수한 반도체는 절연체의 특성을 갖지만 여기에 주입하는 불순물(impurity)의 종류와 양에 따라 전기전도뿐만 아니라 전류를 제어할 수 있는 반도체가 되는 것이다. 또한 빛이나 열에 의해서도 전기전도가 쉽게 변화하는 특성이 있으므로 빛신호를 전기신호로 바꾸는 데에도 이용할 수 있다. 반도체 소자의 특성은 양자역학적 개념에 기초하여 물성적 개념을 이해해야 한다. 반도체는 주로 공유결합을 하고 있는 다이아몬드(diamond)형 결정 구조를 갖는 단결정(single crystal)의 형태로 이용된다. 반도체를 이용하여 제작한 전자소자의 전기적 특성은 전하의 운반자 즉, 캐리어(carrier)의 이동에 의하여 이루어지므로 캐리어의 밀도 및 이동 과정이 중요하다. 캐리어는 전자(electron) 또는 정공(hole)으로 나누어진다. 순수한 반도체에 주기율표상 5족 원소를 주입(doping)하면 n형 반도체로써 전자가 전기전도에 크게 기여하게 되고, 3족 원소를 주입하면 p형 반도체로써 정공이 전기전도를 결정하게 된다. 반도체 내에서 캐리어가 이동하는 성질로 불순물 밀도가 높은 쪽에서 낮은 쪽으로 이동하는 확산(diffusion) 현상과 외부 전계에 의한 드리프트(drift)현상이 있다.

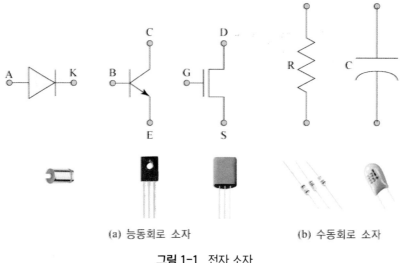

(a) 능동회로 소자 　　　　　(b) 수동회로 소자

그림 1-1　전자 소자

## 2 전자 소자

　현대의 모든 전자제품은 신뢰성, 경제성 및 성능 면에서 우수한 기능을 가지면서도 크기는 점차 작아지는 경향이 있다. 이것은 제품의 내부 시스템을 미세한 전자 소자로 구성할 수 있기 때문에 가능한 것이다.

　기본적으로 디지털회로에 사용되는 소자는 그림 1-1과 같이 저항이나 커패시터 (capacitor)와 같은 수동소자와 다이오드(diode) 및 트랜지스터(transistor)와 같은 능동소자로 구성된다.

　이들 소자들로 구성되는 전자회로는 소자 제조기술의 발전으로 실리콘(silicon)과 같은 단결정(單結晶) 반도체 기판 위에 매우 정밀한 회로로 구현할 수 있게 되었다.

　1900년대 초 진공관 시대를 거쳐 1947년 반도체를 이용한 트랜지스터의 개발이 성공하면서 부피가 큰 진공관 회로를 축소된 형태의 회로로 구현할 수 있었다. 또한 1959년 실리콘 위에 집적회로(IC: integrated circuit)를 평면공정으로 제작하는 기술이 개발됨에 따라 기존의 수동소자와 능동소자를 개별적으로 구성하여 연결하는 작업을 하나의 반도체 기판 위에 전자회로 소자를 제작하는 공정의 기술적 진보를 이룩하였다. 미세 전자회로의 기술을 이용하여 제작된 트랜지스터, 저항 및 커패시터 소자의 단면을 그림 1-2에서 나타내었다.

　저항은 (a), (b)에서 보여주는 바와 같이 반도체 기판에 n형 혹은 p형 불순물 원소를 도핑한 리본모양의 형태로 구현하며, 커패시터는 반도체 기판 위에 얇은 절연체와 금속도체를 부착시켜 기판과 도체 사이에 전하를 저장하는 특성을 이용하여 구현하는 것이다.

이들 수동소자를 반도체 기판 위에 가능한 한 최소 면적으로 구현하는 것이 고밀도 집적회로의 기술에서 중요한 요소이다. 이를 실현하기 위하여 수동소자에 관한 제작공정의 개발을 통해 최소 면적이 구현되기도 하지만 능동소자인 트랜지스터로 대체시켜 제작하는 것이 효율적이다. 실제로 저항을 트랜지스터로 대체하여 제작하는 방법으로 디지털 회로에 쓰여지는 모든 소자의 집적도를 증가시키는 공정을 활용하고 있다.

따라서 고밀도 집적회로 기술은 최소 면적을 차지하면서 성능은 우수한 트랜지스터를 제작하기 위한 공정개발을 많이 연구하고 있다. 트랜지스터는 외부 신호에 따라 전류의 흐름을 제어하며 스위치(switch) 역할을 하는 소자로써 바이폴라 접합 트랜지스터(BJT: bipolar junction transistor)와 단극성 소자인 금속－산화막－반도체 접합 구조를 이용한 전계효과 트랜지스터(MOSFET: metal oxide semiconductor field effect transistor)로 구분된다.

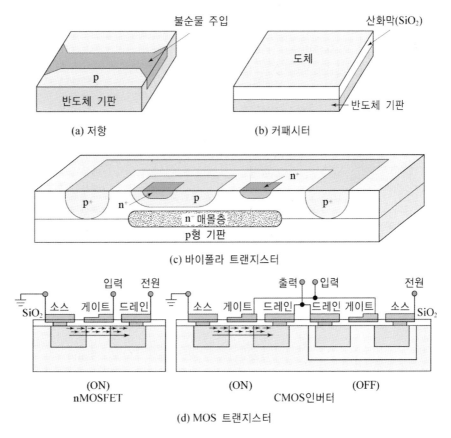

그림 1-2  미세 전자회로 소자의 단면

그림 1-2의 (c)에서는 쌍극성 소자인 npn 트랜지스터의 단면을 보여주고 있는데, 이것은 전류구동 방식으로 동작하는 트랜지스터로 아날로그(analog)회로에 많이 이용된다. 그림의 단면 구조에서 n형 혹은 p형의 불순물 원소를 주입한 얇은 층을 베이스(base)단자로 하고 그 양측으로 반대의 불순물을 주입함으로써 이미터(emitter)와 컬렉터(collector)가 접합하여 npn 혹은 pnp 트랜지스터가 만들어지는 것이다.

MOS 트랜지스터는 전압구동 방식으로 동작을 하며, 디지털 논리회로의 소자로 많이 이용되고 있다. 반도체 기판 위에 n형 혹은 p형 불순물을 주입한 소스(source)와 드레인(drain)영역을 설정하여 두 영역 사이에 절연체를 두고 그 위에 금속이나 다결정 실리콘(polysilicon)의 게이트 전극을 부착시켜 소자를 제작한다. 이를 그림 1-2의 (d)에서 보여주고 있다. 대부분의 집적회로는 실리콘 반도체 기판 위에 제작하는데, 앞에서 기술한 BJT나 MOSFET 제조기술에 의하여 공정이 진행된다.

BJT기술이 먼저 개발되었으나 소요면적, 전력소모 및 지연시간 등의 특성 때문에 MOS기술이 개발되어 집적회로의 제작에 더 많이 이용되고 있다. 표 1-1에서 BJT와 MOSFET의 특성을 비교하였다.

**표 1-1** BJT와 MOSFET의 특성 비교

| 특성 \ 회로기술 | BJT | MOSFET |
|---|---|---|
| 구동 방법 | 전류구동 | 전압구동 |
| 입출력 단자 | 3단자<br>(베이스/이미터/컬렉터) | 4단자<br>(게이트/소스/드레인/기판) |
| 입력 임피던스<br>(입력 전류) | 작다<br>(크다) | 매우 크다<br>(매우 작다) |
| 출력 임피던스<br>(출력 전류) | 작다(수 $\Omega$ ~수백 $K\Omega$)<br>(크다) | 크다(수십 $K\Omega$ ~∞)<br>(작다) |
| 신호 전달 | 단방향 | 양방향 |
| 전력 소모 | 크다 | 매우 작다 |
| 집적도 | 낮다 | 높다 |
| 잡음 여유도 | 작다 | 크다 |
| 부하 지연시간 | 무관 | 밀접 |
| 전달 전도도($g_m$) | 크다 | 작다 |
| 회로 방식 | 정적 | 동적/ 정적 |

## 3 집적회로의 기술

미세 전자소자로 구성한 전체회로를 단결정 실리콘 반도체 위에 구현한 집적회로(集積回路)가 1959년에 개발된 이래 제한된 면적에 보다 많은 회로 소자를 집적시키기 위한 노력이 계속 진행되어 오고 있다. 실제로 1970년대 말까지 트랜지스터의 집적도는 1년에 두 배에 가까운 증가를 보여 오다가 최근에는 괄목할 만한 성장 추세를 보이고 있다. 이러한 집적회로의 발전은 SSI(small scale integration), LSI(large scale integration), VLSI(Very large scale integrated circuit) 세대를 거쳐 최근 ULSI(ultra large scale integration)세대가 계속되고 있다. 지난 1996년에 0.35 $\mu$m 크기의 미세패턴에 관한 가공기술의 개발로 6백만 개 이상의 트랜지스터를 집적시킨 마이크로프로세서(microprocessor)와 256M($2^{28}$) 비트(bit)를 저장할 수 있는 기억소자가 개발되었다. 그 후 4 G, 16 G, 32 G, 64 G, 128 G비트의 저장능력을 갖는 기억소자가 개발되어 양산되고 있다.

표 1 - 2에서는 반도체 소자에 관한 제조기술의 발전단계를 요약하여 수록하였으며, 그림 1 - 3에서는 집적회로 기술을 분류하여 나타내었다.

**표 1-2** 반도체 소자에 관한 제조기술의 발전단계

| 년도 | 제조기술 |
| --- | --- |
| 1947 | 실리콘 재료를 이용한 점접촉 방식의 BJT 개발 |
| 1951 | 접합형 전계효과 트랜지스터(J-FET)의 개발 |
| 1952 | 단결정 실리콘 재료의 개발 |
| 1959 | 평면공정 기술을 이용한 실리콘 트랜지스터의 개발 |
| 1960 | MOSFET의 개발 |
| 1963 | 상보MOS(complementary MOS) 논리회로 개발 |
| 1968 | 1개 트랜지스터 DRAM의 개발 |
| 1976 | 16-bit 마이크로프로세서의 개발 |
| 1984 | 0.5 $\mu$m 회로패턴 가공기술 및 초고속 집적회로의 개발 |
| 1992 | 64M DRAM의 개발 |
| 1996 | 0.35 $\mu$m 회로패턴 가공기술 및 128M DRAM의 개발 |
| 1998 | 256M DRAM 개발 |
| 2000 | 1G DRAM 개발 |
| 2002 | 4G DRAM 개발 |

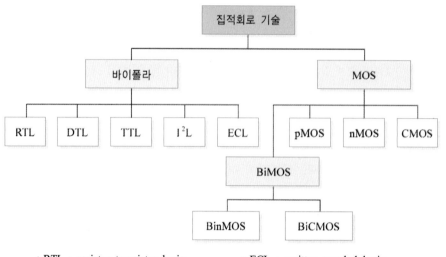

- RTL : resistor transistor logic
- DTL : diode transistor logic
- TTL : transistor transistor logic
- I²L : integrated injection logic

- ECL : emitter coupled logic
- pMOS : p-channel MOS
- nMOS : n-channel MOS
- CMOS : complementary MOS

**그림 1-3** 집적회로 기술의 분류


## 집적회로의 설계

### 1 설계의 개요

집적회로의 일반적인 설계의 특성은 구조적 계층성(structurally hierarchy)과 추상화 (abstraction)로 구분할 수 있다. 구조적 계층성은 설계 대상을 전체 대상에서 세부 단계 까지 효과적으로 나타낼 수 있도록 하는 방법이며, 추상화는 설계 작업이 능동적으로 수행되도록 다양한 표현 기법을 제공하는 것이다.

구조적 계층성에는 그림 1-4에서 나타낸 바와 같이 설계의 대상을 여러 개의 작은 단위로 구성하는 것이다. 가장 상위 수준의 설계 A는 B와 C의 하위 수준의 설계 단위 로 나누어지고, B와 C는 보다 작은 설계 단위로 구성되는데, 보통 하향식(top-down)과 상향식(bottom-up)방법의 두 가지로 구분된다.

하향식 방법은 설계의 대상을 계속 상세하게 구분하면서 설계가 수행되는 것이며, 상향식 방법은 기본 셀(cell)에서부터 상위 수준의 셀을 구성하여 집단화시키는 설계방 식을 말한다.

설계의 또 다른 특성인 추상화는 설계와 관련한 정보만을 모아서 대상을 표현하는

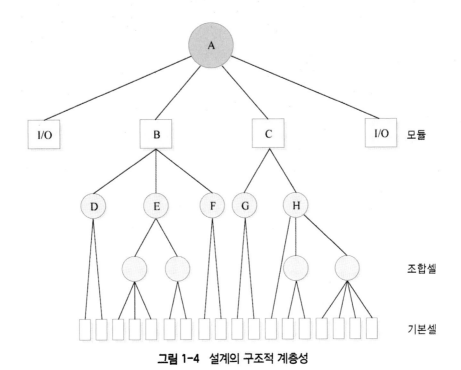

**그림 1-4** 설계의 구조적 계층성

작업이 이루어지는 것이다. 집적회로의 설계에서 대상을 구조적으로 생각하거나 고급 언어를 이용하여 프로그램으로 나타낼 수 있다. 또한 집적회로 구현을 위하여 물리적으로 표현할 수 있다.

그림 1-5에서는 논리 인버터(inverter)와 관련한 여러 가지 추상화 표현 기법을 나타내고 있다. 그림 1-5(a)와 같이 고급언어로 표현하거나 (b)와 같이 입력에 대한 출력값인 진리표(truth table)로 나타낼 수 있다. 또한 그림 (c)의 특성곡선, (d)의 논리기호로 나타내거나 (e)와 같이 nMOS와 pMOS를 전원과 접지 사이에 연결하고 입력과 출력단자를 접속한 회로도로 표현하거나 (f)와 같이 집적회로 제작에 용이하게 여러 층의 다각형으로 구성된 도면 정보 즉, 레이아웃(layout)으로 나타낼 수 있는 것이다.

```
#include <studio.h>
main(   )
{
   int  input,  output;
   …
   output = !input;
   …
```

(a) C프로그램

| 입력 | 출력 |
|------|------|
| 0 | 1 |
| 1 | 0 |

(b) 진리표

(계속)

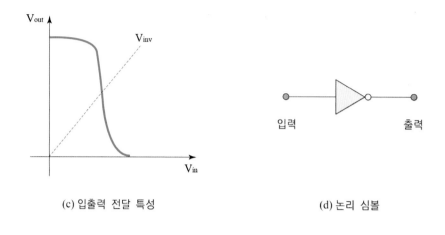

(c) 입출력 전달 특성

(d) 논리 심볼

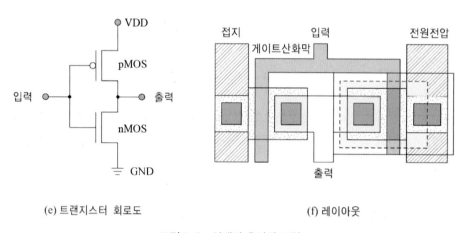

(e) 트랜지스터 회로도

(f) 레이아웃

**그림 1-5  설계의 추상화 표현**

　여기서 디지털 시스템 설계에 있어서 고유한 설계 특성으로 상호 접속 정보가 중요하며 도형적인 패턴 정보가 필요하다고 생각할 수 있을 것이다. 집적회로 내에서 각 소자는 특정 경로를 통하여 다른 소자들과 상호 접속되어 있다. 이 접속정보를 통하여 회로의 기하(topology)를 구성할 수 있다. 그림 1-6에서는 집적회로 설계에서 중요하게 취급하는 두 가지의 기하학적 모양을 보여주고 있다.

　그림 1-6(a)에서는 CMOS(nMOS와 pMOS), 전원 단자 VDD, 접지 단자 GND와 입·출력 단자가 상호 연결되어 논리회로가 구성되는 것을 보여주고 있다. 여기서 연결선이 나누어지거나 만나는 곳에 접합점(node)이 형성되는데, 집적회로 설계에 있어서 이 접합점(node)은 커패시턴스 특성을 갖는 회로 요소로 취급한다.

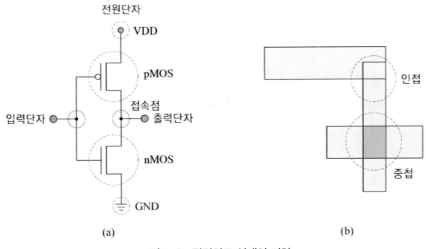

**그림 1-6** 집적회로 설계의 기하

그림 1-6(b)에서는 두 개의 층이 중첩되거나 접속되는 경우를 다각형으로 나타낸 것인데, 설계 데이터로부터 연결정보를 유도하는 것이 매우 중요하며 이를 위하여 접합점 추출(node extraction)작업이 수행된다. 이것은 도형적인 패턴 정보로써 레이아웃(layout)이라고 한다.

## 2 설계의 과정

1980년대 중반까지 집적회로 설계는 반도체 회로 기술에 직접 관계되는 게이트 레벨(gate level)의 논리회로 설계와 집적회로 레이아웃 설계가 주요 과제였다. 1980년대 중반부터 집적도의 증가에 따라 설계 규모가 기존의 설계 방법으로 다루기가 어려워졌다. 이에 따라서 반도체 회로 기술과 직접 관계되지 않는 상위 수준의 설계 방법이 사용되었는데, 하드웨어의 동작과 구조를 표현하기에 적합한 고급 언어인 HDL(hardware description language)을 이용하여 하드웨어를 고급 수준으로 설계하고 하위 수준의 설계 데이터를 합성하는 과정이 집적회로 설계에 도입되었다.

그림 1-7에서는 CAD 프로그램을 이용한 집적회로 설계의 전체 흐름을 보여주고 있다.

### 1) 알고리즘 수준의 설계 및 검증

알고리즘(algorithm) 수준의 하드웨어(hardware) 기능과 성능, 입·출력 신호 등을 정의하는 과정으로 추상도가 높은 HDL을 이용하여 하드웨어의 동작을 기술하고 모의실험(simulation)함으로써 설계자에게 친숙한 고급의 설계 방법을 제공하는 것이 목적이다. 이 수준의 설계에서는 하드웨어 동작이 몇 단계의 시간 단위를 필요로 할 것인가 또는 기본 연산 처리 및 레지스터 등의 기능 영역이 몇 개가 요구되는가 등을 예측하는 상위 수준의 합성이 수행되고, 전체 하드웨어가 기능 영역 단위의 구조로 표현되는 레지스터 전송(register transfer) 수준의 하드웨어 설계 데이터로 변환된다.

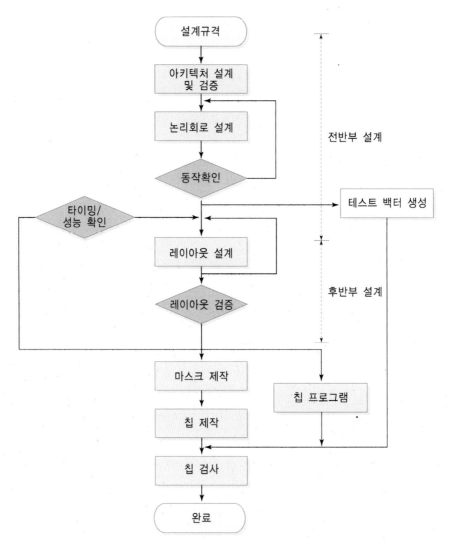

**그림 1-7  집적회로 설계 및 제작의 흐름도**

## 2) 기능 수준 설계 및 검증

목적하는 하드웨어 동작을 구현하기 위한 내부 기능 블록을 고급언어(HDL)로 기술하고, 기능적인 모의실험을 통해서 설계 검증을 하는 것으로 알고리즘 수준과는 달리 기능과 하드웨어 영역 사이에 1 : 1의 대응 관계를 갖는 고급언어 설계 기술이 레지스터 전송 수준에서 이루어진다. 예를 들면 내부의 주요 기능을 마이크로프로그램 기능, 논리 기능의 제어 영역, 레지스터(register) 가·감산기와 산술연산기능 등의 연산 하드웨어 영역들로 구성하여 하드웨어 구조를 설계한다. 레지스터 전송 수준의 설계 표현은 알고리즘 수준보다는 좀 더 구체적인 하드웨어 구조를 나타내지만 게이트 수준보다는 추상도가 높다. 고급언어로 기술된 레지스터 전송 수준의 설계 데이터는 논리 게이트 합성(synthesis)을 통해서 게이트 수준의 논리회로 데이터로 변환된다. 논리 수준의 설계 데이터를 합성하거나 설계하는 과정은 집적회로 구현을 위한 구체적인 특성 데이터를 요구하기 때문에 그 이하의 설계 과정은 집적회로 기술에 직접적인 관계를 갖는다.

## 3) 게이트 수준의 설계 및 검증

레지스터 전송 수준의 설계 데이터에서 추상도를 낮추어서 보다 구체적인 논리 게이트 수준의 회로를 구성하고, 논리 시뮬레이션을 통해 논리적인 기능을 검증한다. 설계 과정에는 집적회로 구현과 밀접한 회로 저장고(cell library)와 공정에 관한 자료를 반도체 회사로부터 제공받아 설계에 이용한다. 논리 설계의 결과가 레지스터 전송 수준에서 정의한 기능을 논리적으로 만족시키는가의 여부, 하드웨어 동작의 성능과 관련한 지연시간의 제한, 집적회로 구현에 허용되는 게이트 수의 제한 등에 대한 확인 및 검증이 이루어진다. 이 과정에서 소자 고유의 지연시간과 예측되는 배선 길이의 시간 특성에 관한 모의실험이 수행된다. 이외에도 논리 설계부터 시제품이 제작된 후, 제품의 결함 여부를 검사하기 위한 데이터의 생성과 검증이 이루어진다. 논리 설계 데이터로부터 검사 데이터, 즉 테스트 패턴(test pattern)을 자동 생성하여 제품의 결함을 검출할 수 있도록 하고 있다.

## 4) 레이아웃 설계 및 검증

집적회로의 후반부 설계 과정인 레이아웃 설계(layout design)는 게이트 수준에서 검증된 설계 데이터인 회로요소(netlist)를 집적회로 구현을 위하여 필요한 마스크의 제작 데이터로 변환시키는 과정으로 이 과정은 집적회로의 설계 방법에 따라서 크게 세 가지 과정으로 구분된다.

첫 번째로 완전 주문형(full custom) 설계는 집적회로 제작에 요구되는 제작 과정의

각 공정 단계에 대한 완벽한 마스크 세트(mask set)를 레이아웃 편집기를 이용하여 직접 수작업으로 설계하는 것이다.

두 번째는 표준 셀(standard cell) 설계 방식인데, 이 설계 방식은 셀의 배치와 셀 사이의 배선을 CAD 프로그램을 통하여 자동 합성하거나 직접적인 수동 작업으로 처리한다. 일반적으로 수동 작업은 자동 합성보다 집적회로의 크기 및 성능을 향상시킬 수 있으나, 설계 기간이 길어지는 문제를 갖는다.

세 번째의 게이트 어레이(gate array)의 설계 방식은 게이트의 매크로 셀(macro cell)이 배치된 마스터(master) 배열에 대하여 상호 연결에 관한 배선 작업을 CAD 프로그램을 사용하여 자동적으로 합성하고 생성하는 것이다.

레이아웃 설계의 주요 과정인 배치 및 배선(placement and routing)은 집적회로의 전체 크기를 작게 할 수 있도록 연결 배선의 길이를 짧게 하는 목표를 갖고 작업을 하여야 한다. 집적회로의 결함(고장) 발생에 직접적인 영향을 미칠 수 있기 때문이다.

검증된 회로요소(netlist)로부터 기술적인 도면 작성(technology mapping)과정을 통하여 자동 합성된 데이터는 PLD(progammable logic device)의 하드웨어 프로그래밍에 이용된다. 이와 같이 설계된 집적회로의 레이아웃 및 프로그래밍 데이터에서 실제의 배선 길이아 기생적으로 발생히는 지항(R)과 용량(C)의 변수 값을 주줄하는 작업과정을 거친 후 설계된 집적회로의 시간 특성의 성능을 분석하는 검증 과정인 마지막 모의실험(simulation)이 수행된다.

## 3 설계의 종류

일반적으로 집적회로는 표 1 – 3에 나타낸 바와 같이 3가지 종류로 구분할 수 있다.

### 1) 표준 집적회로

TTL(tranisistor transistor logic) 방식의 표준 논리회로 제품이나 ROM(read only memory), RAM(random access memory) 등의 기억소자(memory) 제품을 반도체 업체가 생산하고 시스템 설계자는 표준의 범용 집적회로를 고정 배선(hard-wired) 방식으로 구성하여 응용 시스템을 설계하는 것이다. 특정 용도의 주문에 대하여 이 제품을 이용해서 응용 시스템을 설계하고 구현하는 개별화(customizing)과정은 많은 개발 시간과 인력이 요구된다.

**표 1-3** 집적회로 제품의 종류 및 특성

| 제품종류 \ 특성 | 대표적 집적회로 | 집적회로의 주요 특성 | 응용 시스템 설계 방법 |
|---|---|---|---|
| 표준 집적회로 | TTL(SSI/MSI) 메모리(ROM, RAM) | 표준 논리회로 범용 집적회로 소품종 대량 생산 | 고정 배선 (hard-wired) 설계 |
| 마이크로 집적회로 | 마이크로프로세서 | 표준 시스템 범용 집적회로 소품종 대량 생산 | 펌웨어/프로그래밍 (firmware/programming) 소프트웨어 설계 |
| 주문형 집적회로 | ASIC (application specific integrated circuit) | 주문형 시스템 특정 용도 집적회로 다품종 소량 생산 | 하드웨어 합성 및 프로그래밍 설계 |

### 2) 마이크로 집적회로

1960년대 말에 기본적인 산술 논리 및 제어 기능을 단일 집적회로 형태로 구현하고 특정 용도의 주문에 따라서 프로그래밍으로 차별화시키는 마이크로프로세서가 개발되었다. 실제로 1969년에는 미국 Intel사의 제안에 따라 일본의 전자계산기(calculator)회사가 다양한 계산 기능을 구현하기 위해서 마이크로프로세서의 모델을 채택하였으며, 또한 최초의 범용 마이크로프로세서가 개발되었다. 그 이후 성능 및 가격 면에서 괄목할 만한 발전을 계속하여 현재에는 많은 종류의 상용 제품이 개발되어 사용되고 있는데, 이들 제품의 응용은 컴퓨터와 통신 산업 분야를 비롯하여 사회, 경제 및 문화 등의 전반적인 분야에서 커다란 변화를 가져오는 데 큰 역할을 하고 있다.

여기에서는 범용 마이크로프로세서를 특정 용도의 시스템을 위해서 프로그래밍함으로써 표준 집적회로를 이용할 때보다 응용 시스템의 설계 및 구현에 요구되는 비용을 감소시킬 수 있었다. 그러나 범용 구조의 이용은 하드웨어의 최적화를 제한하여 가격 경쟁력을 떨어뜨리거나 특정 목적에 대하여 최대의 동작 성능을 제공하는 제품의 제작에 어려움을 받게 되었다.

### 3) 주문형 집적회로

메모리와 마이크로프로세서의 개발은 컴퓨터의 성능은 크게 향상시키면서 가격을 떨어뜨리는 요인으로 작용하여 그 보급이 급격히 늘어나면서 거대한 시장이 형성하게 되었다. 특히 집적회로 설계의 복잡한 작업을 수행하는 데 필요한 기억 용량과 처리 능력을 갖춘 고성능 컴퓨터의 출현은 집적회로 설계를 위한 CAD의 발전에 크게 기여

하게 되었다. CAD의 발전은 집적회로의 설계를 수행하는 데 요구되는 대부분의 과정을 자동화시켰으며, 이러한 설계 자동화(design automation)는 집적회로 정보에 대한 설계가 신속하고 정확하게 이루어질 수 있도록 하여 특정 용도의 주문형 집적회로(ASIC : application specific integrated circuit)의 개발이 가능해졌다. 즉, 특정 용도에 적합한 하드웨어의 구현이 CAD를 이용한 하드웨어 프로그래밍 방식으로 이루어져 집적회로의 개발 기간과 비용, 성능에서 충분한 경제성을 갖추게 된 것이다. 또한 다양한 특정 용도용 집적회로의 정보에 대하여 하드웨어 구조 및 성능의 최적화가 경제적으로 이루어지도록 게이트 어레이(gate array)나 표준 셀(standard cell) 등의 자동 설계 방식이 개발되었다.

## 4 주문형 집적회로(ASIC)

넓은 의미의 ASIC은 소수 사용자를 위한 ASCP(application specific custom product)와 다수 사용자를 위한 ASSP(application specific standard product)로 구분된다. ASSP는 사용자의 요구와 관계없이 시스템의 용도에 따라 제작되는 표준 집적회로로 통신용 집적회로, 오디오 / 비디오용 집적회로 등을 나타내며, ASCP는 사용자 정보에 대한 ASIC의 설계 방법에 따라서 완전 주문형(full custom), 반 주문형(semi custom) 및 사용자 프로그램 논리(field programmable logic) 집적회로로 분류된다. 여기서는 ASCP를 ASIC으로 생각하여 기술하고자 한다.

실제로 집적회로 설계 과정은 크게 전반부(front end)와 후반부(back end)로 나누어지

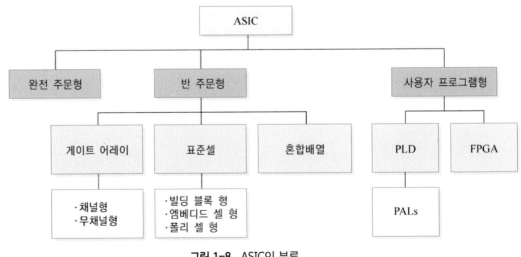

그림 1-8  ASIC의 분류

는데, 전반부 설계는 설계 정보로부터 게이트 수준의 설계 데이터를 유도하는 과정을 말하며, 후반부 설계는 반도체 제작 과정에 직접적으로 관련되는 레이아웃 데이터를 구성하는 과정을 의미한다. 일반적으로 ASIC의 분류는 그림 1-8과 같이 나타낼 수 있는데, 이러한 분류는 집적회로 설계의 후반부 과정에서 적용되는 설계 방법에 따라서 구분된다. 즉, 게이트 수준의 설계 데이터로부터 레이아웃 데이터를 구성하는 과정을 기준으로 ASIC이 분류되는 것이다. 따라서 ASIC의 완전 주문형 집적회로와 반 주문형 집적회로, 사용자 프로그램 논리 집적회로는 게이트 수준의 설계 데이터를 어떻게 집적회로로 구현하는가에서 그 차이점을 찾을 수 있다.

ASIC의 설계 방법은 집적회로의 구현을 위해서 요구되는 경비와 밀접한 관계를 가진다. 집적회로의 특성 및 응용 범위에 관계없이 집적회로의 제작에 소요되는 비용은 생산 수량과는 무관한 고정 비용의 개념인 설계 및 검사 개발 경비와 생산 수량의 증가에 따라 증가되는 비용인 생산과 검사 경비로 구성된다. 범용성 집적회로는 일반적으로 대량 생산을 하는 반면에 특정 용도의 ASIC은 대부분 소량 생산이기 때문에 고정 개발 경비의 부담을 줄이는 것이 매우 중요하다. ASIC 설계 과정에서는 생산자 및 사용자 모두에게 설계 초기의 개발비용인 NRE(non recurring engineering) 비용을 절감시키기 위해서 다양한 설계 방법들이 이용되고 있다. 집적회로의 생산량이 증가하면 증가 비용의 비중이 커지게 되어 상대적으로 높은 고정 비용을 부담하더라도 증가된 비용을 최소화하기 위한 설계 방식을 필요로 한다. 완전 주문형 방법은 설계 자동화의 비중을 감소시키고, CAD 프로그램을 이용하여 세부적인 레이아웃 패턴을 직접 설계한다. 이 방법은 가장 작은 면적의 집적회로를 설계하는 것이 가능하나, 설계 기간이 길어지고 개발 비용이 증가하게 되는 단점이 있다.

ASIC의 설계 방법 중 반 주문형 집적회로는 설계 자동화를 이용해서 설계 비용의 최소화를 추구하는데, 주로 표준 셀과 게이트 어레이 설계 방법을 이용한다. 표준 셀(standard cell)방법에서는 동작과 성능이 검증된 논리 및 아날로그 회로를 저장고(library)로 등록하고 셀 저장고가 제공하는 기능 모듈(module) 단위에 대한 하드웨어 프로그래밍을 통하여 집적회로 설계가 이루어진다. 설계에 요구되는 저장고의 회로들을 이용하여 레이아웃의 배치(placement) 및 배선(routing)을 수동 혹은 자동화하여 집적회로 설계의 후반부 과정을 수행한다. 셀의 크기 및 특성에 따라서 빌딩 블록(building block)형과 엠베디드(embedded)셀형, 폴리(poly)셀형으로 구분된다. 이 방식은 설계된 집적회로마다 제조 공정의 마스크 세트가 주문설계되며, 집적회로의 크기는 완전 주문형보다는 크지만 게이트 어레이와 비교할 때 레이아웃 자유도가 높기 때문에 보다 작은 면적의 구현이 가능하다.

게이트 어레이(gate array)설계 방법에서는 매크로 셀(macro cell)로 불리는 NAND, NOR 등과 같은 기본 논리 게이트나 표준 논리 소자를 규칙적인 열(raw)로 배열한 레이아웃 구조를 상호 연결하는 배선작업 이전까지 제조하고, 설계 정보에 따라서 매크로 셀들 사이의 배선을 하드웨어 상에서 설계하여 금속 배선의 주문형 마스크만을 프로그래밍함으로써 집적회로 설계의 후반부 과정을 수행한다. 원래의 게이트 어레이에서는 매크로 셀의 열들이 상호 연결을 위한 고정 폭의 배선 채널(channel)을 사이에 두고 분리되었으나, 최근에는 기존의 배선 채널을 없애고 다층 금속 배선으로 매크로 셀을 상호 연결하여 매크로 셀의 배열 밀도를 증가시킨 SOG(sea of gate)구조가 많이 이용된다. 게이트 어레이 설계 방식은 확산 공정까지 미리 제작되어 있는 마스터(master) 어레이에 대하여 설계 제작된 배선 마스크의 공정만으로 집적회로가 구현되기 때문에 전체 제작 기간이 짧은 장점을 갖는다. 그러나 고정된 마스터 어레이에 대한 배선 설계는 마이크로 셀의 상당 부분을 사용하지 못하여 효율성이 떨어지는 문제를 갖고 있다. 이 방법은 마스크를 프로그램하기 때문에 마스크 프로그램 게이트 어레이(MPGA: mask programmable gate array)라고도 부른다.

또한 표준 셀과 게이트 어레이의 장점을 결합한 집적회로 구조인 혼합형 어레이 혹은 엠베디드 게이드 어레이의 실세 방식이 개발되었다. 이것은 게이트 어레이에 RAM, ROM 및 마이크로프로세서 코어(core)와 같은 메가 셀(mega cell)을 포함시킨 마스터 어레이를 미리 제작하고, 설계 과정에서는 배선을 결정하는 반 주문형 집적회로를 구현하는 것으로 표준 셀과 같은 집적도와 게이트 어레이의 짧은 개발 기간을 동시에 얻을 수 있는 설계 방법이다.

최초의 사용자 프로그램 논리 소자(FPLD: field programmable logic device)는 PLA(progammable logic array)로써 두 단계의 논리 게이트로 구성되는데, 프로그래머블 AND 어레이 구조와 프로그래머블 OR 어레이 구조를 구현할 수 있는 평면이 차례로 연결되어 있다. AND평면에서는 논리곱(logic product)을 프로그래밍하며, OR평면에서는 논리합(logic sum)이 프로그래밍 된다. 이 구조는 AND와 OR평면의 입력 수가 제한되는 것만 제외하고는 논리 구현에서 응용이 매우 자유롭다. 1970년대 초에 개발된 PLA는 생산비용이 높고 성능이 좋지 않은 문제를 갖고 있었다. 이러한 문제는 PLA가 두 단계의 프로그래밍 어레이 평면 구조를 갖기 때문이다. 그 후 개발된 PLA는 AND평면에 대한 한 단계만의 프로그래밍에 의해서 초기에 개발된 PLA의 단점을 해결하였다. PLA는 플립-플롭(flip-flop)에 대해 고정된 AND-OR평면의 연결 구조를 가지며, AND평면의 어레이 구조를 프로그래밍하여 원하는 논리 기능을 구현한다. PLA와 PAL 등을 SPLD(simple programmable logic devices)라고도 부른다. 실제로 SPLD는 작은 크기의 회로 구현에 대하여 낮은 비용과 우수한 동작 성능을 갖고 있다.

입력의 수가 많아짐에 따라서 프로그래밍되는 평면의 크기가 급격히 증가하는 SPLD의 구조적 문제를 해결하기 위하여 CPLD(complex PLD)가 개발되었다. CPLD는 단일 칩에 여러 개의 SPLD영역을 확장시키고 영역 사이의 연결을 프로그래밍할 수 있도록 하는 것이다. 현재 상용 CPLD도 개발되었으나, 보다 많은 논리 게이트의 밀도를 갖는 PLD를 구현하는 것이 어렵게 되어, 고밀도 논리 게이트의 구현을 이룩할 수 있는 사용자 프로그램 게이트 어레이(FPGA: field-programmable gate array)를 개발하여 이용하기에 이르렀다. FPGA는 PLD와 게이트 어레이의 장점을 결합시켜서, 내부적으로 고정된 AND-OR배열구조가 아닌 게이트 어레이의 융통적인 연결 구조를 갖고 사용자에게 논리적인 프로그래밍을 할 수 있도록 한 것이다. 실제로 FPGA는 CPLD와 달리 논리 평면의 단계를 제한하지 않고 MPLD와 같이 다수의 논리 영역을 갖고 연결을 프로그래밍할 수 있는 구조를 갖도록 하고 있다. 표 1-4에서는 설계 방법에 따른 차이점을 요약하였다.

**표 1-4** ASIC 설계 방식의 특성 비교

|  | FPLD | 게이트 어레이 | 표준 셀 | 완전 주문형 |
|---|---|---|---|---|
| 집적도(gate 수) | 10,000 | 100,000 | 250,000 | 350,000 |
| 설계 이전의 제작 공정진도(%) | 100 | 70~90 | 0 | 0 |
| 설계 기간 | 매우 짧다 | 짧다 | 중간 | 길다 |
| 시제품 개발 기간 | 없다 | 작다 | 중간 | 크다 |
| 칩 제조 비용 | 가장 높다 | 높다 | 중간 | 낮다 |

# 2

## Design Technology of Digital Circuit
# 디지털회로의 설계기술

## 디지털회로의 설계

디지털회로 설계라고 하는 것은 디지털 로직(logic)을 이용하여 목표하는 회로의 설계를 말하는데, 원하는 동작, 즉 설계사양이 주어지면 디지털 지식을 바탕으로 필요한 회로를 구성하는 것이다.

이렇게 설계된 회로를 이용하여 제품을 제작하게 되는 것이다. 즉 표준화된 반도체 부품을 적절히 조합하여 원하는 동작이 되도록 구성하고, 인쇄회로기판(PCB)을 제작하여 제품을 완성하게 되는 것이다.

그러나 제품이 점점 복잡화, 소형화 및 다기능화 됨에 따라 여러 가지 문제점이 발생하게 된다. 즉, 부품 수의 증가에 따른 소형화의 어려움, 원가상승 요인, 부품수의 증가로 인한 고속 동작의 어려움, 전력소모에 대한 감소의 어려움 등이 그것이다.

따라서 이러한 문제점 때문에 주문형 반도체, 즉 ASIC(application specific integrated circuit) 기술이 출현하게 된 것이다. 이것은 특정한 기능을 수행할 수 있도록 설계·제조된 칩으로 회로 혹은 시스템 등의 개별부품을 하나의 집적회로로 구현하는 것이다.

### 1 주문형 반도체

앞서 기술한 바와 같이 주문형 반도체는 범용성이 높은 표준 집적회로와는 달리 사용자의 요구에 따라 특정기능을 갖도록 설계하여 하나의 칩으로 제작한 것이다.

이러한 주문형 반도체의 장점은 고집적화, 소형·경량화, 고성능화, 저가격화 및 기능의 복잡화, 저소비 전력화 등 제품의 경쟁력 강화와 핵심기술 보호 등을 들 수 있으며,

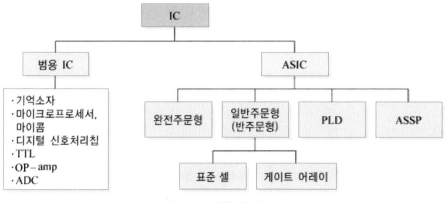

**그림 2-1** 집적회로의 분류

용어

- IC Integrated Circuit
- ASIC Application Specific IC
- PLD Programmable Logic Device
- ASSP Application Specific Standard Product
- DSP Digital Signal Processing
- ADC Analog Digital Converter
- OP-amp Operation amplifier

단점은 초기 개발비용의 증가, 설계의 어려움, 설계사양의 변경에 대한 수정의 제한, 수량이 적은 경우 칩(chip) 단가의 상승 등으로 생각해 볼 수 있다.

일반적으로 집적회로, 즉 IC는 범용 반도체와 주문형 반도체로 크게 나눌 수 있다. 앞에서 살펴본 주문형 반도체, 즉 ASIC의 분류는 특별히 정의된 분류방법은 없으나, 그림 2-1에서 보여주는 바와 같이 완전주문형, 반주문형, PLD(programmable logic device), ASSP(application specific standard product)로 나눌 수 있으며, 반주문형은 다시 표준 셀과 게이트 어레이로 분류할 수 있다. 이들에 대한 특징은 다음 절에서 자세히 살펴보기로 하자.

## 2 주문형 반도체의 설계기술

### 1) 완전주문형 설계

앞에서 기술한 주문형 반도체는 그 구현방법에 따라 완전주문형 방식, 표준 셀 방식, 게이트 어레이 방식, SOG(sea of gate) 방식, PLD(programmable logic device) 방식과

PLD 방식의 일종인 CPLD(complexed PLD) 방식 및 게이트 어레이의 일종인 FPGA (field programmable gate array) 설계방식 등으로 분류할 수 있다.

여기서 첫 번째 설계방식인 완전 주문형(full custom) 설계방식에 관하여 살펴보자. 완전주문형 설계기술은 구현하고자 하는 회로에 대하여 CAD 프로그램(tool이라 하기도함)을 이용하여 로직 셀(logic cell)부터 시작하여 웨이퍼 가공에 쓰이는 마스크 패턴(mask pattern)을 위한 레이아웃(layout) 도면까지 설계자가 직접 설계와 검증을 하는 방식이다. 이 방식은 처음부터 설계자가 직접 설계를 하기 때문에 적은 면적에 소자를 집적할 수 있어 대량생산의 경우 저가격화를 이룰 수 있으며, 동작속도를 최대로 맞출수 있다. 반면에 집적회로 제작을 위한 공정용 마스크를 모두 만들어야 하므로 제조비용이 커지고, 설계시간이 많이 걸리며, 설계에 필요한 고급 전문인력을 필요로 하는 단점도 갖고 있는 기술이기도 하다.

이러한 완전주문형 설계를 원활히 수행하기 위하여는 복잡한 회로의 설계기술이 필요하고, 단일 기판상의 회로를 구성하는 기술이 필요하며, 미세 반도체 공정기술과 회로 성능점검을 위한 시뮬레이션 기술이 필요하게 된다.

### 2) 표준 셀 설계

두 번째 설계기술로 표준 셀(standard cell) 설계방식이 있다. 이것의 특징은 설계하려는 칩의 레이아웃을 위하여 칩(chip)제조 전에 필요한 셀(cell)들을 셀 저장고(cell library)로부터 불러서 조립한 후, 시뮬레이션을 통해 그 기능을 검증하는 것이다. 다시 말하면 게이트가 미리 제조되어 있지는 않으나, 동작과 성능이 검증된 논리기능들이 회로 혹은 레이아웃 도면 형태의 라이브러리로 있다가 새로운 디지털시스템을 설계할때, 그 라이브러리를 불러와서 배치 및 배선을 수행하여 칩을 제작하므로 완전주문형

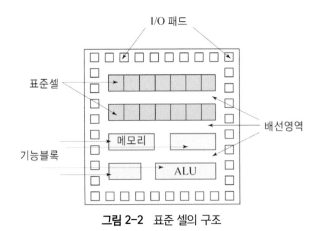

**그림 2-2** 표준 셀의 구조

보다 개발기간과 비용이 줄어들고 또 간편함, 대중성 등의 장점이 있다. 반면에 셀의 종류 및 성능에 제한이 있을 수 있고, 칩이 집적되는 면적의 비효율성을 갖고 있는 방식이기도 한다.

그림 2-2에서는 표준 셀의 구조를 보여주고 있다. 그림에서와 같이 배선채널로 분리된 영역상에 논리기능의 셀들을 배열하고, 이 셀 영역들을 열로 정렬하게 된다. 여기에 부가하여 대형 집적회로의 기능 영역, 즉 ALU(산술연산장치), ROM/RAM 등 메모리 기능 등과 상호 연결되도록 구성할 수 있으며, 영역 내에서는 어느 곳이나 셀을 배치할 수 있는 특징이 있다.

### 3) 게이트 어레이 설계

주문형 반도체의 세 번째 설계 기술인 게이트 어레이(gate array) 방식에 관하여 살펴보자. 이 방식은 일부주문형 집적회로의 일종으로 볼 수 있는데, NAND/NOR 등의 기본 논리게이트나 표준 논리소자와 같이 완전한 기능의 논리소자를 규칙적으로 배열하여 금속배선 이전까지의 제조 공정이 끝난 것을 설계의 내용에 따라 배선만 하여 원하는 설계를 완성하는 것으로, 기본적인 논리회로의 종류와 특성은 미리 반도체 제조회사에서 셀 라이브러리의 형태로 제공받아 설계하는 방식이다. 이와 같이 설계자가 설계한 회로를 공장에서 미리 준비한 원판에 금속 배선만 수행하여 원하는 기능의 칩을 구현할 수 있으므로 개발비가 저렴하며, 개발기간이 짧아지는 장점이 있으나 설계에 제약이 따를 수 있고, 주어진 어레이의 트랜지스터 중 사용하지 않는 것도 설치해야 하며, 고정된 어레이와 고정된 회로 형태만을 사용하여야 하므로 칩 면적이 낭비되는 단점도 갖고 있는 방식이다.

그림 2-3에서는 게이트 어레이의 구조를 보여주고 있다. 그림(a)는 블록(block)형,

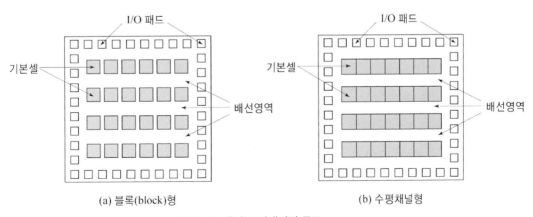

(a) 블록(block)형          (b) 수평채널형

**그림 2-3** 게이트 어레이의 구조

그림(b)는 수평채널형을 나타낸 것이다.

칩의 구조는 3개의 주요부분으로 이루어지며, 주위의 입·출력 회로와 다이(die)를 패키지에 연결하는 입·출력 패드영역과 기본 셀인 논리소자영역 및 배선용 채널 영역으로 구성되어 있다.

### 4) SoG 설계

다음으로 SoG(Sea of Gate) 설계기술을 살펴보자. 이 SoG는 앞서 살펴본 게이트 어레이 설계기술의 일종으로, 게이트 어레이 방식에서 배선영역이 없는 형태로 배선하여 칩을 설계하는 방식인데, 이 방식은 배선영역이 있는 게이트 어레이보다 집적도를 높일 수 있고, 개발에 필요한 마스크 제작비 등 개발비용이 절약되며, 제품마다 초기공정은 완료시켜 놓은 상태에서 후공정만 다르게 진행시켜 완성한다. 그러므로 칩 제작기간이 단축되어 신속한 제품 개발을 할 수 있어 기술 경쟁력의 확보에 유리한 설계방식이다. 그러나 주어진 셀을 모두 사용하지 못하고, 고정된 레이아웃 셀의 배열과 고정된 회로 형태만을 사용해야 하는 문제로 칩 면적이 낭비되는 단점이 있기도 하다.

그림 2–4에서는 SoG의 구조를 보여주고 있다. 채널이 없는 게이트 어레이 구조, 즉 칩 전체가 게이트로 구성되어 있는 것이다. 여기서 게이트와 게이트 사이의 연결은 표면 배선을 이용하게 된다.

### 5) PLD 설계

이제 PLD(programmable logic device) 설계기술에 관하여 살펴보자. PLD는 완전주문형, 표준 셀 및 게이트 어레이 등과는 다르게 반도체 칩을 직접 제작하지 않고, 이미 프로그램이 가능하도록 제작되어 판매하는 칩에 설계할 또는 설계된 회로를 프로그램

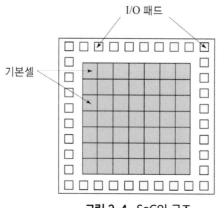

**그림 2-4 SoG의 구조**

하여 바로 구현이 가능하도록 한 소자이다. 이 방식은 시제품의 제작이나 기능 검증용 등의 용도에 적합하며, 아주 적은 비용으로 최단기간에 회로를 구현하여 볼 수 있는 방식으로 칩을 즉시 프로그램하여 사용할 수 있고, 초기 생산비용이 들지 않아 소량의 칩 제작을 가능하게 한다. 또한 설계 및 프로그램을 위해 사용되는 장비의 비용이 적게 들고, 재프로그램이 가능한 PLD의 경우, 재프로그램하여 사용할 수 있는 장점이 있다. 그러나 개별 단가가 비싸고 한정된 게이트를 갖고 있어 보다 많은 게이트가 필요한 설계에는 한계가 있는 방식이기도 하다.

그 종류로는 PROM, EPROM, EEPROM, PAL, PLA 등이 있다. 여기서 ROM은 프로그램이 가능한 소자로 사용자가 용도에 맞게 프로그램하여 사용할 수 있는 칩을 말하고 PROM(programmable ROM)은 퓨즈(fuse)인 금속선을 서로 연결시킨 상태로 칩을 만든 후, 사용자의 필요에 따라 끊거나 연결하여 프로그램하는 칩으로 프로그램이 되면 더 이상 내용 변경이 어려운 방식이다. EPROM(erasable PROM)은 내용을 지울 수 있으며, 재프로그램이 가능한 칩이며, EEPROM(electrically EPROM)은 전기적으로 내용을 지울 수 있으며, 재프로그램이 가능한 칩을 말한다. PAL(programmable array logic)은 AND 어레이 로직과 OR 어레이 로직으로 구성된 소자로 OR항은 고정되어 있고, AND항은 프로그램이 가능한 칩을 말하며, PLA(programmable logic array)는 프로그램이 가능한 AND게이트와 OR게이트로 구성된 칩을 각각 말한다. 그림 2-5에서는 PLD의 일반적인 구조를 보여주고 있다.

### 6) CPLD 설계

여섯 번째의 설계기술로 CPLD(complexed PLD) 설계기술에 관하여 살펴보자. 이 CPLD는 매크로 셀(macro cell)이라 하는 기본 논리회로 영역은 PAL과 유사하나, 속도

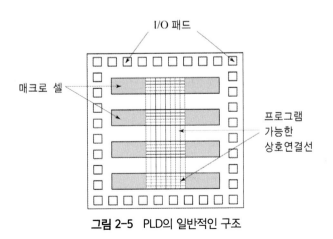

**그림 2-5** PLD의 일반적인 구조

는 상대적으로 빠르며, 작은 매크로 셀을 사용하여 회로의 집적도를 향상한 소자로써 다수의 입력을 받아 AND하고, 그 결과를 OR하여 출력하는 구조의 소자이다. 하나의 매크로 셀을 구성하는 논리회로의 규모가 비교적 크고, 매크로 셀의 지연특성이 일정하므로 지연속도의 예측이 가능하며, 조합논리회로의 구현에 적합한 방식이다.

### 7) FPGA 설계

FPGA 설계기술을 살펴보자. FPGA(field programmable gate array)의 설계기술은 기본적으로 게이트 어레이 방식으로 분류할 수 있다. 기본 논리영역의 배열은 게이트 어레이와 유사하나 게이트 어레이와는 달리 프로그램에 의하여 내부회로의 배선이 연결되는 구조를 갖고 있다. 이 구조의 장점은 기본 논리영역이 CPLD의 매크로 셀보다 다수 집적되어 있어서 게이트 사용도가 높고, 플립 – 플롭(flip flop)이 많이 포함되어 있는 순서논리회로 설계의 구성에 적합한 방식이다. 단점으로 지적할 수 있는 것은 FPGA의 기본 논리회로가 CPLD의 매크로 셀보다 입력범위가 작아서 입력이 많은 조합논리회로의 구성인 경우, 그 구성 형태를 예측할 수 없으므로 지연시간의 예측이 어렵다는 것이다.

그림 2 – 6에서는 FPGA의 일반적인 구조를 보여주고 있는데, 기본적인 논리 셀이 다수 배열되어 있고, 각 논리 셀 사이의 가로와 세로 줄에 프로그램이 가능한 상호 연결선이 존재하는 구조로 되어 있다.

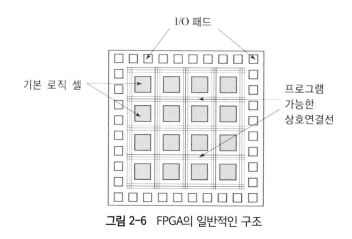

**그림 2-6** FPGA의 일반적인 구조

# 디지털회로 설계의 흐름

## 1 디지털회로 설계의 흐름

지금까지 주문형 반도체의 설계기술에 관하여 살펴보았다. 이제 설계에 대한 전반적인 흐름에 관하여 공부하여 보자.

주문형 집적회로에서 설계흐름이란 설계사양이 결정된 이후부터 목표하는 소자에 그 설계내용을 채우기까지의 과정을 단계별로 나타낸 것이며, 특히 주문형 반도체 또는 FPGA를 사용하여 칩을 설계하고자 하는 경우, 각 단계별 설계지식을 습득할 필요가 있다.

그림 2-7에서는 주문형 반도체의 칩 설계에 대한 흐름도를 보여주고 있다.

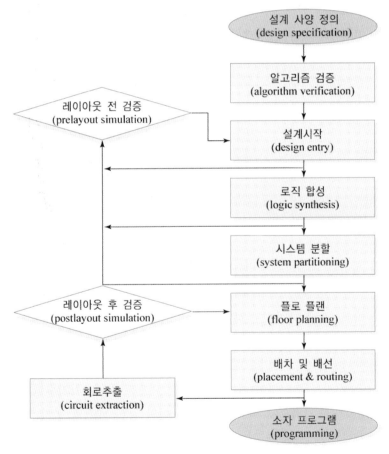

**그림 2-7** 주문형 반도체의 설계 흐름도

먼저 설계사양이 주어져야 한다. 디지털회로 설계를 위하여 주문형 반도체의 칩을 제작하고자 할 때, 핵심이 되는 부분으로 "어떤 내용을 설계하고 구현할 것인가?"가 바로 설계사양이다. 이 설계사양에는 설계의 내용뿐만 아니라 "어떠한 소자를 선택해야 하는가?"에 대한 요구조건도 포함되어야 한다. 따라서 설계자는 이 단계를 명확히 이해하여야 한다.

두 번째는 알고리즘 검증 단계인데, 설계사양 중에는 복잡한 부분, 간단한 부분 등의 여러 가지 고려사항이 있다. 복잡한 경우라면 복잡한 알고리즘과 관련 프로그램을 이용하여 설계사양에 대한 내용을 검증하는 그런 절차가 필요할 것이다.

세 번째는 설계의 시작 단계로써 주어진 설계 요구사항에 대하여 이해를 한 후, 실제로 하드웨어를 위한 설계로 들어가는 단계이다. 도식적인 설계나 뒤에서 언급할 설계기술언어, 즉 VHDL 혹은 Verilog HDL로 시작하기 전에 설계방안을 구상하고 설계에 들어가는 것이 효과적인 방법일 것이다.

네 번째는 설계회로의 합성 단계인데, 도식적인 방법으로 설계를 하였다면 이미 목표에 맞는 정보의 소자들로 회로를 그렸기 때문에 이 과정이 필요 없으나, 설계기술 언어인 VHDL이나 Verilog HDL 등으로 프로그램(이를 코드화한다고 함)하여 회로를 설계하였다면, 회로합성 단계가 반드시 필요하게 된다. 합성(synthesis)이란 개념적으로 하드웨어 기술언어로 구성한 프로그램을 논리회로로 바꾸어주는 설계 단계를 말한다.

다섯 번째는 시스템 분할이다. 이것은 설계자가 입력한 회로를 CPLD/FPGA 내부의 매크로 셀들을 조합하여 실현할 수 있도록 분할하는 것이다.

여섯 번째는 레이아웃 전 검증 단계인데, 이것은 기능검증이라고도 하며, 설계사양대로 설계가 이루어졌는지를 검증하는 과정이다.

일곱 번째는 플로플랜(flow plan)단계로써 목표하는 소자를 실제 다이(die) 기준으로 시스템의 각 영역에 배치구도를 잡는 그런 과정이다.

여덟 번째는 배치 및 배선 단계로써 소자를 어떻게 배치할 것인가에 관한 구도를 잡았으면 실제 논리회로들을 배치하고 배선하는 과정으로 이를 레이아웃(layout)이라 하기도 한다.

아홉 번째는 회로 추출 단계이다. 배치 및 배선이 끝나면 논리회로 그 자체뿐 아니라, 배선에서의 지연시간도 고려하여 설계해야 한다. 요즈음 미세공정기술이 발달하여 트랜지스터의 크기가 획기적으로 작아지고 있다. 이와 같이 배선의 굵기가 좁아질수록 논리소자 그 자체의 지연시간보다는 배선에서 발생하는 지연시간이 더 크게 영향을 미치는 결과를 초래할 수 있다. 이렇게 회로 전반에 걸쳐서 발생하는 지연시간, 저항값 및 커패시터 값 등을 계산하여 뽑아주는 것을 회로 추출이라 한다.

열 번째로 레이아웃 후 검증 단계이다. 기능상으로 문제가 전혀 없어도 레이아웃 후에 발생하는 지연시간, 셋업시간(setup time) 및 유지시간 등의 타이밍(timing)이 문제가 될 수 있어서 목표하는 칩과는 다른 결과를 초래할 수 있게 되는 경우가 종종 있게 되는데, 이를 바로 잡기 위하여 레이아웃 후 검증 또는 타이밍 검증이 필요한 것이다.

마지막은 소자의 프로그래밍 단계이다. 주문형 반도체를 칩으로 구현하는 경우는 레이아웃을 수행한 후, 반도체 제조공정을 거쳐 시제품을 만들면 되지만, FPGA나 PLD와 같은 소자는 목표한 대로 배치 및 배선이 끝나면 바로 프로그램하여 원하는 칩을 얻게 되는 것이다.

## 2 FPGA의 설계 흐름

앞에서 ASIC의 설계흐름을 살펴보았다. 이제 FPGA를 이용한 설계에서 그 흐름을 살펴보자.

그림 2-8에서는 대표적인 FPGA의 설계 흐름도를 보여주고 있는데, 앞서 살펴 본

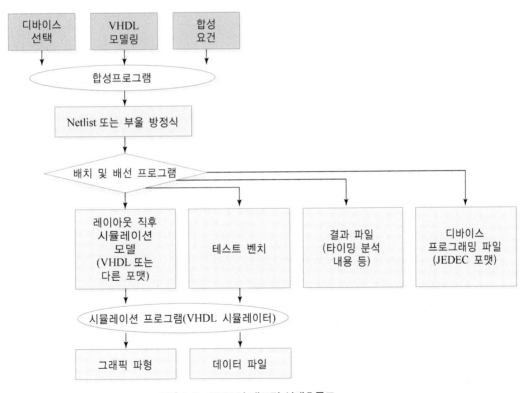

그림 2-8  FPGA의 대표적 설계흐름도

설계흐름도보다 좀더 구체적으로 표현되고 있다. 우선 논리 합성 전에 소자를 선택해야 한다. 소자를 선택한다는 것은 선택한 해당 제조업체에서 제작한 소자의 전달지연시간 및 부하특성 등을 설계에 반영하겠다는 것을 뜻하는 것이다. 또한 배치 및 배선작업을 통해 좀더 구체적인 타이밍 정보를 알 수 있게 된다.

레이아웃 전 검증에서는 동작에 대한 모델링이 정확하게 이루어졌는지를 확인한다. 배치 및 배선이 완전히 끝났을 때, 타이밍에 관한 구체적인 정보를 알 수 있으므로 다시 검증을 하여 타이밍 요구조건이 만족하는지를 확인해야 하는 것이다. 앞서 이를 레이아웃 후 검증이라 하였으나, 동작뿐 아니라 저항, 기생커패시터 효과 등으로 전달지연시간 특성이 충분히 고려된 타이밍 특성을 확인할 수 있는 것이다.

이와 같이 타이밍 분석기를 통하여 셋업시간, 지연시간, 최대 동작 주파수 등을 계산하는 데 필요한 정보들을 제공하여 주게 된다. 타이밍 특성에 대한 설계검증이 완료되면 생성된 소자 프로그래밍 파일을 사용하여 FPGA칩을 프로그래밍할 수 있게 되는 것이다.

## 자 기 학 습 문 제

다음 물음에 적절한 답을 고르시오.

01    다음 중 주문형 반도체(ASIC)의 장점이 아닌 것은?

① 고집적화                      ② 소형 경량화
③ 고소비전력화                  ④ 핵심기술 보호


02    다음 중 로직 셀부터 레이아웃 도면까지 설계와 검증을 설계자가 직접 수행하는 방식은?

① 완전 주문형                   ② 표준 셀
③ 게이트 어레이                 ④ Programmable Logic Device


03    다음 중 기본 셀을 미리 웨이퍼에 제작하고 설계의 내용에 따라 배선만 하여 원하는 설계
를 완성하는 설계 방식은?

① Standard cell                ② Full custom
③ Gate array                   ④ Solar cell


04    다음 중 게이트 어레이 설계기법의 일종으로 배선 영역 없이 배선하는 기술은?

① SoG                          ② PLD
③ CPLD                         ④ FPGA


05    이미 칩(chip)으로 제작되어 판매한 소자를 이용하여 설계된 회로를 프로그램하여 구현하
는 설계 기법은?

① 완전 주문형                   ② 표준 셀
③ FPGA                         ④ Programmable Logic Device

06 다음 중 게이트 어레이 방식과 유사한 것으로 내부 회로의 배선이 프로그램에 의하여 구현되는 설계 기법은?

① 완전 주문형 ② 표준 셀
③ FPGA ④ Read Only Memory

07 다음 중 PLD계열에서 OR항이 고정되어 있고, AND항을 프로그램하도록 되어 있는 구조는?

① PAL ② EEPROM
③ PROM ④ ROM

08 다음 그림의 구조를 갖는 설계기법은?

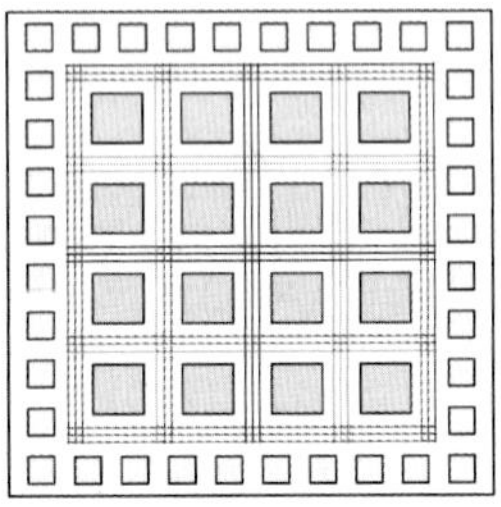

① CPLD
② PLA
③ FPGA
④ PAL

09 다음 그림의 구조를 갖는 설계기법은?

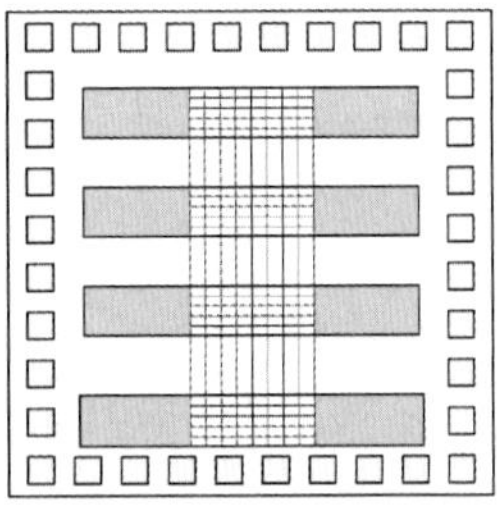

① PLD
② 표준 셀
③ FPGA
④ SoG

10 다음과 같은 그림의 구조로 집적회로를 설계하는 기법은?

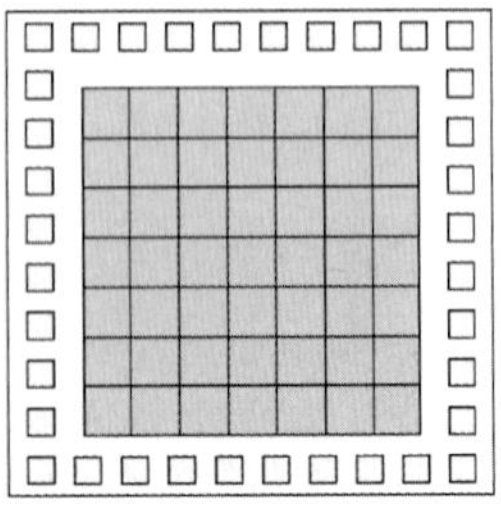

① PLD
② 표준 셀
③ FPGA
④ SoG

11  다음과 같은 그림의 구조로 집적회로를 설계하는 기법은?

① PLD
② 표준 셀
③ PAL
④ 게이트 어레이

12  디지털회로 설계의 흐름에서 합성(synthesis)의 의미는?

① 설계 요구사항대로 검증하는 작업
② 프로그램 형식의 코드를 논리회로로 바꾸어 주는 작업
③ 시스템 각 블록(block)의 배치 구도를 잡는 작업
④ 배치 및 배선 작업

13  디지털회로 설계의 흐름에서 회로 추출(circuit extraction)의 의미는?

① 설계된 회로를 전체 시스템 관점에서 분할하는 작업
② 타이밍 검증을 하는 작업
③ 실제 회로의 배치 구도를 잡는 작업
④ 회로 전반에 걸쳐 발생하는 지연시간 등을 뽑아주는 작업

14  다음 중 디지털회로의 설계에서 설계 요구사항대로 설계가 이루어졌는지를 검증하는 작업은?

① 레이아웃 전 검증          ② 설계회로 합성
③ 알고리즘 검증            ④ 배치 및 배선

15  다음 중 디지털회로의 설계에서 실제 논리회로를 배치한 후, 배선하여 끝내는 작업은?

① 논리 합성      ② 회로 추출      ③ 레이아웃      ④ 배치 구도

16  디지털회로의 설계에서 레이아웃 후에 발생하는 지연시간 등의 타이밍 문제를 검증하는 작업은?

① 레이아웃 후 검증          ② 배치 및 배선
③ 회로 추출              ④ 회로 합성

01 주문형 반도체(ASIC)의 특징에 관하여 간략히 기술하시오.

02 디지털회로 설계에서 ASIC의 (1) 설계기법을 분류하고, (2) 그 특징을 간략히 기술하시오.

(1) 분류

① ②

③ ④

⑤ ⑥

⑦

(2) 특징

03 설계 사양으로부터 FPGA 구현까지의 설계 흐름을 그림으로 나타내시오(별지에 그리기).

# 3 디지털회로

Digital Circuit

## NOT 게이트와 버퍼 게이트

### 1 NOT 게이트

NOT 게이트는 한 개의 입력과 한 개의 출력을 갖는 게이트로 논리 부정(論理否定)을 나타낸다. 2진수의 논리 반전(反轉)을 만들어내므로 입력에 디지털 신호를 공급하면 반대의 신호가 출력된다. 즉, 입력이 1(ON)인 경우에 출력은 0(OFF)이 되고, 입력이 0(OFF)인 경우에는 출력이 1(ON)이 된다. 따라서 NOT 게이트를 인버터(inverter)라고도 한다.

NOT 게이트를 논리식으로 표시할 때는 $\overline{A}$ 나 $A'$ 와 같이 나타낸다. NOT 게이트의 진리표, 동작 파형, 논리기호는 그림 3-1과 같다.

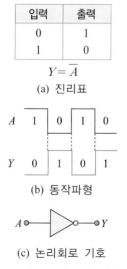

| 입력 | 출력 |
|:---:|:---:|
| 0 | 1 |
| 1 | 0 |

$Y = \overline{A}$

(a) 진리표

(b) 동작파형

(c) 논리회로 기호

**그림 3-1** NOT 게이트의 기본 개념

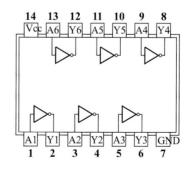

**그림 3-2** NOT 게이트의 IC 구조

다음 회로에서 입력 $A$에 구형파를 인가하였다. 출력 $B$와 $Y$의 파형을 그리시오.

출력 $B$는 입력 $A$의 반전된 파형이 나오고, 출력 $Y$는 $B$의 반전된 파형이 출력되므로 결과적으로 출력 $Y$는 입력 $A$와 동일한 파형이 출력된다.

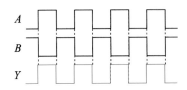

| $A$ | $Y$ |
|:---:|:---:|
| 0 | 0 |
| 1 | 1 |

$Y = A$

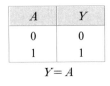

(a) 진리표      (b) 논리회로 기호

**그림 3-3** 버퍼의 진리표와 기호

## 2 버퍼

버퍼(buffer)는 입력된 신호를 변경하지 않고, 입력된 신호를 그대로 출력하는 게이트로 그림 3-3과 같이 단순한 전송을 의미한다. 즉, 입력신호가 1인 경우에는 출력신호가 1이 되고, 입력신호가 0인 경우에는 출력신호는 0이 된다.

## AND 게이트

AND 게이트는 2개 이상의 입력에 대하여 1개의 출력을 얻는 게이트로 논리곱(論理積)이라 하며, 이 게이트의 출력은 입력에 의하여 결정되는데, 입력이 모두 1(ON)인 경우에만 출력이 1(ON)이 되고, 입력 중에 0(OFF)이 하나라도 있으면 출력은 0(OFF)이 된다. 2-입력 AND 게이트의 진리표, 동작파형, 논리기호는 그림 3-4와 같다.

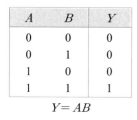

| $A$ | $B$ | $Y$ |
|:---:|:---:|:---:|
| 0 | 0 | 0 |
| 0 | 1 | 0 |
| 1 | 0 | 0 |
| 1 | 1 | 1 |

$$Y = AB$$

(a) 진리표

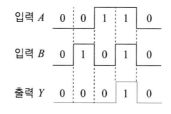

(b) 동작파형

(c) 논리회로 기호

**그림 3-4**  2-입력 AND 게이트

AND 게이트의 출력에 대한 논리식은 $Y = A \cdot B = AB$로 나타낸다.

기본 AND 게이트는 입력이 2개인 2-입력 AND 게이트다. 그러나 입력이 3개인 게이트도 원리는 2-입력 AND 게이트와 같다. 그림 3 - 6은 3-입력 AND 게이트를 보여주고 있다.

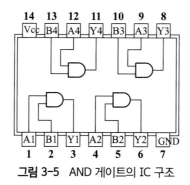

**그림 3-5**  AND 게이트의 IC 구조

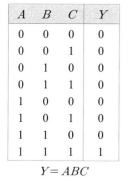

| $A$ | $B$ | $C$ | $Y$ |
|:---:|:---:|:---:|:---:|
| 0 | 0 | 0 | 0 |
| 0 | 0 | 1 | 0 |
| 0 | 1 | 0 | 0 |
| 0 | 1 | 1 | 0 |
| 1 | 0 | 0 | 0 |
| 1 | 0 | 1 | 0 |
| 1 | 1 | 0 | 0 |
| 1 | 1 | 1 | 1 |

$$Y = ABC$$

(a) 진리표

(b) 동작파형

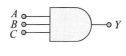

(c) 논리회로 기호

**그림 3-6**  3-입력 AND 게이트

2-입력 AND 게이트의 한 입력 $A$에 구형파를 인가하였다. 다른 입력인 $B$에 0을 인가한 경우와 1을 인가한 경우 각각의 출력파형을 그리시오.

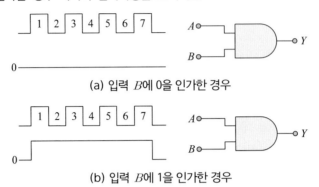

(a) 입력 $B$에 0을 인가한 경우

(b) 입력 $B$에 1을 인가한 경우

(a) 입력 $B$에 0을 인가한 경우, 구간 1, 3, 5, 7에서는 $A=1$, $B=0$이므로 출력 $Y$는 0이다. 구간 2, 4, 6에서는 $A=0$, $B=0$이므로 출력 $Y$는 0이다. 따라서 출력 $Y$는 항상 0이 출력된다.

(b) 입력 $B$에 1을 인가한 경우, 구간 1, 3, 5, 7에서는 $A=1$, $B=1$이므로 출력 $Y$는 1이다. 구간 2, 4, 6에서는 $A=0$, $B=1$이므로 출력 $Y$는 0이다. 따라서 출력 $Y$에는 $A$와 동일한 파형을 얻을 수 있다.

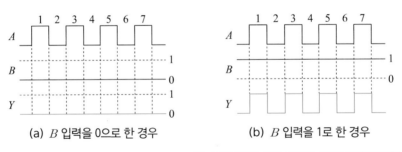

(a) $B$ 입력을 0으로 한 경우          (b) $B$ 입력을 1로 한 경우

## OR 게이트

OR 게이트는 2개 이상의 입력에 대해 1개의 출력을 얻는 게이트로 논리합(論理合)을 나타내며, 입력이 모두 0인 경우에만 출력은 0이 되고, 입력 중에 1이 하나라도 있으면, 출력은 1이 된다.

2-입력 OR 게이트의 진리표, 동작파형, 논리기호는 그림 3-7과 같다.

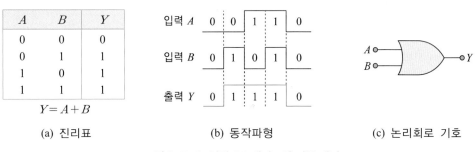

| $A$ | $B$ | $Y$ |
|-----|-----|-----|
| 0 | 0 | 0 |
| 0 | 1 | 1 |
| 1 | 0 | 1 |
| 1 | 1 | 1 |

$$Y = A + B$$

(a) 진리표    (b) 동작파형    (c) 논리회로 기호

**그림 3-7** 2-입력 OR 게이트의 기본 개념

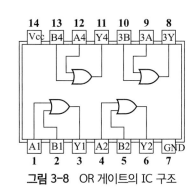

**그림 3-8** OR 게이트의 IC 구조

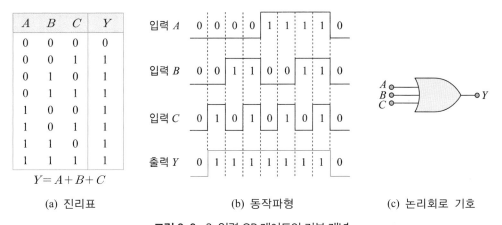

| $A$ | $B$ | $C$ | $Y$ |
|-----|-----|-----|-----|
| 0 | 0 | 0 | 0 |
| 0 | 0 | 1 | 1 |
| 0 | 1 | 0 | 1 |
| 0 | 1 | 1 | 1 |
| 1 | 0 | 0 | 1 |
| 1 | 0 | 1 | 1 |
| 1 | 1 | 0 | 1 |
| 1 | 1 | 1 | 1 |

$$Y = A + B + C$$

(a) 진리표    (b) 동작파형    (c) 논리회로 기호

**그림 3-9** 3-입력 OR 게이트의 기본 개념

OR 게이트의 출력에 대한 논리식은 $Y = A + B$로 나타낸다. 기본 OR 게이트는 입력이 2개인 2-입력 OR 게이트이다. 그러나 입력이 여러 개인 OR 게이트도 원리는 2-입력 OR 게이트와 같다.

그림 3–9는 3-입력 OR 게이트에 대한 진리표, 동작파형, 논리기호를 나타내고 있다.

# NAND 게이트

NAND 게이트는 2개 이상의 입력에 대하여 1개의 출력을 얻는 게이트로, 입력이 모두 1인 경우에만 출력은 0이 되고, 그렇지 않는 경우의 출력은 1이 된다. 이 게이트는 AND 게이트와는 반대로 작동하는데, NOT-AND의 의미로 NAND 게이트라고 부른다. NAND 게이트는 AND 게이트 바로 뒤에 NOT 게이트가 연결되는 것과 같은 동작이다.

2-입력 NAND 게이트의 진리표, 동작파형, 논리기호는 그림 3 – 10과 같다.

| $A$ | $B$ | $Y$ |
|-----|-----|-----|
| 0 | 0 | 1 |
| 0 | 1 | 1 |
| 1 | 0 | 1 |
| 1 | 1 | 0 |

$$Y = \overline{AB}$$

(a) 진리표      (b) 동작파형      (c) 논리회로 기호

**그림 3-10**   2-입력 NAND 게이트

NAND 게이트의 불(boolean) 대수식은 $Y = \overline{AB}$ $= (AB)'$ 이다. 3-입력 NAND 게이트의 기본 개념은 그림 3 – 12와 같으며, 동작은 2-입력 NAND 게이트와 같은 원리이다.

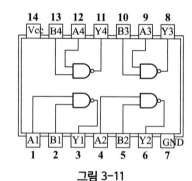

**그림 3-11**

NAND 게이트의 IC 구조 (7400)

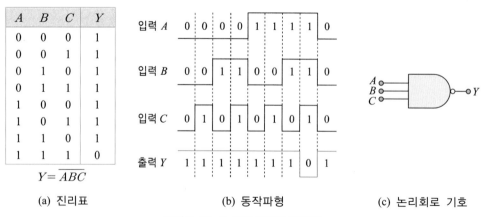

| $A$ | $B$ | $C$ | $Y$ |
|-----|-----|-----|-----|
| 0 | 0 | 0 | 1 |
| 0 | 0 | 1 | 1 |
| 0 | 1 | 0 | 1 |
| 0 | 1 | 1 | 1 |
| 1 | 0 | 0 | 1 |
| 1 | 0 | 1 | 1 |
| 1 | 1 | 0 | 1 |
| 1 | 1 | 1 | 0 |

$$Y = \overline{ABC}$$

(a) 진리표      (b) 동작파형      (c) 논리회로 기호

**그림 3-12**   3-입력 NAND 게이트

3-입력 NAND 게이트 입력에 그림과 같은 파형이 입력될 때 출력 $Y$의 파형을 그리시오.

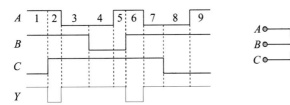

출력 $Y$는 3개의 입력이 모두 1일 때만 0이 되고, 나머지 경우에는 1이 되므로 구간 2, 6에서는 출력이 0이 되고 구간 1, 3, 4, 5, 7, 8, 9에서는 1이 된다.

다음 진리표로부터 출력 함수 $Y$를 구하는 논리 회로를 NAND 게이트만의 회로로 구현하시오.

예제 3-4의 진리표

| $A$ | $B$ | $C$ | $Y$ |
|-----|-----|-----|-----|
| 0 | 0 | 0 | 0 |
| 0 | 0 | 1 | 1 |
| 0 | 1 | 0 | 1 |
| 0 | 1 | 1 | 1 |
| 1 | 0 | 0 | 1 |
| 1 | 0 | 1 | 0 |
| 1 | 1 | 0 | 1 |
| 1 | 1 | 1 | 0 |

진리표로부터 출력 $Y$를 곱항의 합(최소항)형 논리식으로 구하고, 이를 이중 부정을 취한 후, 드 모르간 법칙을 적용하면 다음과 같이 변형된다.

$$Y = \overline{A}\,\overline{B}\,C + \overline{A}\,B\,\overline{C} + \overline{A}\,B\,C + A\,\overline{B}\,\overline{C} + A\,B\,\overline{C}$$
$$= \overline{A}\,C(\overline{B} + B) + (\overline{A} + A)B\,\overline{C} + A\,\overline{C}(\overline{B} + B)$$
$$= \overline{A}\,C + B\,\overline{C} + A\,\overline{C}$$
$$= \overline{\overline{\overline{A}\,C + B\,\overline{C} + A\,\overline{C}}}$$
$$= \overline{\overline{\overline{A}\,C} \cdot \overline{B\,\overline{C}} \cdot \overline{A\,\overline{C}}}$$

(계속)

NAND만의 연산으로 변형된 논리식을 게이트 회로도로 그리면 다음과 같이 된다.

## NOR 게이트

NOR 게이트는 2개 이상의 입력에 대하여 1개의 출력을 얻는 게이트로, 입력이 모두 0인 경우에만 출력은 1이 되고, 입력 중에 1이 하나라도 있는 경우는 출력은 0이 된다. 이 게이트는 OR 게이트와는 반대로 작동하는데, NOT-OR의 의미로 NOR 게이트라고 부른다. NOR 게이트는 OR 게이트 바로 뒤에 NOT 게이트가 연결된 것과 같은 동작을 한다.

2-입력 NOR 게이트의 진리표, 동작파형, 논리기호는 3 – 13과 같다.

| A | B | Y |
|---|---|---|
| 0 | 0 | 1 |
| 0 | 1 | 0 |
| 1 | 0 | 0 |
| 1 | 1 | 0 |

$$Y = \overline{A + B}$$

(a) 진리표

입력 $A$  0  0  1  1  0

입력 $B$  0  1  0  1  0

출력 $Y$  1  0  0  0  1

(b) 동작파형

(c) 논리회로 기호

**그림 3-13** 2-입력 NOR 게이트

NOR 게이트의 출력에 대한 불 대수식은 $Y = \overline{A + B} = (A + B)'$ 이다.

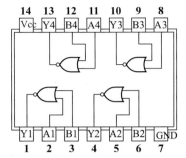

**그림 3-14** NOR 게이트의 IC 구조(7402)

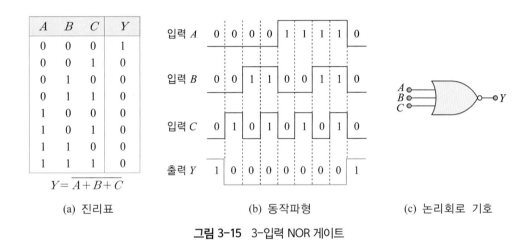

| $A$ | $B$ | $C$ | $Y$ |
|-----|-----|-----|-----|
| 0 | 0 | 0 | 1 |
| 0 | 0 | 1 | 0 |
| 0 | 1 | 0 | 0 |
| 0 | 1 | 1 | 0 |
| 1 | 0 | 0 | 0 |
| 1 | 0 | 1 | 0 |
| 1 | 1 | 0 | 0 |
| 1 | 1 | 1 | 0 |

$$Y = \overline{A+B+C}$$

(a) 진리표 (b) 동작파형 (c) 논리회로 기호

**그림 3-15** 3-입력 NOR 게이트

3-입력 NOR 게이트의 진리표, 동작파형, 논리회로 기호를 그림 3 – 15에서 보여주고 있다. 동작은 2-입력 NOR 게이트의 원리와 같다.

**예제 3-5**

3-입력 NOR 게이트 입력에 그림과 같은 파형이 입력될 때 출력 $Y$의 파형을 그리시오.

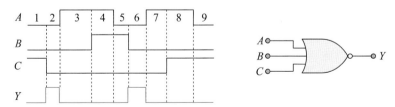

출력 $Y$는 3개의 입력이 모두 0일 때만 1이 되고 나머지 경우에는 0이 되므로 구간 2, 6에서는 출력이 1이 되고 구간 1, 3, 4, 5, 7, 8, 9에서는 0이 된다.

# XOR 게이트

XOR(eXclusive OR) 게이트는 그림 3 – 16(a)와 그림 3 – 19(a)의 진리표에서 보는 것처럼 홀수 개의 1이 입력된 경우에 출력은 1이 되고 그렇지 않은 경우에는 출력은 0이 된다. 2-입력 XOR 게이트의 경우 쉽게 이해하려면 두 개의 입력 중 하나가 1이면 출력이 1이 되고, 두 개의 입력 모두가 0이거나 두 개의 입력 모두가 1이라면 출력은 0이 되는데, 이것을 다른 표현으로 말하면 입력의 1이 홀수개이면 출력이 1이고, 짝수개이면 0이 되는 것이다.

2-입력 XOR 게이트의 진리표, 동작파형, 논리기호는 다음과 같다.

| $A$ | $B$ | $Y$ |
|:---:|:---:|:---:|
| 0 | 0 | 0 |
| 0 | 1 | 1 |
| 1 | 0 | 1 |
| 1 | 1 | 0 |

$$Y = A \oplus B$$

(a) 진리표

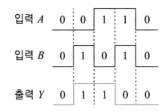

(b) 동작파형

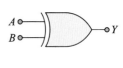

(c) 논리회로 기호

**그림 3-16** 2-입력 XOR 게이트

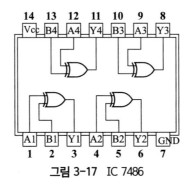

**그림 3-17** IC 7486

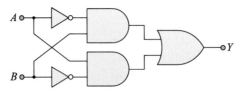

**그림 3-18** XOR 게이트의 AND-OR 게이트 표현

XOR 게이트의 출력에 대한 불 대수식은 다음과 같으며, 이를 그림 3-18에서 논리 회로로 구현하였다.

$$Y = A \oplus B = A\overline{B} + \overline{A}B = AB' + A'B$$

그림 3-19에서는 3-입력 XOR 게이트의 진리표, 동작파형, 논리기호를 보여주고 있다. 2-입력 XOR와 같이 입력의 1의 개수가 홀수개이면 출력이 1이고, 짝수개이면 0이 된다.

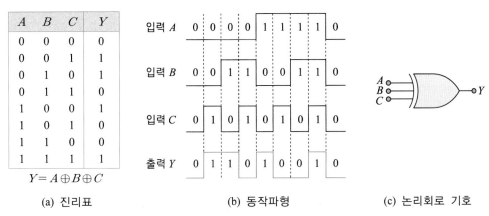

| $A$ | $B$ | $C$ | $Y$ |
|-----|-----|-----|-----|
| 0 | 0 | 0 | 0 |
| 0 | 0 | 1 | 1 |
| 0 | 1 | 0 | 1 |
| 0 | 1 | 1 | 0 |
| 1 | 0 | 0 | 1 |
| 1 | 0 | 1 | 0 |
| 1 | 1 | 0 | 0 |
| 1 | 1 | 1 | 1 |

$Y = A \oplus B \oplus C$

(a) 진리표      (b) 동작파형      (c) 논리회로 기호

**그림 3-19** 3-입력 XOR 게이트

**예제 3-6**

NAND 게이트만 사용하여 XOR 연산을 수행하는 회로를 설계하시오.

XOR 연산의 논리식을 다음과 같이 NAND만의 논리식으로 변환하고, 이를 게이트 회로도로 나타내면 아래 회로와 같다.

$$Y = \overline{A}B + A\overline{B} = \overline{\overline{\overline{A}B + A\overline{B}}} = \overline{\overline{\overline{A}B} \cdot \overline{A\overline{B}}} \qquad \text{(NAND} \times 5)$$

$$= \overline{\overline{\overline{A}\overline{B}} + AB} = \overline{\overline{\overline{A}\overline{B}} \cdot \overline{AB}} \qquad \text{(NAND} \times 6)$$

$$= \overline{A}B + A\overline{B} = (\overline{A}B + B\overline{B}) + (A\overline{B} + A\overline{A})$$

$$= B(\overline{A} + \overline{B}) + A(\overline{B} + \overline{A})$$

$$= B(\overline{AB}) + A(\overline{AB})$$

$$= \overline{\overline{B(\overline{AB}) + A(\overline{AB})}}$$

$$= \overline{\overline{B(\overline{AB})} \cdot \overline{A(\overline{AB})}} \qquad \text{(NAND} \times 4)$$

(계속)

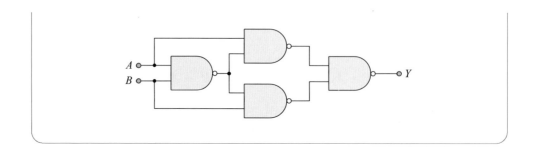

## 가산기

조합논리회로는 논리곱(AND), 논리합(OR), 논리 부정(NOT)의 3가지 기본 논리회로의 조합으로 만들어지는 논리 회로로서 입력신호, 논리 게이트 및 출력신호로 구성된다. 논리 게이트들은 입력신호를 받아서 출력신호를 생성하며, 이 과정에서 주어진 입력신호에서 원하는 출력신호를 2진 정보로 만들어낸다.

그림 3–20은 $n$개의 입력을 받아 $m$개의 출력을 생성하는 조합논리회로의 블록도다. $n$개의 변수는 $2^n$개의 서로 다른 2진 입력조합들이 가능하며, 각각의 2진 입력조합들에 의해서 하나의 출력신호가 결정된다. $m$개의 서로 다른 출력을 생성하기 위해서는 $m$개의 서로 다른 논리합수가 필요하다.

여기서는 조합논리회로의 기본이 되는 가산기(adder), 디코더(decoder), 인코더(encoder), 멀티플렉서(multiplexer), 디멀티플렉서(demultiplexer), 코드 변환기(code coverter) 등에 대해서 살펴보자.

먼저 가산기부터 살펴보자. 가산기에는 반가산기(HA, half-adder)와 전가산기(FA, full-adder)가 있으며, 이들을 이용한 병렬가산기, 고속가산기 등이 있다.

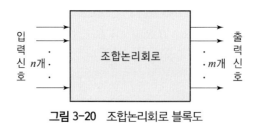

그림 3-20   조합논리회로 블록도

## 1 반가산기(half-adder)

반가산기는 두 개의 2진수 한 자리(1 bit)를 입력하여 합($S$ : sum)과 캐리($C$ : carry)를 구하는 덧셈 회로인데, 이것은 다음과 같이 자리올림수 $C$는 입력 $A$와 $B$가 모두 1인 경우에만 1이 되고, 합 $S$는 입력 $A$와 $B$ 둘 중 하나만 1이면 결과는 1이 된다.

$$
\begin{array}{ccccc}
A & 0 & 0 & 1 & 1 \\
+B & +0 & +1 & +0 & +1 \\
\hline
CS & 00 & 01 & 01 & 10
\end{array}
$$

이를 진리표와 논리회로로 나타내면 그림 3-21과 같다.

| 입력 | | 출력 | |
|:---:|:---:|:---:|:---:|
| $A$ | $B$ | $S$ | $C$ |
| 0 | 0 | 0 | 0 |
| 0 | 1 | 1 | 0 |
| 1 | 0 | 1 | 0 |
| 1 | 1 | 0 | 1 |

(a) 진리표

$$S = \overline{A}B + A\overline{B} = A \oplus B$$
$$C = AB$$

(b) 논리식

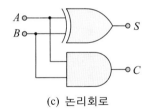

(c) 논리회로

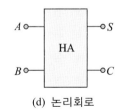

(d) 논리회로

**그림 3-21** 반가산기

## 2 전가산기(full-adder)

반가산기는 덧셈할 때 아랫자리로부터의 자리올림수를 고려하지 않기 때문에 완전한 덧셈이 어렵다. 자리올림수를 고려하여 만든 덧셈 회로가 전가산기이며, 전가산기는 두 개의 2진수 $A$, $B$와 아랫자리로부터 올라온 자리올림수 $C_{in}$을 포함하여 2진수 세 개를 더하는 조합논리회로이다. 자리올림수 $C_{in}$을 고려하여 세 개의 2진수를 더하는 과정을 보면 다음과 같다.

| $C_{in}$ | 0 | 0 | 0 | 0 | 1 | 1 | 1 | 1 |
| $A$ | 0 | 0 | 1 | 1 | 0 | 0 | 1 | 1 |
| $+\,B$ | $+\,0$ | $+\,1$ | $+\,0$ | $+\,1$ | $+\,0$ | $+\,1$ | $+\,0$ | $+\,1$ |
| $C_{out}\ S$ | 0 0 | 0 1 | 0 1 | 1 0 | 0 1 | 1 0 | 1 0 | 1 1 |

그림 3-22(a)의 전가산기 진리표를 이용하여 논리식을 만들면 다음과 같다.

$$S = \overline{A}\,\overline{B}\,C_{in} + \overline{A}\,B\,\overline{C}_{in} + A\,\overline{B}\,\overline{C}_{in} + ABC_{in}$$
$$= \overline{A}(\overline{B}\,C_{in} + B\,\overline{C}_{in}) + A(\overline{B}\,\overline{C}_{in} + B\,C_{in})$$
$$= \overline{A}(B \oplus C_{in}) + A(\overline{B \oplus C_{in}})$$
$$= A \oplus (B \oplus C_{in}) = A \oplus B \oplus C_{in}$$

$A \oplus B$를 이용할 수 있도록 $C_{out}$을 나타내면 다음과 같다.

$$C_{out} = \overline{A}\,B\,C_{in} + A\,\overline{B}\,C_{in} + A\,B\,\overline{C}_{in} + ABC_{in}$$
$$= C_{in}(\overline{A}\,B + A\,\overline{B}) + AB(\overline{C}_{in} + C_{in})$$
$$= C_{in}(A \oplus B) + AB$$

| 입력 | | | 출력 | |
|---|---|---|---|---|
| $A$ | $B$ | $C_{in}$ | $S$ | $C_{out}$ |
| 0 | 0 | 0 | 0 | 0 |
| 0 | 0 | 1 | 1 | 0 |
| 0 | 1 | 0 | 1 | 0 |
| 0 | 1 | 1 | 0 | 1 |
| 1 | 0 | 0 | 1 | 0 |
| 1 | 0 | 1 | 0 | 1 |
| 1 | 1 | 0 | 0 | 1 |
| 1 | 1 | 1 | 1 | 1 |

(a) 진리표

$$S = A \oplus B \oplus C_{in}$$
$$C_{out} = AB + (A \oplus B)C_{in}$$

(b) 논리식

(c) 논리기호

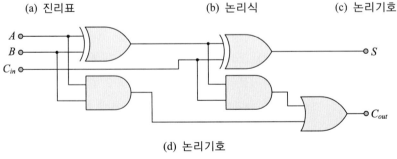

(d) 논리기호

**그림 3-22** 전가산기

**그림 3-23** 반가산기를 이용한 전가산기 회로

전가산기 회로를 반가산기 두 개와 OR 게이트를 이용해 나타내 보면 그림 3-23과 같다.

### 3 병렬가감산기

전가산기는 그림 3-24와 같이 병렬로 연결하여 여러 비트의 가산기를 만들 수 있으며, 이것을 병렬가산기(parallel-adder)라 한다.

병렬가산기를 사용하여 2의 보수를 이용한 뺄셈도 가능하게 만들 수 있으며, 이를 그림 3-25와 같이 병렬가감산기(parallel/adder-subtracter) 회로로 구현하여 사용하고 있다.

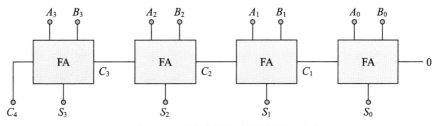

**그림 3-24** 전가산기를 이용한 병렬가산기

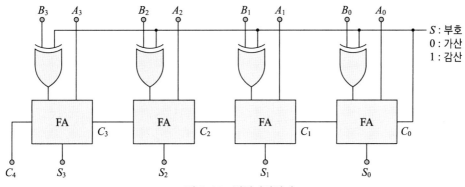

**그림 3-25** 병렬가감산기

그림 3-25에서 가장 오른쪽 FA의 입력단의 자리올림수 입력을 부호(가산 혹은 감산)로 하고, 각 자리의 $B$입력과 부호를 XOR 게이트의 입력으로 하고 XOR 게이트의 출력을 전가산기의 두 번째 입력으로 한다. XOR 게이트 동작은 부호가 0(가산)이면 원래의 $B$값이 그대로 출력되고, 부호가 1(감산)이면 $B$값과 반대되는 값이 출력된다. 이 출력값이 전가산기의 입력으로 들어간다. 그러므로 감산이면 XOR 게이트의 출력은 $B$값의 1의 보수가 된다. 그리고 가장 아랫단의 자리올림수가 감산일 때 1이므로 1이 더해지는 결과가 된다. 그러므로 전체적으로 보았을 때 감산은 $A$의 값과 $B$의 1의 보수가 더해지고, 가장 아랫단의 1이 더해지므로 2의 보수를 이용한 감산의 결과를 얻을 수 있다.

## 디코더/디멀티플렉서

$n$비트로 된 2진 코드는 $2^n$개의 서로 다른 정보를 표현할 수 있다. 디코더(decoder)는 입력선에 나타나는 $n$비트의 2진 코드를 최대 $2^n$개의 서로 다른 정보로 바꿔주는 조합 논리회로다. 인에이블(cnablc) 단자를 기지고 있는 경우는 디멀티플렉서(demultiplexer)의 기능도 수행한다.

### 1 2×4 디코더/디멀티플렉서

그림 3-26과 같이 디코더와 디멀티플렉서는 사실상 같은 기능을 한다고 볼 수 있다. 다만 $A$, $B$, $E$ 선에 입력되는 데이터에 따라 디코더로 동작할 수 있고, 디멀티플렉서로 동작할 수도 있다.

2×4 디코더는 2개의 입력과 $4(=2^2)$개의 출력으로 구성되어 있다. 2개의 입력에 따라서 4개의 출력 중 어느 하나가 선택된다. 2×4 디코더의 진리표와 회로는 그림 3-27과 같다.

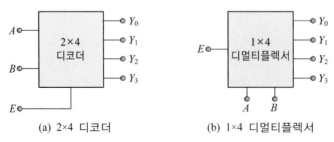

(a) 2×4 디코더          (b) 1×4 디멀티플렉서

**그림 3-26** 디코더와 디멀티플렉서 비교

| 입력 | | 출력 | | | |
|---|---|---|---|---|---|
| $B$ | $A$ | $Y_3$ | $Y_2$ | $Y_1$ | $Y_0$ |
| 0 | 0 | 0 | 0 | 0 | 1 |
| 0 | 1 | 0 | 0 | 1 | 0 |
| 1 | 0 | 0 | 1 | 0 | 0 |
| 1 | 1 | 1 | 0 | 0 | 0 |

$$Y_0 = \overline{B}\,\overline{A}, \quad Y_1 = \overline{B}A, \quad Y_2 = B\overline{A}, \quad Y_3 = BA$$

(a) 진리표와 논리식

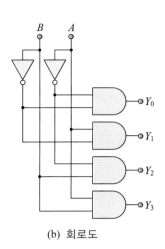

(b) 회로도

**그림 3-27** 2×4 AND 디코더

| 입력 | | 출력 | | | |
|---|---|---|---|---|---|
| $B$ | $A$ | $Y_3$ | $Y_2$ | $Y_1$ | $Y_0$ |
| 0 | 0 | 1 | 1 | 1 | 0 |
| 0 | 1 | 1 | 1 | 0 | 1 |
| 1 | 0 | 1 | 0 | 1 | 1 |
| 1 | 1 | 0 | 1 | 1 | 1 |

$$Y_0 = \overline{\overline{B}\,\overline{A}}, \quad Y_1 = \overline{\overline{B}A}, \quad Y_2 = \overline{B\overline{A}}, \quad Y_3 = \overline{BA}$$

(a) 진리표와 논리식

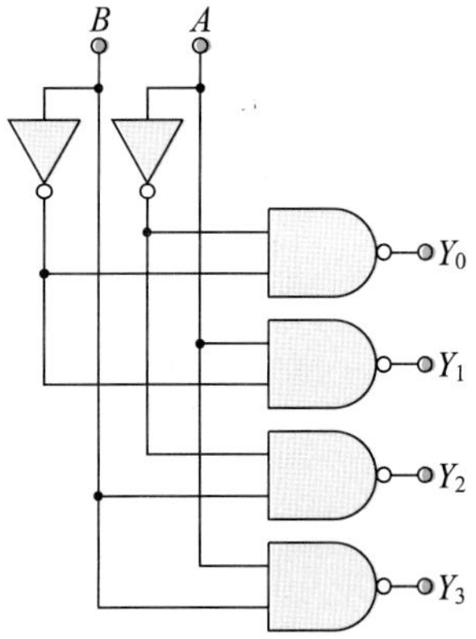

(b) 회로도

**그림 3-28** 2×4 NAND 디코더

실제 IC는 AND 게이트로 구성되어 있지 않고, NAND 게이트로 구성되어 있어서 출력은 그림 3-28과 같이 그림 3-27의 반대값을 출력하게 된다.

대부분의 IC 디코더는 제어 기능을 갖는 인에이블(enable) 입력을 가지고 있어서 디지털 회로를 조절할 수 있다. 그림 3-29에서는 인에이블 기능이 있는 2×4 디코더의 특성을 보여주고 있는데, 인에이블이 0이면 출력이 모두 동작하지 않고, 인에이블이 1일 때만 출력이 동작하도록 하고 있다.

| 입력 | | | 출력 | | | |
|---|---|---|---|---|---|---|
| $E$ | $B$ | $A$ | $Y_3$ | $Y_2$ | $Y_1$ | $Y_0$ |
| 0 | × | × | 0 | 0 | 0 | 0 |
| 1 | 0 | 0 | 0 | 0 | 0 | 1 |
| 1 | 0 | 1 | 0 | 0 | 1 | 0 |
| 1 | 1 | 0 | 0 | 1 | 0 | 0 |
| 1 | 1 | 1 | 1 | 0 | 0 | 0 |

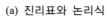

$$Y_0 = E\overline{B}\,\overline{A}, \quad Y_1 = E\overline{B}A, \quad Y_2 = EB\overline{A}, \quad Y_3 = EBA$$

(a) 진리표와 논리식

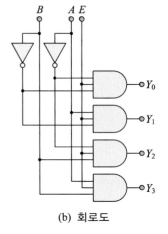

(b) 회로도

**그림 3-29** 인에이블을 갖는 2×4 디코더

## 2 3×8 디코더/디멀티플렉서

3×8 디코더는 3개의 입력과 8($=2^3$)개의 출력으로 구성되어 있으며, 3개의 입력에 따라서 8개의 출력 중 어느 하나가 선택된다. 3×8 디코더의 진리표는 표 3-1과 같고 회로도는 그림 3-30과 같다.

$$Y_0 = \overline{C}\,\overline{B}\,\overline{A}, \quad Y_1 = \overline{C}\,\overline{B}A, \quad Y_2 = \overline{C}B\overline{A}, \quad Y_3 = \overline{C}BA$$

$$Y_4 = C\overline{B}\,\overline{A}, \quad Y_5 = C\overline{B}A, \quad Y_6 = CB\overline{A}, \quad Y_7 = CBA$$

3개의 입력에 의해서 최대 8개의 출력을 얻을 수 있고 각 출력은 3개 입력 변수의 최소항 중 어느 하나를 나타낸다.

**표 3-1** 3×8 디코더 진리표

| 입력 | | | 출력 | | | | | | | |
|---|---|---|---|---|---|---|---|---|---|---|
| $C$ | $B$ | $A$ | $Y_7$ | $Y_6$ | $Y_5$ | $Y_4$ | $Y_3$ | $Y_2$ | $Y_1$ | $Y_0$ |
| 0 | 0 | 0 | 0 | 0 | 0 | 0 | 0 | 0 | 0 | 1 |
| 0 | 0 | 1 | 0 | 0 | 0 | 0 | 0 | 0 | 1 | 0 |
| 0 | 1 | 0 | 0 | 0 | 0 | 0 | 0 | 1 | 0 | 0 |
| 0 | 1 | 1 | 0 | 0 | 0 | 0 | 1 | 0 | 0 | 0 |
| 1 | 0 | 0 | 0 | 0 | 0 | 1 | 0 | 0 | 0 | 0 |
| 1 | 0 | 1 | 0 | 0 | 1 | 0 | 0 | 0 | 0 | 0 |
| 1 | 1 | 0 | 0 | 1 | 0 | 0 | 0 | 0 | 0 | 0 |
| 1 | 1 | 1 | 1 | 0 | 0 | 0 | 0 | 0 | 0 | 0 |

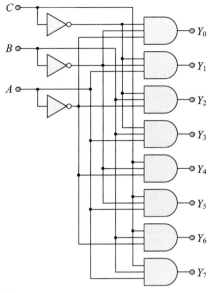

**그림 3-30** 3×8 디코더

예제 3-7

3×8 디코더와 OR 게이트를 이용하여 전가산기 회로를 설계하시오.

디코더는 입력 변수의 모든 경우에 대한 AND 논리로 구성되어 있으므로 출력에 OR 논리만 추가한다면 같은 수의 입력 변수에 대한 모든 조합 논리회로를 설계할 수 있다. 전가산기는 아래 진리표와 같이 두 수와 전 단의 자리올림 입력으로 3변수의 조합논리 이므로 진리표로부터 전가산기의 논리식을 유도하면, 다음과 같이 된다.

$$S = \sum m(1, \ 2, \ 4, \ 7)$$
$$C_{out} = \sum m(3, \ 5, \ 6, \ 7)$$

이는 아래 회로도와 같이 3×8 디코더에 OR 게이트만 추가하면 완성할 수 있다.

예제 3-7의 진리표

| $A$ | $B$ | $C_{in}$ | $S$ | $C_{out}$ |
|---|---|---|---|---|
| 0 | 0 | 0 | 0 | 0 |
| 0 | 0 | 1 | 1 | 0 |
| 0 | 1 | 0 | 1 | 0 |
| 0 | 1 | 1 | 0 | 1 |
| 1 | 0 | 0 | 1 | 0 |
| 1 | 0 | 1 | 0 | 1 |
| 1 | 1 | 0 | 0 | 1 |
| 1 | 1 | 1 | 1 | 1 |

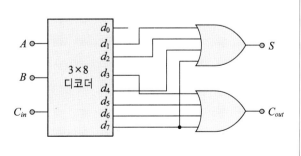

## 4 BCD 7-세그먼트 디코더

7-세그먼트(7-segment)는 출력된 숫자를 보기 위하여 기본적으로 7개의 LED로 구성되어 있다. 탁상용 전자 계산기나 디지털 시계, 간단한 정보를 확인하기 위한 디스플레이이다. LED 7개를 숫자 모양으로 배열하여 하나의 소자로 만들어 놓은 것이다. 7-세그먼트는 그림 3 – 31과 같이 구성되어 있으며, 각 LED를 맨 위에서부터 시계 방향으로 알파벳 $a$부터 $f$까지 순서대로 이름을 붙여놓았다. 안쪽의 LED는 맨 마지막인 $g$로 나타내었다.

각 숫자를 그림 3 – 32와 같이 나타낼 수 있는데, 그림에 표시된 대로 나타내기 위해서 0은 $a$, $b$, $c$, $d$, $e$, $f$, 1은 $b$와 $c$, 2는 $a$, $d$, $b$, $e$, $g$ 등과 같은 방법으로 LED가 ON 상태가 되도록 하여 숫자를 표시하고 있다.

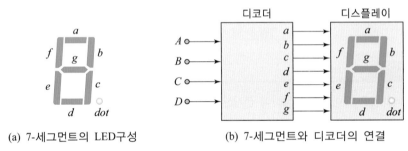

(a) 7-세그먼트의 LED구성     (b) 7-세그먼트와 디코더의 연결

**그림 3-31**  7-세그먼트의 구성과 디코더와의 연결

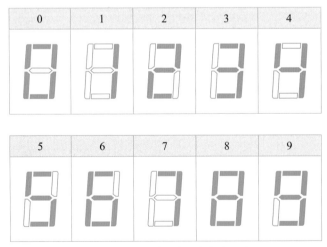

**그림 3-32**  7-세그먼트의 숫자 표시

표 3-2  7-세그먼트 디코더 진리표

| 입력 | | | | 출력 | | | | | | |
|---|---|---|---|---|---|---|---|---|---|---|
| $D$ | $C$ | $B$ | $A$ | $a$ | $b$ | $c$ | $d$ | $e$ | $f$ | $g$ |
| 0 | 0 | 0 | 0 | 1 | 1 | 1 | 1 | 1 | 1 | 0 |
| 0 | 0 | 0 | 1 | 0 | 1 | 1 | 0 | 0 | 0 | 0 |
| 0 | 0 | 1 | 0 | 1 | 1 | 0 | 1 | 1 | 0 | 1 |
| 0 | 0 | 1 | 1 | 1 | 1 | 1 | 1 | 0 | 0 | 1 |
| 0 | 1 | 0 | 0 | 0 | 1 | 1 | 0 | 0 | 1 | 1 |
| 0 | 1 | 0 | 1 | 1 | 0 | 1 | 1 | 0 | 1 | 1 |
| 0 | 1 | 1 | 0 | 1 | 0 | 1 | 1 | 1 | 1 | 1 |
| 0 | 1 | 1 | 1 | 1 | 1 | 1 | 0 | 0 | 0 | 0 |
| 1 | 0 | 0 | 0 | 1 | 1 | 1 | 1 | 1 | 1 | 1 |
| 1 | 0 | 0 | 1 | 1 | 1 | 1 | 1 | 0 | 1 | 1 |
| 1 | 0 | 1 | 0 | × | × | × | × | × | × | × |
| 1 | 0 | 1 | 1 | × | × | × | × | × | × | × |
| 1 | 1 | 0 | 0 | × | × | × | × | × | × | × |
| 1 | 1 | 0 | 1 | × | × | × | × | × | × | × |
| 1 | 1 | 1 | 0 | × | × | × | × | × | × | × |
| 1 | 1 | 1 | 1 | × | × | × | × | × | × | × |

× : 무정의(don't care)

위와 같이 LED가 ON 상태가 되도록 차례로 BCD를 숫자로 표현하기 위한 BCD 7-세그먼트 디코더의 진리표는 표 3 - 2와 같다.

## 인코더/멀티플렉서

인코더(encoder)는 디코더의 반대 기능을 수행하는 장치로, $2^n$개의 입력신호로부터 $n$개의 출력신호를 만든다. 인코더의 역할은 $2^n$개 중 활성화된 하나의 1비트 입력신호를 받아서 그 숫자에 해당하는 $n$비트 2진 정보를 출력한다. 입력의 개수에 따라 인코더는 $4\times2$ 인코더, $8\times3$ 인코더와 같이 나타낸다.

멀티플렉서의 기능은 많은 수의 정보 장치를 적은 수의 채널(channel)이나 선을 통하여 전송하는 것을 의미하는데, 멀티플렉서(multiplexer)는 여러 개의 입력선 중에서 하나를 선택하여 출력선에 연결하는 조합논리회로로서 선택선들의 값에 따라서 특별한 입력선이 선택된다. 정상적인 경우 $2^n$개의 입력선과 $n$개의 선택선으로 되어 있다. 이때 $n$개의 선택선들의 비트 조합에 따라서 입력 중의 어느 하나가 선택된다. 멀티플렉서는 많은 입력 중 하나를 선택하여 선택된 입력선의 2진 정보를 출력선에 넘겨주기 때문

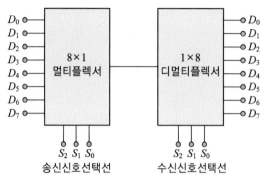

**그림 3-33** 멀티플렉서와 디멀티플렉서의 역할

에 데이터 선택기(data selector)라 부르기도 한다. 멀티플렉서의 크기는 입력선과 출력선의 개수에 따라 결정되며, 또 멀티플렉서는 $n$개의 선택선을 갖고 있다. 멀티플렉서는 종종 MUX라는 약어로 표현된다. 그림 3-33에서는 멀티플렉서와 디멀티플렉서의 역할을 보여주고 있다.

### 1 4×2 인코더

4×2 인코더는 4($=2^2$)개의 입력과 2개의 출력을 가지며, 입력의 신호에 따라 2개의 2진 조합으로 출력되는 것으로 이를 그림 3-34에서 나타내고 있다.

| 입력 | | | | 출력 | |
|---|---|---|---|---|---|
| $D_3$ | $D_2$ | $D_1$ | $D_0$ | $Y_1$ | $Y_0$ |
| 0 | 0 | 0 | 1 | 0 | 0 |
| 0 | 0 | 1 | 0 | 0 | 1 |
| 0 | 1 | 0 | 0 | 1 | 0 |
| 1 | 0 | 0 | 0 | 1 | 1 |

$Y_1 = D_2 + D_3, \quad Y_0 = D_1 + D_3$

(a) 진리표와 논리식

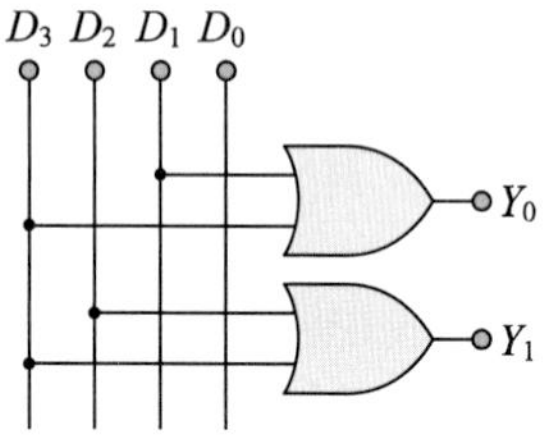

(b) 회로도

**그림 3-34** 4×2 인코더

### 2 4×1 멀티플렉서

4×1 멀티플렉서는 4개의 입력 중의 하나를 선택하여 출력으로 보낸다. 출력은 선택된 $S_0$와 $S_1$에 입력된 값에 따라서 결정된다. 그림 3-35에서 나타낸 바와 같이 $S_1 S_0 = $ 01이면 출력 $Y$는 $I_1$의 값이 출력하게 된다.

| 선택선 | | 출력 |
|:---:|:---:|:---:|
| $S_1$ | $S_0$ | $Y$ |
| 0 | 0 | $I_0$ |
| 0 | 1 | $I_1$ |
| 1 | 0 | $I_2$ |
| 1 | 1 | $I_3$ |

(a) 진리표

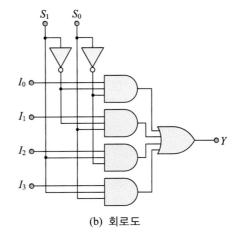

(b) 회로도

**그림 3-35** 4×1 멀티플렉서

---

예제 3-8

4×1 멀티플렉서를 이용하여 전가산기를 설계하시오.

멀티플렉서의 회로는 선택 입력에 대하여 모든 경우의 AND 논리를 OR하여 출력을 얻도록 만들고 있다. 따라서 출력 함수 하나에 멀티플렉서 하나씩 필요하며, 입력 변수가 2개이면 4×1, 3개이면 8×1의 멀티플렉서가 필요하다. 인버터를 제외한 다른 논리 게이트의 추가를 허용한다면 4변수 함수를 4×1 멀티플렉서로 설계하는 것도 가능하다. 전가산기의 논리식을 다음과 같이 된다.

$$S = \overline{A}\,\overline{B}\,C_{in} + \overline{A}\,B\,\overline{C_{in}} + A\,\overline{B}\,\overline{C_{in}} + ABC_{in}$$

$$C_{out} = \overline{A}\,B\,C_{in} + A\,\overline{B}\,C_{in} + A\,B\,\overline{C_{in}} + ABC_{in}$$

합($S$) 출력의 멀티플렉서에서 $I_0$은 $C_{in}$, $I_1$은 $\overline{C_{in}}$, $I_2$는 $\overline{C_{in}}$, $I_3$은 $C_{in}$가 된다. 마찬가지로 자리올림수($C_{out}$)의 멀티플렉서는 $I_0$은 0, $I_1$은 $C_{in}$, $I_2$는 $C_{in}$, $I_3$은 1이 된다. 이를 논리회로로 그리면 다음 그림과 같다.

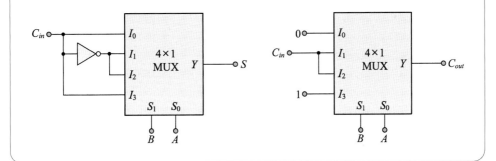

### 3 8×3 인코더

그림 3 – 36(a)에서 나타낸 바와 같이 8×3 인코더는 8(=$2^3$)개의 입력과 3개의 출력을 가지며, 입력의 신호에 따라 3개의 2진수 조합으로 출력된다. 이를 그림 3 – 36(b)에서 보여주고 있다.

| 입력 | | | | | | | | 출력 | | |
|---|---|---|---|---|---|---|---|---|---|---|
| $D_7$ | $D_6$ | $D_5$ | $D_4$ | $D_3$ | $D_2$ | $D_1$ | $D_0$ | $Y_2$ | $Y_1$ | $Y_0$ |
| 0 | 0 | 0 | 0 | 0 | 0 | 0 | 1 | 0 | 0 | 0 |
| 0 | 0 | 0 | 0 | 0 | 0 | 1 | 0 | 0 | 0 | 1 |
| 0 | 0 | 0 | 0 | 0 | 1 | 0 | 0 | 0 | 1 | 0 |
| 0 | 0 | 0 | 0 | 1 | 0 | 0 | 0 | 0 | 1 | 1 |
| 0 | 0 | 0 | 1 | 0 | 0 | 0 | 0 | 1 | 0 | 0 |
| 0 | 0 | 1 | 0 | 0 | 0 | 0 | 0 | 1 | 0 | 1 |
| 0 | 1 | 0 | 0 | 0 | 0 | 0 | 0 | 1 | 1 | 0 |
| 1 | 0 | 0 | 0 | 0 | 0 | 0 | 0 | 1 | 1 | 1 |

$$Y_2 = D_4 + D_5 + D_6 + D_7$$
$$Y_1 = D_2 + D_3 + D_6 + D_7$$
$$Y_0 = D_1 + D_3 + D_5 + D_7$$

(a) 진리표와 논리식

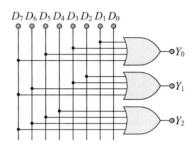

(b) 회로도

**그림 3-36** 8×3 인코더

| 선택선 | | | 출력 |
|---|---|---|---|
| $S_2$ | $S_1$ | $S_0$ | $Y$ |
| 0 | 0 | 0 | $I_0$ |
| 0 | 0 | 1 | $I_1$ |
| 0 | 1 | 0 | $I_2$ |
| 0 | 1 | 1 | $I_3$ |
| 1 | 0 | 0 | $I_4$ |
| 1 | 0 | 1 | $I_5$ |
| 1 | 1 | 0 | $I_6$ |
| 1 | 1 | 1 | $I_7$ |

(a) 진리표

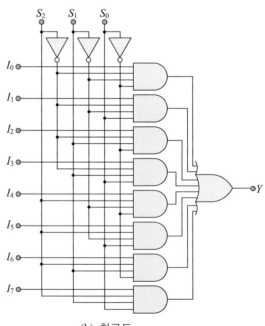

(b) 회로도

**그림 3-37** 8×1 멀티플렉서

## 4 8×1 멀티플렉서

8×1 멀티플렉서는 3개의 선택선($S_2$, $S_1$, $S_0$)에 의해서 8개 입력 중 어느 하나가 선택되어 출력되는 조합논리회로이다. 이것을 그림 3–37에서 보여주고 있다.

## 5 8×3 우선순위 인코더

우선순위 인코더(priority encoder)는 입력에 우선순위를 정하여 여러 개의 입력이 있을 때 우선순위가 높은 입력값에 해당되는 출력신호를 만들어내는 회로인데, 이것은 회로 설계 시 우선 순위를 정하여 원하는 결과를 만들며, 보통은 입력값이 높은 쪽을 우선순위가 높은 것으로 한다. 우선순위 인코더의 진리표와 회로는 그림 3–38에서 나타내었으며, 진리표로부터 논리식을 유도해 보면 다음과 같다.

$$Y_2 = D_7 + \overline{D_7}D_6 + \overline{D_7}\,\overline{D_6}D_5 + \overline{D_7}\,\overline{D_6}\,\overline{D_5}D_4$$

$$Y_1 = D_7 + \overline{D_7}D_6 + \overline{D_7}\,\overline{D_6}\,\overline{D_5}\,\overline{D_4}D_3 + \overline{D_7}\,\overline{D_6}\,\overline{D_5}\,\overline{D_4}\,\overline{D_3}D_2$$

$$Y_0 = D_7 + \overline{D_7}\,\overline{D_6}D_5 + \overline{D_7}\,\overline{D_6}\,\overline{D_5}\,\overline{D_4}D_3 + \overline{D_7}\,\overline{D_6}\,\overline{D_5}\,\overline{D_4}\,\overline{D_3}\,\overline{D_2}D_1$$

여기서 $D_7 + \overline{D_7}D_6 = (D_7 + \overline{D_7})(D_7 + D_6) = D_7 + D_6$ 이므로 $Y_2 = D_7 + D_6 + D_5 + D_4$ 이다. 같은 방법으로 $Y_1$과 $Y_0$도 간략화하면 다음과 같다.

$$Y_2 = D_7 + D_6 + D_5 + D_4$$

$$Y_1 = D_7 + D_6 + \overline{D_5}\,\overline{D_4}D_3 + \overline{D_5}\,\overline{D_4}D_2$$

$$Y_0 = D_7 + \overline{D_6}D_5 + \overline{D_6}\,\overline{D_4}D_3 + \overline{D_6}\,\overline{D_4}\,\overline{D_2}D_1$$

| 입력 | | | | | | | | 출력 | | |
|---|---|---|---|---|---|---|---|---|---|---|
| $D_7$ | $D_6$ | $D_5$ | $D_4$ | $D_3$ | $D_2$ | $D_1$ | $D_0$ | $Y_2$ | $Y_1$ | $Y_0$ |
| 0 | 0 | 0 | 0 | 0 | 0 | 0 | 1 | 0 | 0 | 0 |
| 0 | 0 | 0 | 0 | 0 | 0 | 1 | × | 0 | 0 | 1 |
| 0 | 0 | 0 | 0 | 0 | 1 | × | × | 0 | 1 | 0 |
| 0 | 0 | 0 | 0 | 1 | × | × | × | 0 | 1 | 1 |
| 0 | 0 | 0 | 1 | × | × | × | × | 1 | 0 | 0 |
| 0 | 0 | 1 | × | × | × | × | × | 1 | 0 | 1 |
| 0 | 1 | × | × | × | × | × | × | 1 | 1 | 0 |
| 1 | × | × | × | × | × | × | × | 1 | 1 | 1 |

(a) 진리표

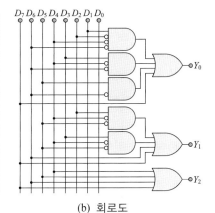

(b) 회로도

**그림 3-38** 8×3 우선순위 인코더

## 코드 변환기

하나의 2진 코드에서 원하는 다른 2진 코드로 변환하는 조합논리회로로서 여기서는 2진–그레이 코드와 BCD-3초과 코드 변환기를 살펴보자.

### 1 2진-그레이 코드 변환

그림 3–39에서와 같이 2진 코드를 그레이 코드로 변환하는 논리식은 $A_3 = B_3$, $A_2 = B_3 \oplus B_2$, $A_1 = B_2 \oplus B_1$, $A_0 = B_1 \oplus B_0$이며, 그레이 코드를 2진 코드로 변환하는 논리식은 $B_3 = A_3$, $B_2 = B_3 \oplus A_2$, $B_1 = B_2 \oplus A_1$, $B_0 = B_1 \oplus A_0$이며, 그림 3–39와 같이 간단하게 논리회로로 설계할 수 있다.

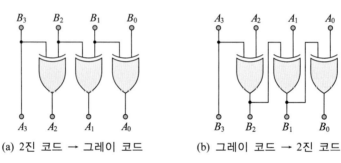

(a) 2진 코드 → 그레이 코드    (b) 그레이 코드 → 2진 코드

**그림 3-39** 2진-그레이 코드 변환

### 2 BCD-3초과 코드 변환

BCD 코드를 3초과 코드로 변환하는 진리표는 표 3–3에 나타내었으며, BCD는 10개의 숫자만 가지므로 1010에서 1111까지 6개의 코드는 BCD에 존재하지 않으며, 입력으로서 사용될 수 없기 때문에 무정의(don't care)항으로 처리한다. 무정의 항을 가지므로 회로를 설계하는 데 유용하게 사용될 수 있다.

진리표로부터 그림 3–40과 같이 카르노맵에서 출력값을 얻어 논리회로를 구성하면 그림 3–41과 같다.

**표 3-3** BCD-3초과 코드 변환 진리표

| 입력 | | | | 출력 | | | |
|---|---|---|---|---|---|---|---|
| $B_3$ | $B_2$ | $B_1$ | $B_0$ | $Y_3$ | $Y_2$ | $Y_1$ | $Y_0$ |
| 0 | 0 | 0 | 0 | 0 | 0 | 1 | 1 |
| 0 | 0 | 0 | 1 | 0 | 1 | 0 | 0 |
| 0 | 0 | 1 | 0 | 0 | 0 | 0 | 1 |
| 0 | 0 | 1 | 1 | 0 | 0 | 1 | 0 |
| 0 | 1 | 0 | 0 | 0 | 0 | 1 | 1 |
| 0 | 1 | 0 | 1 | 1 | 0 | 0 | 0 |
| 0 | 1 | 1 | 0 | 1 | 1 | 0 | 1 |
| 0 | 1 | 1 | 1 | 1 | 1 | 1 | 0 |
| 1 | 0 | 0 | 0 | 1 | 1 | 1 | 1 |
| 1 | 0 | 0 | 1 | 1 | 1 | 0 | 0 |
| 1 | 0 | 1 | 0 | × | × | × | × |
| 1 | 0 | 1 | 1 | × | × | × | × |
| 1 | 1 | 0 | 0 | × | × | × | × |
| 1 | 1 | 0 | 1 | × | × | × | × |
| 1 | 1 | 1 | 0 | × | × | × | × |
| 1 | 1 | 1 | 1 | × | × | × | × |

× : 무정의(don't care)

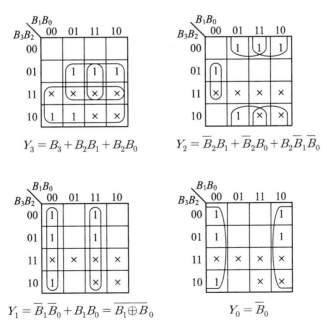

$$Y_3 = B_3 + B_2 B_1 + B_2 B_0$$

$$Y_2 = \overline{B_2} B_1 + \overline{B_2} B_0 + B_2 \overline{B_1}\,\overline{B_0}$$

$$Y_1 = \overline{B_1}\,\overline{B_0} + B_1 B_0 = \overline{B_1 \oplus B_0}$$

$$Y_0 = \overline{B_0}$$

**그림 3-40** BCD-3초과 코드 변환 카르노 맵

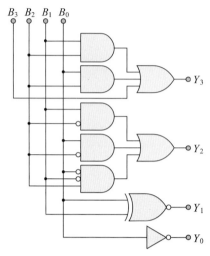

그림 3-41 BCD-3초과 코드 변환회로

## 기본적인 플립-플롭

조합논리회로에서 출력은 현재 입력의 조합에 의해서만 결정되지만 순서논리회로에서는 현재 입력의 조합과 입력이 인가되는 시점의 회로 상태(1/0)에도 영향을 받아 출력이 결정된다. 따라서 순서논리회로에서는 회로의 상태를 기억하는 기억소자가 필요하다. 앞으로 설명할 각종 플립-플롭(flip-flop)과 래치(latch)는 2개의 안정된(bi-stable) 상태 중 하나를 가지는 1비트 기억소자다.

플립-플롭은 클록(clock) 신호에 의해 정해진 시점에서의 입력을 선택하여 출력에 저장하는 동기식 순서논리회로이고, 래치는 클록 신호에 관계없이 모든 입력을 계속 감시하다가 언제든지 출력을 변화시키는 비동기식 순서논리회로이다. 플립-플롭과 래치도 게이트로 구성되지만 조합논리회로와 달리 궤환(feedback)이 있다.

플립-플롭의 종류에는 $R$-$S$ 플립-플롭, $D$ 플립-플롭, $J$-$K$ 플립-플롭, $T$ 플립-플롭 등이 있지만, $J$-$K$ 플립-플롭이 가장 많이 쓰인다. $R$-$S$ 플립-플롭의 결점을 개선한 것이 $J$-$K$ 플립-플롭이고, $D$ 플립-플롭 및 $T$ 플립-플롭의 동작은 $R$-$S$와 $J$-$K$ 플립-플롭으로부터 쉽게 얻을 수 있다.

기본적인 플립-플롭부터 차례로 살펴보자. 기본적인 플립-플롭 회로는 2개의 NAND 게이트 또는 NOR 게이트로 구성할 수 있으며, 이를 NAND 게이트 래치 또는 NOR 게이트 래치라고 한다. 그 구성은 그림 3-42와 같다.

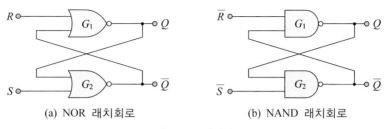

(a) NOR 래치회로        (b) NAND 래치회로

**그림 3-42** 래치회로

래치 회로는 일반적인 플립-플롭과는 달리 클록펄스(clock pulse)를 사용하지 않는 쌍 안정 회로이다. 그러나 래치 회로는 메모리 요소와 궤환 기능이 있기 때문에 근본적으로는 플립-플롭과 유사한 기능을 수행하며, 비동기식 순서논리회로이다.

NAND 게이트 또는 NOR 게이트의 연결은 한 게이트의 출력이 다른 게이트의 입력으로 연결 되어 서로 교차 결합(cross-coupled) 형태의 쌍안정 회로이며, 이 교차 접속된 선으로 궤환(feedback)이 이루어지게 된다.

$R$-$S$ 래치 회로에는 $S$(set)와 $R$(reset)로 표시된 2개의 입력과 $Q$와 $\overline{Q}$로 표시된 2개의 출력이 있으며 $Q$와 $\overline{Q}$의 상태는 서로 보수 상태가 되어야 정상 상태가 된다.

## 1 NOR 게이트로 구성된 $R$-$S$ 래치

그림 3-42(a)는 NOR 게이트를 사용한 $R$-$S$ 래치 회로로서 NOR 게이트 $G_1$의 출력은 NOR 게이트 $G_2$의 입력에 연결되고, NOR 게이트 $G_2$의 출력은 NOR 게이트 $G_1$의 입력에 연결되는 형태로 구성된다. NOR 게이트를 사용한 $R$-$S$ 래치의 진리표는 표 3-4와 같다. 여기서 $Q(t)$는 입력이 인가되기 이전의 상태를 의미하고, $Q(t+1)$은 입력이 인가된 이후의 상태, 즉 시간차에 따른 출력 값을 의미한다.

2-입력 NOR 게이트는 2개 입력 모두 논리 0이 입력될 때만 출력이 1이고 그 외에는 모두 0이다. 따라서 2-입력 NOR 게이트는 입력 상태 00, 01, 10, 11의 4가지가 입력될 수 있으므로 다음과 같이 설명할 수 있다.

**표 3-4** NOR 게이트 $R$-$S$ 래치의 진리표

| $S$ | $R$ | $Q(t+1)$ |
|:---:|:---:|:---:|
| 0 | 0 | $Q(t)$(불변, 전상태 유지) |
| 0 | 1 | 0 (reset) |
| 1 | 0 | 1 (set) |
| 1 | 1 | 부정 (금지) |

## 1) 입력 $S=0$, $R=0$일 때

• 현재의 출력 상태가 $Q=0$, $\overline{Q}=1$인 경우

$Q=0$과 $S=0$이 $G_2$에 입력되면, 출력은 $\overline{Q}=1$이다.

$Q=1$과 $R=0$이 $G_1$에 입력되면, 출력은 $Q=0$이다.

결과적으로 $Q=0$, $\overline{Q}=1$인 상태에서 $S=0$과 $R=0$이 입력되면 출력은 $Q=0$, $\overline{Q}=1$로 현재 상태를 유지한다.

• 현재의 출력 상태가 $Q=1$, $\overline{Q}=0$인 경우

$Q=1$과 $S=0$이 $G_2$에 입력되면, 출력은 $\overline{Q}=0$이다.

$Q=0$과 $R=0$이 $G_1$에 입력되면, 출력은 $Q=1$이다.

결과적으로 $Q=1$, $\overline{Q}=0$인 상태에서 $S=0$과 $R=0$이 입력되면 출력은 $Q=1$, $\overline{Q}=0$으로 현재 상태를 유지한다.

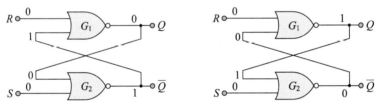

그림 3-43 NOR형 $R$-$S$ 래치회로의 동작($S=0$, $R=0$)

## 2) 입력 $S=0$, $R=1$일 때

입력이 $S=0$이고 $R=1$이면, $G_1$의 출력은 또 하나의 입력인 $\overline{Q}$ 상태에 관계없이 0이 되어 $Q=0$이 된다. 따라서 $G_2$의 입력은 모두 0이므로 $G_2$의 출력은 $\overline{Q}=1$이다. 결과적으로 $S=0$, $R=1$이 입력되면 $Q$의 상태에 관계없이 출력은 반드시 $Q=0$, $\overline{Q}=1$이다.

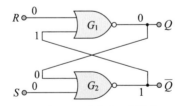

그림 3-44 NOR형 $R$-$S$ 래치회로의 동작($S=0$, $R=1$)

### 3) 입력 $S=1$, $R=0$일 때

입력이 $S=1$이고 $R=0$이면, $G_2$의 출력은 또 하나의 입력인 $Q$ 상태에 관계없이 0이 되어 $\overline{Q}=0$이 된다. 따라서 $G_1$의 입력은 모두 0이므로 $G_1$의 출력은 $Q=1$이다. 결과적으로 $S=0$, $R=1$이 입력되면 $Q$의 상태에 관계없이 출력은 반드시 $Q=0$, $\overline{Q}=1$이다.

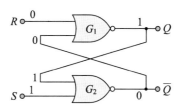

**그림 3-45** NOR형 $R$-$S$ 래치회로의 동작($S=1$, $R=0$)

### 4) 입력 $S=1$, $R=1$일 때

입력이 $S=1$이고 $R=1$일 때 $G_1$과 $G_2$의 출력은 또 하나의 입력에 관계없이 모두 0이 되어 $Q=0$, $\overline{Q}=0$인 상태가 된다. 결과적으로 $G_1$과 $G_2$의 출력 $Q=0$과 $\overline{Q}=0$이 되어 서로 보수의 상태가 아닌 부정 상태가 되어 정상적으로 동작하지 못하므로 동시에 $S=R=1$로 하는 것은 금지하고 있다.

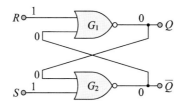

**그림 3-46** NOR형 $R$-$S$ 래치회로의 동작($S=1$, $R=1$)

## 2 NAND 게이트로 구성된 $R$-$S$ 래치

그림 3-42(b)는 NAND 게이트를 사용한 $R$-$S$ 래치 회로로서 NAND 게이트 $G_1$의 출력은 NAND 게이트 $G_2$의 입력에 연결되고, NAND 게이트 $G_2$출력은 NAND 게이트 $G_1$의 입력에 연결되는 형태로 구성되며, NAND 게이트를 사용한 $S$-$R$ 래치의 진리표는 표 3-5와 같다. 표 3-4와 비교하여 보면 정논리 NAND는 부논리에서 NOR와 같

**표 3-5** NAND 게이트 $R$-$S$ 래치의 진리표

| $S$ | $R$ | $Q(t+1)$ |
|---|---|---|
| 0 | 0 | 부정 (금지) |
| 0 | 1 | 1 (set) |
| 1 | 0 | 0 (reset) |
| 1 | 1 | $Q(t)$ (불변, 전상태 유지) |

음을 알 수 있다. 따라서 표 3-5는 표 3-4에서 0과 1을 교환한 것과 같으므로 논리상 태로 볼 때 표 3-4와 표 3-5는 동일함을 알 수 있다.

2-입력 NAND 게이트는 모든 입력에 논리 1이 입력될 때에만 0이 출력되고, 그 외의 경우는 모두 1이 출력된다. 따라서 2-입력 NAND 게이트는 입력 상태 00, 01, 10, 11의 4가지가 입력될 수 있으므로 다음과 같이 설명할 수 있다.

### 1) 입력 $\overline{S}$ = 0, $\overline{R}$ = 0일 때

그림 3-47과 같이 입력이 $\overline{S}$ =0이고, $\overline{R}$ =0일 때 $G_1$과 $G_2$의 출력은 또 하나의 입력에 관계없이 모두 1이 되어 $Q$ =1, $\overline{Q}$ =1인 상태가 된다. 결과석으로 $G_1$과 $G_2$의 출력 $Q$ =1과 $\overline{Q}$ =1이 되어 서로 보수 상태가 아닌 부정 상태가 되어 정상적으로 동작 하지 못하므로 동시에 $\overline{S}$ = $\overline{R}$ =0으로 하는 것은 금지된다.

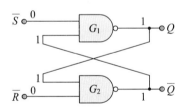

**그림 3-47** NAND형 $R$-$S$ 래치회로의 동작($\overline{S}$ = 0, $\overline{R}$ = 0)

### 2) 입력 $\overline{S}$ = 0, $\overline{R}$ = 1일 때

입력이 $\overline{S}$ =0이므로 $G_1$의 출력은 또 하나의 입력인 $\overline{Q}$ 상태에 관계없이 1이 되어 서 $Q$ =1이 된다. 따라서 $G_2$의 입력은 모두 1이므로 $G_2$의 출력은 $\overline{Q}$ =0이다. 결과적 으로 입력이 $\overline{S}$ =0, $\overline{R}$ =1이 입력되면 $Q$ 의 상태에 관계없이 반드시 출력은 $Q$ =1, $\overline{Q}$ =0이다. 이를 그림 3-48에서 보여 주고 있다.

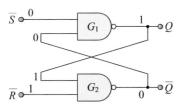

**그림 3-48** NAND형 $R$-$S$ 래치회로의 동작($\overline{S}$=0, $\overline{R}$=1)

### 3) 입력 $\overline{S}$=1, $\overline{R}$=0일 때

입력이 $\overline{R}$=0이므로 $G_2$의 출력은 또 하나의 입력인 $Q$의 상태에 관계없이 1이 되어서 $\overline{Q}$=1이 된다. 따라서 $G_1$의 입력은 모두 1이므로 $G_1$의 출력은 $Q$=0이다. 결과적으로 입력이 $\overline{S}$=1, $\overline{R}$=0이 입력되면 $Q$의 상태에 관계없이 반드시 출력은 $Q$=0, $\overline{Q}$=1이다.

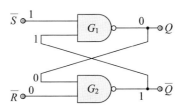

**그림 3-49** NAND형 $R$-$S$ 래치회로의 동작($\overline{S}$=1, $\overline{R}$=0)

### 4) 입력 $\overline{S}$=1, $\overline{R}$=1일 때

• 현재의 출력 상태가 $Q$=0, $\overline{Q}$=1인 경우

$Q$=0과 $\overline{R}$=1이 $G_2$에 입력되면, 출력은 $\overline{Q}$=1이다.

$\overline{Q}$=1과 $\overline{S}$=1이 $G_1$에 입력되면, 출력은 $Q$=0이다.

결과적으로 $Q$=0, $\overline{Q}$=1인 상태에서 $\overline{S}$=1과 $\overline{R}$=1이 입력되면 출력은 $Q$=0, $\overline{Q}$=1로 현재 상태를 유지한다.

• 현재의 출력 상태가 $Q$=1, $\overline{Q}$=0인 경우

$Q$=1과 $\overline{R}$=1이 $G_2$에 입력되면, 출력은 $\overline{Q}$=0이다.

$\overline{Q}$=0과 $\overline{S}$=1이 $G_1$에 입력되면, 출력은 $Q$=1이다.

결과적으로 $Q$=1, $\overline{Q}$=0인 상태에서 $\overline{S}$=1과 $\overline{R}$=1이 입력되면 출력은 $Q$=1, $\overline{Q}$=0으로 현재 상태를 유지한다.

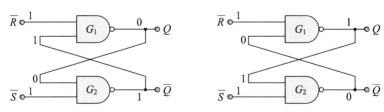

**그림 3-50** NAND형 $R\text{-}S$ 래치회로의 동작($\overline{S}$= 1, $\overline{R}$= 1)

## $R\text{-}S$ 플립-플롭

### 1 클록형 $R\text{-}S$ 플립-플롭

기본적인 $R\text{-}S$ 래치는 클록펄스(clk, clock pulse) 입력과 무관하게 동작하므로 비동기식 $R\text{-}S$ 플립-플롭이라고 할 수 있다. 그러나 순서논리회로에서는 대부분 클록펄스에 동기(同期, synchronization)시켜서 동작시킨다. 그림 3-51(a)는 NOR 게이트를 이용한 $R\text{-}S$ 래치회로 앞에 AND 게이트 2개를 연결하고 공통단자에 클록펄스(clk)를 인가한 클록형 $R\text{-}S$ 플립-플롭(clocked $R\text{-}S$ flip-flop) 회로를 나타낸 것이다. 그림 3-51(b)는 $R\text{-}S$ 플립-플롭의 논리기호를 나타낸다.

클록형 $R\text{-}S$ 플립-플롭의 동작 상태는 다음과 같다.

- clk가 0인 경우에는 $R$과 $S$의 입력에 관계없이 앞단의 AND 게이트 $G_3$과 $G_4$의 출력이 항상 0이므로 플립-플롭의 출력 $Q$와 $\overline{Q}$는 변화하지 않는다.
- clk가 1인 경우에는 $R$과 $S$의 입력이 회로 후단의 NOR 게이트 $G_1$과 $G_2$의 입력으로 전달되어 앞에서 설명한 $R\text{-}S$ 래치와 같은 동작을 한다.

표 3-6은 클록형 $R\text{-}S$ 플립-플롭의 동작 상태를 토대로 작성한 클록형 $R\text{-}S$ 플립-플롭의 진리표다.

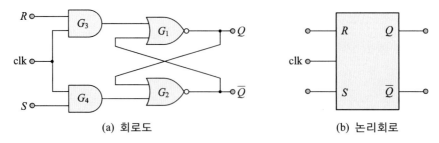

(a) 회로도  (b) 논리회로

**그림 3-51** 클록형 $R\text{-}S$ 플립-플롭(NOR형)

**표 3-6**  클록형 $R$-$S$ 플립-플롭의 진리표

| clk | $S$ | $R$ | $Q(t+1)$ |
|---|---|---|---|
| 1 | 0 | 0 | $Q(t)$(불변) |
| 1 | 0 | 1 | 1 |
| 1 | 1 | 0 | 0 |
| 1 | 1 | 1 | 부정 |

**표 3-7**  $R$-$S$ 플립-플롭의 특성표

| $Q(t)$ | $S$ | $R$ | $Q(t+1)$ |
|---|---|---|---|
| 0 | 0 | 0 | 0 |
| 0 | 0 | 1 | 0 |
| 0 | 1 | 0 | 1 |
| 0 | 1 | 1 | 부정 |
| 1 | 0 | 0 | 1 |
| 1 | 0 | 1 | 0 |
| 1 | 1 | 0 | 1 |
| 1 | 1 | 1 | 부정 |

이 진리표를 근거로 입력변수를 $S$, $R$, $Q(t)$로 하고 출력변수를 $Q(t+1)$로 하여 동기식 $R$-$S$ 플립-플롭의 특성표를 표 3 - 7에 나타내었다.

표 3 - 7에서 부정 상태를 무정의 상태(don't care)로 하여 카르노 맵을 그린 후, 출력 $Q(t+1)$에 대한 논리식을 구하면 다음과 같다.

$$Q(t+1) = S + \overline{R}\,Q, \ SR = 0$$

여기서 $SR = 0$을 포함시킨 이유는 $S = R = 1$인 경우는 허용될 수 없음을 나타내기 위한 것이며, $Q(t+1)$을 $R$-$S$ 플립-플롭의 특성 방정식(characteristic equation)이라고 한다.

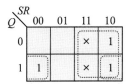

**그림 3-52**  $R$-$S$ 플립-플롭의 카르노 맵

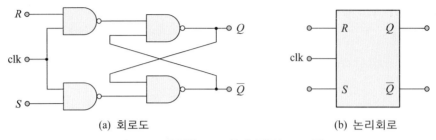

| (a) 회로도 | (b) 논리회로 |
|:---:|:---:|

**그림 3-53** 클록형 $R$-$S$ 플립-플롭(NAND형)

그림 3-53에서는 NAND 게이트를 이용한 $R$-$S$ 래치회로에 클록펄스를 추가한 클록형 $R$-$S$ 플립-플롭의 회로도와 논리기호를 나타내었다. NAND형 $R$-$S$ 플립-플롭의 진리표는 표 3-6과 같다.

## 2 에지 트리거 $R$-$S$ 플립-플롭

클록형 $R$-$S$ 플립-플롭은 기본적으로 궤환(feedback)이 존재하는 회로이며 클록펄스가 1인 상태에서 모든 동작이 수행된다. 그러므로 플립-플롭의 동작시간보다도 클록펄스의 지속 시간이 길게 되면 플립-플롭은 여러 차례의 동작이 수행될 수 있고 따라서 예측치 못한 동작을 할 여지가 충분하다. 이것은 클록형 $R$-$S$ 플립-플롭에 한정된 이야기는 아니다.

이러한 문제를 해결하는 방법 중에 에지 트리거(edge trigger)를 이용하는 방법이 있다. 플립-플롭의 출력은 입력신호의 순간적인 변화에 의해서 결정되는데, 이러한 순간적인 변화를 트리거(trigger)라 한다. 트리거는 레벨(level) 트리거와 에지(edge) 트리거의 두 종류로 분류된다. 앞에서 살펴보았던 플립-플롭은 레벨 트리거(level trigger)를 한다고 할 수 있는데 그것은 클록이 1이면 계속해서 입력을 받아들이기 때문이다. 이에 반해, 에지 트리거는 플립-플롭의 내부 구조를 바꾸어 클록이 0에서 1로 변하거나 1에서 0으로 변하는 순간에만 입력을 받아들이게 하는 방법이다.

에지 트리거에는 그림 3-54에서 보는 바와 같이 정 에지(positive edge) 또는 상승 에지(rising edge) 트리거와 부 에지(negative edge) 또는 하강 에지(falling edge) 트리거의 2가지가 있다.

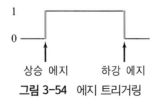

**그림 3-54** 에지 트리거링

일반적으로 동일한 1비트 기억소자에 대하여, 트리거 방법에 따라 에지 트리거를 하면 플립-플롭이라 하고, 레벨 트리거를 하거나 클록을 전혀 사용하지 않으면 래치라고 한다. 그러나 총괄해서 플립-플롭으로 부르기도 한다.

에지 트리거 $R$-$S$ 플립-플롭은 $R$과 $S$에 입력되는 정보가 클록펄스의 에지 트리거에서만 동작하여 출력되기 때문에 $R$과 $S$ 입력을 동기 입력(synchronous input)이라고 한다. 그림 3 – 55(a)는 에지 트리거 $R$-$S$ 플립-플롭의 회로도에서 클록형 $R$-$S$ 플립-플롭의 클록펄스 입력에 펄스 전이 검출기를 추가하였다. 펄스 전이 검출기는 그림 3 – 55(b)와 같이 입력되는 펄스를 상승 에지에서 짧은 전이만 일어나도록 하여 짧은 지속 시간을 갖는 펄스를 만들기 위한 회로다. AND 게이트의 하나의 입력에는 펄스가 입력되고 다른 하나의 입력에는 NOT 게이트를 통하여 원래의 펄스보다 수 nsec(nano second) 정도 각인된 펄스가 입력되므로 AND 게이트의 출력에는 지속시간이 매우 짧은 클록펄스가 출력된다.

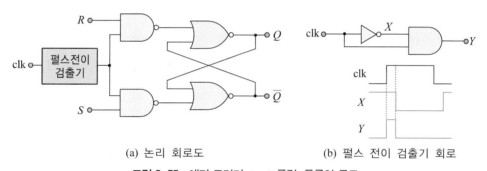

(a) 논리 회로도　　　　　　(b) 펄스 전이 검출기 회로

**그림 3-55**　에지 트리거 $R$-$S$ 플립-플롭의 구조

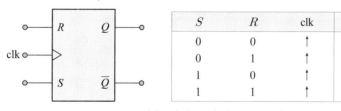

| $S$ | $R$ | clk | $Q(t+1)$ |
|-----|-----|-----|----------|
| 0 | 0 | ↑ | $Q(t)$(불변) |
| 0 | 1 | ↑ | 0 |
| 1 | 0 | ↑ | 1 |
| 1 | 1 | ↑ | 부정 |

(a) 상승 에지 트리거 $R$-$S$ 플립-플롭

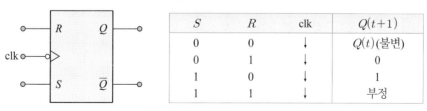

| $S$ | $R$ | clk | $Q(t+1)$ |
|-----|-----|-----|----------|
| 0 | 0 | ↓ | $Q(t)$(불변) |
| 0 | 1 | ↓ | 0 |
| 1 | 0 | ↓ | 1 |
| 1 | 1 | ↓ | 부정 |

(b) 하강 에지 트리거 $R$-$S$ 플립-플롭

**그림 3-56**　에지 트리거 $R$-$S$ 플립-플롭의 논리기호와 진리표

그림 3-56은 에지 트리거 $R$-$S$ 플립-플롭의 논리기호와 진리표를 나타낸 것이다. 클록펄스 입력에 있는 삼각형은 동적 표시(dynamic indicator)로서 (a)는 상승 에지 트리거, (b)는 하강 에지 트리거를 의미한다. 상승 에지 트리거는 클록펄스가 0에서 1로 변하는 난간(edge)(↑)에서 출력이 변하고, 하강 에지 트리거는 클록펄스가 1에서 0으로 변하는 난간(↓)에서 디지털 회로가 동작하여 출력값을 내고 있다는 것을 의미한다.

# $D$ 플립-플롭

## 1 클록형 $D$ 플립-플롭

클록형 $R$-$S$ 플립-플롭에서 원하지 않는 상태($S = R = 1$)를 제거하는 하나의 방법은 $S$와 $R$의 입력이 동시에 1이 되지 않도록 보장하는 것이다. 이러한 형태의 클록형 $D$ 플립-플롭(clocked $D$ flip-flop)은 클록형 $R$-$S$ 플립-플롭을 변형한 것이다. 이를 그림 3-57에 나타내었는데, 입력신호 $D$가 clk에 동기(시간에 맞추어)되어 그대로 출력에 전달되는 특성을 가지고 있다. $D$ 플립-플롭은 1비트 만큼의 시간이 지난 후에 출력이 나타나는 지연소자로 입력 $D$에 의해 출력 $Q$의 값이 1비트 전 시간의 값과 같은 상태로 동작하는 것으로 $D$ 플립-플롭이라는 이름은 데이터(data)를 전달하는 것과 시간적으로 지연(delay)하는 역할에서 유래한다.

그림 3-57은 NAND 게이트로 구성된 $D$ 플립-플롭으로서 clk=0이면 $G_3$과 $G_4$의 출력이 모두 1이 되므로 플립-플롭의 최종 출력 $Q$를 변화시킬 수 없다. 따라서 $D$ 플립-플롭은 clk=1인 경우에만 동작하는 클록형 $D$ 플립-플롭이다. $D$ 플립-플롭의 동작 상태를 살펴보면 다음과 같다.

- clk=1, $D$=1이면 $G_3$의 출력은 0, $G_4$의 출력은 1이 된다. 따라서 NAND 게이트로 구성된 $R$-$S$ 래치의 입력은 $S$=0, $R$=1이 되므로 결과적으로 $Q$=1을 얻는다.

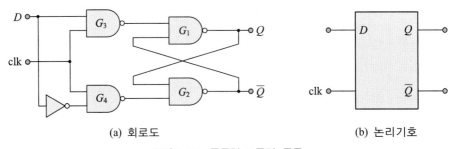

(a) 회로도  (b) 논리기호

**그림 3-57 클록형 $D$ 플립-플롭**

**표 3-8** $D$ 플립-플롭의 진리표

| clk | $D$ | $Q(t+1)$ |
|-----|-----|----------|
| 1 | 0 | 0 |
| 1 | 1 | 1 |

**표 3-9** $D$ 플립-플롭의 특성표

| clk | $D, Q(t)$ | $Q(t+1)$ |
|-----|-----------|----------|
| 0 | 0 | 0 |
| 0 | 1 | 1 |
| 1 | 0 | 0 |
| 1 | 1 | 1 |

- clk=1, $D$=0이면 $G_3$의 출력은 1, $G_4$의 출력은 0이 된다. 따라서 NAND 게이트로 구성된 $R\text{-}S$ 래치의 입력은 $S$=1, $R$=0이 되므로 결과적으로 $Q$=0을 얻는다.

위의 동작 상태로부터 $D$ 플립-플롭은 입력 $D$의 상태를 1비트 시간만큼 지연시키는 기능을 가지고 있음을 알 수 있다. 표 3-8에는 $D$ 플립-플롭의 진리표를 나타내었다. 표 3-8의 진리표를 근거로 입력변수를 $D$와 $Q(t)$, 출력을 $Q(t+1)$로 하여 동기식 $D$ 플립-플롭의 특성표를 표 3-9에 나타내었다.

## 2 에지 트리거 $D$ 플립-플롭

에지 트리거 $D$ 플립-플롭은 클록형 $D$ 플립-플롭의 클록펄스 입력에 펄스 전이 검출기를 추가하여 구성할 수 있다. 그림 3-58은 에지 트리거 $D$ 플립-플롭의 논리기호와 진리표이다. 클록펄스의 상승 에지 또는 하강 에지에서 출력의 상태가 변한다는 점을 제외하고 기본적으로 클록형 $D$ 플립-플롭과 동일하다. 에지 트리거 $D$ 플립-플롭은 클록펄스가 입력될 때 $D$=1이면 $Q$=1이고, $D$ 입력의 논리 1 상태의 입력정보는 클록펄스가 입력될 때, 클록펄스의 상승 에지(또는 하강 에지)에서 플립-플롭에 저장된다. 또 클록펄스가 입력될 때 $D$=0이면 $Q$=0이고, $D$ 입력의 논리 0 상태의 입력정보는 클록펄스가 입력될 때, 클록펄스의 상승 에지(또는 하강 에지)에서 플립-플롭에 저장된다.

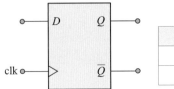

| $D$ | clk | $Q(t+1)$ |
|-----|-----|----------|
| 0 | ↑ | 0 |
| 1 | ↑ | 1 |

(a) 상승 에지 트리거 $D$ 플립-플롭

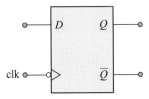

| $D$ | clk | $Q(t+1)$ |
|-----|-----|----------|
| 0 | ↓ | 0 |
| 1 | ↓ | 1 |

(b) 하강 에지 트리거 $D$ 플립-플롭

**그림 3-58** 에지 트리거 $D$ 플립-플롭의 논리기호와 진리표

## $J-K$ 플립-플롭

### 1 클록형 $J-K$ 플립-플롭

$R-S$ 플립-플롭은 $S=1$, $R=1$인 경우 출력 상태가 불안정하다는 문제점이 있었는데, 이를 해결하기 위한 하나의 방법이 $S$와 $R$의 입력이 동시에 1이 되지 않도록 보장하는 것이고, 또 다른 하나의 방법은 $J-K$ 플립-플롭을 사용하는 것이다.

$R-S$ 플립-플롭과 비교하면 $J-K$ 플립-플롭의 $J$는 $S$(set)에, $K$는 $R$(reset)에 대응하는 입력이다. $J-K$ 플립-플롭의 가장 큰 특징은 $J=1$, $K=1$인 경우 $J-K$ 플립-플롭의 출력은 이전 출력의 보수 상태로 바뀐다는 점이다. 즉, $Q(t)=0$이면 $Q(t+1)=1$이 되며 $Q(t)=1$이면 $Q(t+1)=0$이므로 $Q(t+1)=\overline{Q}(t)$가 된다. 그림 3-59는 NOR 게이트를 이용한 $J-K$ 플립-플롭의 회로도와 논리 기호다.

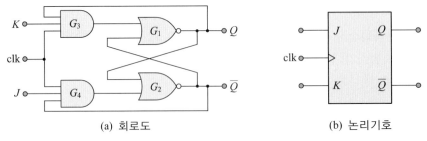

(a) 회로도　　　　　　　　(b) 논리기호

**그림 3-59** 클록형 $J-K$ 플립-플롭

그림 3-59의 $J$-$K$ 플립-플롭은 앞단의 AND 게이트의 동작만 이해하면 그 다음은 앞에서 살펴본 $R$-$S$ 래치와 같이 동작하므로 쉽게 이해할 수 있을 것이다. 먼저 clk=0 이면 $G_3$와 $G_4$의 출력이 모두 0이 되므로 플립-플롭의 최종 출력 $Q$를 변화시킬 수 없다. 따라서 이 회로는 clk=1인 경우에만 동작하는 동기식 $J$-$K$ 플립-플롭이다. $J$-$K$ 플립-플롭의 동작상태를 살펴보면 다음과 같다.

- $J$=0, $K$=0이면 $G_3$과 $G_4$의 출력이 모두 0이 되므로 $G_1$과 $G_2$로 구성된 $R$-$S$ 래치는 출력이 변하지 않는다.

- $J$=0, $K$=1이면 $G_4$의 출력은 0이 되고 $G_3$의 출력은 $Q(t) \cdot K \cdot$ clk인데 $K$=1, clk=1 이므로 $Q(t)$가 된다. 이 경우 $Q(t)$=1이면 $G_3$의 출력은 1, $Q(t)$=0이면 $G_3$의 출력은 0이 된다. $Q(t)$=1이면 $R$-$S$ 래치는 $S$=0, $R$=1인 경우와 같으므로 출력은 $Q(t+1)$=0이 된다. $Q(t)$=0이면 $R$-$S$ 래치의 $S$=0, $R$=0인 경우와 같으므로 출력은 변하지 않아서 $Q(t+1)$=0이 된다.

- $J$=1, $K$=0이면 $G_3$의 출력은 0이 되고 $G_4$의 출력은 $\overline{Q}(t) \cdot J \cdot$ clk인데 $J$=1, clk=1 이므로 $\overline{Q}(t)$가 된다. 이 경우 $\overline{Q}(t)$=0이면 $G_4$의 출력은 0, $\overline{Q}(t)$=1이면 $G_4$의 출력은 1이 된다. $\overline{Q}(t)$=0이면 $R$-$S$ 래치는 $S$=0, $R$=0인 경우와 같으므로 출력은 변하지 않아서 $Q(t+1)$=1이 된다. $\overline{Q}(t)$=1이면 $R$-$S$ 래치의 $S$=1, $R$=0인 경우와 같으므로 출력은 $Q(t+1)$=1이 된다.

- $J$=1, $K$=1이면 $G_3$의 출력은 $Q(t) \cdot K \cdot$ clk인데 $K$=1, clk=1 이므로 $Q(t)$가 된다. 또 $G_4$의 출력은 $\overline{Q}(t) \cdot J \cdot$ clk인데, $J$=1, clk=1이므로 $\overline{Q}(t)$가 된다. $Q(t)$=0 인 경우 $R$-$S$ 래치의 $S$=1, $R$=0인 경우와 같으므로 출력은 $Q(t+1)$=1이 된다. 마찬가지로 $Q(t)$=1인 경우 $R$-$S$ 래치의 $S$=0, $R$=1인 경우와 같으므로 출력은 $Q(t+1)$=0이 되어 출력은 보수가 된다. 표 3-10은 $J$-$K$ 플립-플롭의 동작 상태를 나타내는 진리표이다.

**표 3-10** $J$-$K$ 플립-플롭의 진리표

| clk | $J$ | $K$ | $Q(t+1)$ |
|---|---|---|---|
| 1 | 0 | 0 | $Q(t)$ (불변) |
| 1 | 0 | 1 | 0 (reset) |
| 1 | 1 | 0 | 1 (set) |
| 1 | 1 | 1 | $\overline{Q}(t)$ (toggle) |

**표 3-11** $J-K$ 플립-플롭의 특성표

| $Q(t)$ | $J$ | $K$ | $Q(t+1)$ |
|:---:|:---:|:---:|:---:|
| 0 | 0 | 0 | 0 |
| 0 | 0 | 1 | 0 |
| 0 | 1 | 0 | 1 |
| 0 | 1 | 1 | 1 |
| 1 | 0 | 0 | 1 |
| 1 | 0 | 1 | 0 |
| 1 | 1 | 0 | 1 |
| 1 | 1 | 1 | 0 |

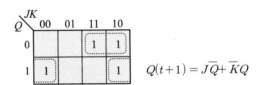

$$Q(t+1) = J\overline{Q} + \overline{K}Q$$

**그림 3-60** $J-K$ 플립-플롭의 카르노 맵

표 3-10의 진리표를 근거로 입력 변수를 $J$, $K$, $Q(t)$로 하고 출력을 $Q(t+1)$로 하여 만든 동기식 $J$-$K$ 플립-플롭의 특성표가 표 3-11이다.

표 3-11을 기초로 한 카르노 맵과 출력 $Q(t+1)$에 대한 간략한 특성 방정식을 구하면 그림 3-60과 같다.

그림 3-59의 $J$-$K$ 플립-플롭을 이용하는 경우 클록펄스의 폭이 충분히 길고 $J=1$, $K=1$이라고 가정해 보자. 이 경우에 클록펄스가 가해져서 출력이 보수가 된 후에도 계속해서 클록펄스가 1이므로 플립-플롭은 변화된 출력신호에 의해서 또 다시 동작하게 된다. 그러므로 이러한 플립-플롭을 이용하는 경우에는 클록펄스의 폭에 제한을 두어야 하며 이러한 단점을 수정한 플립-플롭이 에지 트리거 $J$-$K$ 플립-플롭이다.

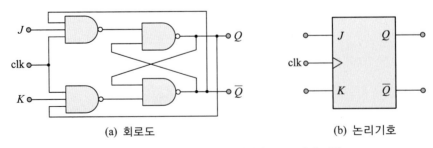

(a) 회로도　　　　　　　(b) 논리기호

**그림 3-61** 클록형 $J-K$ 플립-플롭(NAND 게이트형)

$J$-$K$ 플립-플롭은 플립-플롭 중에서 가장 많이 사용되는 플립-플롭이다. 그림 3 – 59 의 플립-플롭을 NAND 게이트형 플립-플롭으로 표현하면 그림 3 – 61과 같다.

## 2 에지 트리거 $J$-$K$ 플립-플롭

에지 트리거 $J$–$K$ 플립-플롭의 구조는 그림 3 – 62와 같이 클록형 $J$–$K$ 플립-플롭의 클록 펄스를 입력으로 하여 구성할 수 있다.

그림 3 – 63은 에지 트리거 $J$–$K$ 플립-플롭의 논리기호와 진리표를 나타내었다. 클록펄스의 상승 에지 또는 하강 에지에서 출력의 상태가 변한다는 점을 제외하고는 기본적으로 클록형 $J$–$K$ 플립-플롭과 동일하다.

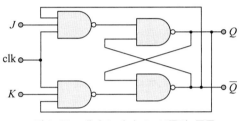

**그림 3-62** 에지 트리거 $J$–$K$ 플립-플롭

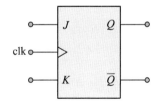

| $J$ | $K$ | clk | $Q(t+1)$ |
|:---:|:---:|:---:|:---:|
| 0 | 0 | ↑ | $Q(t)$(불변, 기억) |
| 0 | 1 | ↑ | 0 (reset) |
| 1 | 0 | ↑ | 1 (set) |
| 1 | 1 | ↑ | $\overline{Q}(t)$ (toggle) |

(a) 상승 에지 트리거 $J$-$K$ 플립-플롭

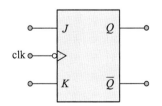

| $J$ | $K$ | clk | $Q(t+1)$ |
|:---:|:---:|:---:|:---:|
| 0 | 0 | ↓ | $Q(t)$(불변, 기억) |
| 0 | 1 | ↓ | 0 (reset) |
| 1 | 0 | ↓ | 1 (set) |
| 1 | 1 | ↓ | $\overline{Q}(t)$ (toggle) |

(b) 하강 에지 트리거 $J$-$K$ 플립-플롭

**그림 3-63** 트리거 $J$–$K$ 플립-플롭의 논리기호와 진리표

그림과 같은 파형을 상승에지 $J$-$K$ 플립-플롭에 인가하였을 때, 출력 $Q$의 파형을 그리시오. 단, 출력 $Q$는 1로 초기화되어 있으며, 게이트에서 전파지연은 없다고 가정한다.

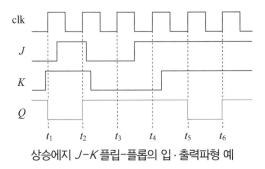

상승에지 $J$-$K$ 플립-플롭의 입·출력파형 예

출력 $Q$는 clk가 0에서 1로 변하는 순간에만 변하므로

- $t_1$ 시점에서 $J=0$, $K=1$이므로 $Q=0$이 되어 reset
- $t_2$ 시점에서 $J=1$, $K=1$이므로 출력은 토글되어 $Q=1$
- $t_3$ 시점에서 $J=0$, $K=0$이므로 이전 상태 유지($Q=1$)
- $t_4$ 시점에서 $J=1$, $K-0$이므로 $Q=1$이 되어 set
- $t_5$ 시점에서 $J=1$, $K=1$이므로 출력은 토글되어 $Q=0$
- $t_6$ 시점에서 $J=1$, $K=1$이므로 출력은 토글되어 $Q=1$

그림과 같이 하강에지 $J$-$K$ 플립-플롭 $J$와 $K$ 입력을 논리 1로 하고, $\overline{PR}$과 $\overline{CLR}$ 입력에 그림의 파형을 인가하였을 때, 출력 $Q$의 파형을 그리시오. 단, 출력 $Q$는 0으로 초기화되어 있으며, 게이트에서 전파지연은 없다고 가정한다.

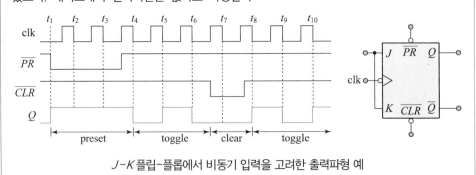

$J$-$K$ 플립-플롭에서 비동기 입력을 고려한 출력파형 예

(계속)

클록 입력에 보수 기호가 있으므로 출력 $Q$는 클록펄스의 하강에지에서 변화하므로

- $t_1$, $t_2$, $t_3$ 시점에서는 $\overline{PR} = 0$이므로 출력은 set되어 $Q = 1$
- $t_4$, $t_5$, $t_6$ 시점에서는 $\overline{PR} = 1$, $\overline{CLR} = 1$이고, $J = 1$, $K = 1$이므로 출력 $Q$는 토글
- $t_7$ 시점에서는 $\overline{CLR} = 0$이므로 출력은 reset되어 $Q = 0$
- $t_8$, $t_9$, $t_{10}$ 시점에서는 $\overline{PR} = 1$, $\overline{CLR} = 1$이고, $J = 1$, $K = 1$이므로 출력 $Q$는 토글

## 동기 순서논리회로 개요

조합논리회로(combinational logic circuit)는 임의의 시점에서 이전의 입력값에 관계없이 현재의 입력값에 의해서 출력이 결정되는 논리회로인데, 이에 대하여 순서논리회로 (sequential logic circuit)는 현재의 입력값은 물론 이전의 출력 상태에 의해서 출력값이 결정되는 논리회로이다.

순서논리회로는 신호의 시간(timing)에 따라 동기(synchronous) 순서논리회로와 비동기(asynchronous) 순서논리회로로 나눌 수 있다. 동기 순서논리회로에 있어서 상태(state)는 단지 이산된(discrete) 각 시점, 즉 클록펄스가 들어오는 시점에서 상태가 변화하는 회로이다. 이러한 펄스는 주기적(periodic) 또는 비주기적(non-periodic)으로 생성할 수 있으며, 클록펄스는 클록 생성기(clock generator)라 하는 구형파형 발생 장치에 의해서 생성된다. 이와 같이 클록펄스 입력에 의해서 동작하는 회로를 동기 순서논리회로라 한다.

한편, 비동기 순서논리회로는 시간에 관계없이 단지 입력이 변화하는 순서에 따라 동작하는 논리회로를 말한다. 비동기 순서논리회로는 회로 입력이 변화할 경우에만 상태 천이(state transition)가 발생하므로 클록이 없는 메모리 소자(unclocked memory device)를 사용한다. 결과적으로 비동기 회로의 정확한 동작은 입력의 시간에 의존하기 때문에 마지막 입력 변화에서 회로가 안정되도록 설계해야 한다. 그렇지 않으면 회로는 정확하게 동작하지 않게 된다.

그림 3-64는 순서논리회로의 블록도를 나타내고 있는데, 이는 조합논리회로와 메모리 소자(플립-플롭)로 구성된다. 클록펄스(clk, clock pulse)가 있는 순서논리회로에서는 메모리 부분에 클록 입력이 있다. 순서논리회로의 출력 $Y(t)$는 현재 상태의 입력 $A(t)$와 이전 상태의 출력 $Y(t-1)$에 의하여 결정된다.

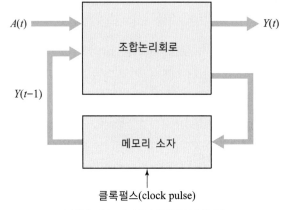

**그림 3-64** 순서논리회로의 블록도

**그림 3-65** 순서논리회로의 해석과 설계 관계

그림 3-65에 나타낸 바와 같이 순서논리회로의 해석 과정은 이미 구현된 논리회로에서 상태표나 상태도를 유도하는 절차이며, 이 회로의 설계 과정은 주어진 사양(상태표, 상태도)으로부터 논리회로를 구현하는 절차이다.

## 비동기식 카운터

플립-플롭의 주요 응용으로서 입력되는 펄스의 수를 세는 카운터(counter)가 있다. 카운터는 단순히 입력 펄스의 수를 세는 데 사용될 뿐만 아니라 디지털 계측기기와 디지털 시스템에 널리 사용된다. 클록펄스처럼 펄스가 일정 주기를 가질 때는 1초 동안에 입력되는 펄스의 수를 세어 그 펄스 신호의 주파수를 알 수 있고 주기도 알 수 있다. 또 수정발진기와 같은 정밀한 클록 발생기와 카운터를 사용하면 두 시점간의 시간 간격을 측정할 수도 있다.

카운터는 클록과의 동기방식에 따라 보통 하나의 입력과 $n$개의 출력이 있는데, 이것을 $n$비트 카운터라고 부른다. 예를 들어 8비트 카운터로는 0에서부터 255까지 셀 수 있고 별도로 제어 단자가 있으며 이들을 통하여 카운터 시작, 끝, 세는 순서 등 여러 가지 동작 방식을 제어할 수 있다.

카운터는 클록과의 동기 방식에 따라 비동기식 카운터(asynchronous counter)와 동기식 카운터(synchronous counter)의 2가지로 구분된다. 비동기식 카운터는 직렬 카운터라고도 불리며 플립-플롭을 다수 종속으로 연결한 구조로서 카운터 내의 플립-플롭이 공통의 클록펄스를 갖지 않으므로 플립-플롭의 상태가 동시에 변하지 않는다. 즉, 각 단의 플립-플롭의 출력은 클록펄스에 동기되지 않는다. 첫째단을 통과할 때마다 지연시간이 누적되므로 고속으로 세는 회로에는 맞지 않다. 이에 반하여 동기식 카운터는 병렬 카운터라고도 불리며 카운터 내의 플립-플롭이 공통의 클록펄스에 의해 동시에 트리거(trigger)되어 고속 동작에는 적합하지만 비동기식 카운터에 비해 회로가 복잡해지는 단점이 있다. 또 카운터는 수를 세어 올라가는 상향 카운터(up counter)와 수를 세어 내려오는 하향 카운터(down counter)로 분류할 수 있다.

비동기식 카운터는 첫 번째 플립-플롭의 clk(clock pulse) 입력에만 클록펄스가 입력되고, 다른 플립-플롭은 각 플립-플롭의 출력을 다음 플립-플롭의 clk입력으로 사용한다. 즉, 첫단 플립-플롭의 출력이 다음 단의 플립-플롭을 트리거시키므로 클록의 영향이 물결처럼 후단으로 파급된다는 뜻에서 비동기식 카운터를 리플(ripple) 카운터라고도 부른다.

일반적으로 카운터에서 구별되는 상태의 수가 $m$일 때 이 카운터의 모듈러스(modulus)는 $m$이다. 또는 modulo-$m$(간단히 mod-$m$) $m$진 카운터라고 말한다. 플립-플롭 $n$개를 종속으로 연결(cascade)하면 0부터 최대 $(2^n - 1)$까지 카운트할 수 있다. 예를 들어 플립-플롭 2개를 사용하면 0부터 최대 3$(2^2 - 1)$까지 카운트하는 4진(mod-4) 카운터를 구성할 수 있다. 플립-플롭 3개를 사용하면 8진(mod-8) 카운터, 플립-플롭 4개를 사용하면 16진(mod-16) 카운터를 구성할 수 있다.

비동기식 카운터는 $J$-$K$ 플립-플롭 또는 $T$ 플립-플롭을 사용하여 구성하며, $J$-$K$ 플립-플롭을 사용하는 경우 모든 $J$ 입력과 $K$ 입력을 논리 1로 하고, $T$ 플립-플롭을 사용하는 경우는 $T$ 입력을 논리 1로 하여 토글(toggle) 상태가 되도록 한다.

## 1 비동기식 상향 카운터

비동기식 카운터의 가장 일반적인 형태는 순차적으로 2진수를 카운트할 수 있는 2진 상향 카운터(binary up counter)이다. 표 3 – 12는 플립-플롭 4개를 사용한 16진 카운터의 계수 상태를 나타낸 것으로 2진수 4자리($Q_D$, $Q_C$, $Q_B$, $Q_A$)를 사용하여 0000($0_{10}$)에서 1111($15_{10}$)까지 카운트하고 있다. $Q_A$ 열은 10진수 1에 해당하는 자리로 최하위 비트라 하고 $Q_D$ 열은 10진수 8에 해당하는 자리로 최상위 비트가 된다. 0000에서 1111

**표 3-12**  4-비트 2진 상향 카운터의 상태표

| 클록펄스 | $Q_D$ | $Q_C$ | $Q_B$ | $Q_A$ | 10진수 |
|---|---|---|---|---|---|
| 1 | 0 | 0 | 0 | 0 | 0 |
| 2 | 0 | 0 | 0 | 1 | 1 |
| 3 | 0 | 0 | 1 | 0 | 2 |
| 4 | 0 | 0 | 1 | 1 | 3 |
| 5 | 0 | 1 | 0 | 0 | 4 |
| 6 | 0 | 1 | 0 | 1 | 5 |
| 7 | 0 | 1 | 1 | 0 | 6 |
| 8 | 0 | 1 | 1 | 1 | 7 |
| 9 | 1 | 0 | 0 | 0 | 8 |
| 10 | 1 | 0 | 0 | 1 | 9 |
| 11 | 1 | 0 | 1 | 0 | 10 |
| 12 | 1 | 0 | 1 | 1 | 11 |
| 13 | 1 | 1 | 0 | 0 | 12 |
| 14 | 1 | 1 | 0 | 1 | 13 |
| 15 | 1 | 1 | 1 | 0 | 14 |
| 16 | 1 | 1 | 1 | 1 | 15 |

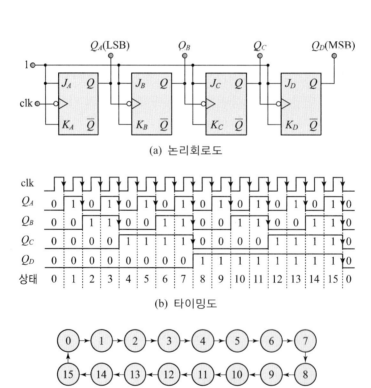

(a) 논리회로도

(b) 타이밍도

(c) 상태도

**그림 3-66**  4-비트 2진 상향 카운터

까지 카운트하는 상태의 수가 모두 16개이므로 16진(mod-16) 카운터가 되는 것이다.

그림 3 – 66(a)는 $J-K$ 플립-플롭 4개를 사용한 16진 카운터의 회로도를 나타내고 있는데, 모든 플립-플롭의 입력은 $J = K = 1$이므로 출력은 반전(toggle) 상태로 동작하며, 각각의 플립-플롭은 2진 형식으로 0000에서 1111까지 카운트한다. 각 플립-플롭의 개별적인 출력 $Q$는 2의 제곱으로 가중된 값의 위치 중의 하나를 나타낸다.

첫 번째 플립-플롭에 연결된 클록 입력은 카운터의 입력이며, 각각 들어오는 클록펄스는 수를 셀 비트를 나타낸다. 첫 번째 플립-플롭의 출력 $Q_A$는 카운터의 1의 자리의 출력으로 역할을 하고 두 번째 플립-플롭에게 입력 클록으로 작용한다. 두 번째 플립-플롭의 출력 $Q_B$는 카운터의 2의 자리 출력으로 역할을 하고, 아울러 세 번째 플립-플롭의 클록으로 입력하게 된다. 세 번째 플립-플롭의 출력 $Q_C$는 카운터의 4의 자리 출력으로 역할을 하고 또한 네 번째 플립-플롭의 입력 클록이 되며, 마찬가지로 네 번째 플립-플롭의 출력 $Q_D$는 카운터의 8의 자리 출력으로 동작한다.

이 카운터의 동작은 카운터의 입력과 각각의 플립-플롭의 출력을 포함하는 그림 3 – 66(b)의 타이밍도로 설명할 수 있으며, 초기 상태의 출력은 0000에서 시작하고 각 플립-플롭은 클록펄스의 하강 에지(falling edge)에서 동작한다. 이와 같이 동작하는 카운터에서 $Q_A$에서는 입력 클록 주파수의 1/2, $Q_B$에서는 1/4, $Q_C$에서는 1/8, $Q_D$에서는 1/16의 주파수를 갖는 구형파가 얻어진다. 그림 3 – 66(c)에는 4-비트 2진 상향 카운터의 상태도를 나타내고 있다.

## 2 비동기식 하향 카운터

비동기식 2진 카운터는 플립-플롭의 클록 입력을 어떻게 연결하는지에 따라 수를 세는 방향이 결정된다. 4-비트 2진 상향 카운터에서 각 플립-플롭의 $\overline{Q}$ 출력을 다음 단의 입력으로 인가한다면 카운터의 하향 동작을 출력으로 얻어낼 수 있다. 이러한 동작을 설명하기 위하여 표 3 – 13에 4-비트 2진 하향 카운터(binary down counter)의 수를 세는 상태를 나타내었다. 각각의 플립-플롭은 세트되고 카운터는 1111에서 시작하여 15번째 클록펄스의 끝에서 카운터는 0000으로 감소한다. 16번째 클록펄스가 인가된 후 카운터는 1111에서 반복한다.

그림 3 – 67(a)는 4-비트 2진 하향 카운터의 회로도, (b)는 타이밍도를 나타낸 것이다. 모든 플립-플롭의 입력은 $J = K = 1$이므로 출력은 반전 상태로 동작하며, 각각의 플립-플롭은 2진수로 1111에서 0000까지 카운트한다. 그림 (c)에는 4-비트 2진 하향 카운터의 상태도를 나타냈다.

**표 3-13** 4-비트 2진 하향 카운터의 상태표

| 클록펄스 | $Q_D$ | $Q_C$ | $Q_B$ | $Q_A$ | 10진수 |
|---|---|---|---|---|---|
| 1 | 1 | 1 | 1 | 1 | 15 |
| 2 | 1 | 1 | 1 | 0 | 14 |
| 3 | 1 | 1 | 0 | 1 | 13 |
| 4 | 1 | 1 | 0 | 0 | 12 |
| 5 | 1 | 0 | 1 | 1 | 11 |
| 6 | 1 | 0 | 1 | 0 | 10 |
| 7 | 1 | 0 | 0 | 1 | 9 |
| 8 | 1 | 0 | 0 | 0 | 8 |
| 9 | 0 | 1 | 1 | 1 | 7 |
| 10 | 0 | 1 | 1 | 0 | 6 |
| 11 | 0 | 1 | 0 | 1 | 5 |
| 12 | 0 | 1 | 0 | 0 | 4 |
| 13 | 0 | 0 | 1 | 1 | 3 |
| 14 | 0 | 0 | 1 | 0 | 2 |
| 15 | 0 | 0 | 0 | 1 | 1 |
| 16 | 0 | 0 | 0 | 0 | 0 |

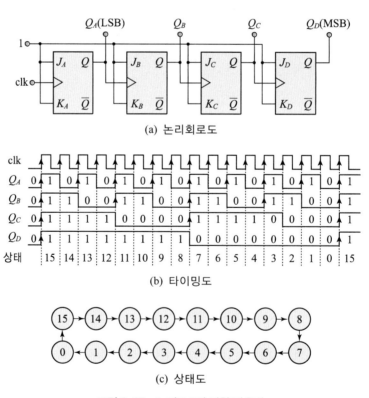

(a) 논리회로도

(b) 타이밍도

(c) 상태도

**그림 3-67** 4-비트 2진 하향 카운터

처음에 모든 플립-플롭의 출력이 0이었다고 가정하면, 첫 번째 클록펄스의 상승 에지에서 $Q_A$가 논리 0에서 논리 1로 변하므로 $Q_B$도 동시에 논리 0에서 논리 1로 변하고, 또한 동시에 $Q_C$와 $Q_D$도 논리 0에서 논리1 변한다. 따라서 카운터의 출력은 1111이다. 이후 각 플립-플롭은 클록펄스의 상승 에지에서 변화하여 그림 (b)와 같은 타이밍도를 얻을 수 있다. 이상의 카운터에서 $Q_A$에서는 입력 클록 주파수의 1/2, $Q_B$에서는 1/4, $Q_C$에서는 1/8, $Q_D$에서는 1/16의 주파수를 갖는 구형파가 얻어진다.

## 동기식 카운터

플립-플롭의 출력은 입력의 변화에 즉각적으로 변화하지 못하므로 전파지연시간 $t_{pd}$가 필요하다. 따라서 $n$개 플립-플롭을 종속 연결한 비동기식 카운터의 전체 전파지연시간은 $nt_{pd}$가 된다. 따라서 비동기식 카운터는 이러한 지연 때문에 고속으로 동작하는 응용 분야에는 적합하지 않다. 이 결점을 피하려면 입력 클록펄스를 모든 플립-플롭에 공통으로 인가하는 동기식 카운터를 사용해야 한다.

### 1 2-비트 동기식 2진 카운터

2-비트 동기식 카운터는 순서논리회로 방식으로 설계할 수 있다. 그림 3–68은 카운터의 상태도이며, 표 3–14는 $J$-$K$ 플립-플롭을 사용하여 상태도로부터 작성한 상태 여기표를 보여주고 있다.

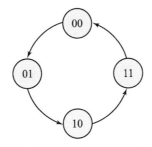

**그림 3-68** 2-비트 동기식 카운터의 상태도

**표 3-14** 4-비트 동기식 카운터의 상태 여기표

| 현재 상태 | | 차기 상태 | | 플립-플롭 입력 | | | |
|---|---|---|---|---|---|---|---|
| $Q_B$ | $Q_A$ | $Q_B$ | $Q_A$ | $J_B$ | $K_B$ | $J_A$ | $K_A$ |
| 0 | 0 | 0 | 1 | 0 | × | 1 | × |
| 0 | 1 | 1 | 0 | 1 | × | × | 1 |
| 1 | 0 | 1 | 1 | × | 0 | 1 | × |
| 1 | 1 | 0 | 0 | × | 1 | × | 1 |

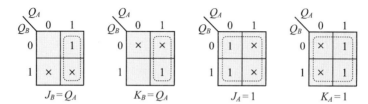

**그림 3-69** 카르노 맵을 이용한 간략화 과정

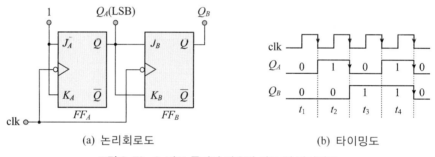

(a) 논리회로도　　　　　　(b) 타이밍도

**그림 3-70** 2-비트 동기식 카운터 회로 및 타이밍도

상태 여기표에서 각 플립-플롭의 입력을 구하기 위해 카르노 맵을 이용하는데 그림 3 – 69와 같이 구할 수 있으며, 여기서 구한 함수를 논리회로로 구성하면 그림 3 – 70(a)와 같으며, (b)에서는 타이밍도를 나타내었다.

2-비트 동기식 카운터는 그림 3 – 70(a)와 같이 2개의 $J – K$ 플립-플롭을 사용하며, 클록펄스는 2개의 플립-플롭에 공통으로 입력되고, 클록펄스의 하강 에지에서 동작한다. 첫 번째 플립-플롭의 $J_A$와 $K_A$ 입력은 모두 논리 1로 하여 토글되도록 하며, 두 번째 플립-플롭의 $J_B$와 $K_B$의 입력에는 $Q_A$ 출력이 연결된다.

2-비트 동기식 카운터의 초기 상태를 논리 0이라고 가정하고 클록펄스의 입력에 따른 카운터의 동작을 그림 3 – 70(b)를 참조하여 설명하면 다음과 같다.

- 첫 번째 클록펄스 $t_1$이 입력되면 $t_1$의 하강 에지에서 $FF_A$는 반전되어 $Q_A$는 논리 1이 되고 $FF_B$는 상태가 변하지 않는다.
- 두 번째 클록펄스 $t_2$이 입력되면 $t_2$의 하강 에지에서 $FF_A$는 반전되어 $Q_A$는 논리 0이 된다. 이 순간에 $FF_B$는 $J_B$와 $K_B$ 입력이 모두 논리 1이므로 $t_2$의 하강 에지에서 반전되어 $Q_B$는 논리 1상태가 된다.
- 세 번째 클록펄스 $t_3$이 입력되면 $t_3$의 하강 에지에서 $FF_A$는 반전되어 $Q_A$는 논리 1이 된다. 이 순간에 $FF_B$는 $J_B$와 $K_B$ 입력이 모두 논리 0이므로 클록펄스가 입력되어도 현재의 상태를 그대로 유지한다.
- 네 번째 클록펄스 $t_4$이 입력되면 $t_4$의 하강 에지에서 $FF_A$는 반전되어 $Q_A$는 논리 0이 된다. 이 순간에 $FF_B$는 $J_B$와 $K_B$ 입력이 모두 논리 1이므로 $t_4$의 하강 에지에서 반전되어 $Q_B$는 논리 0상태가 된다.

2-비트 동기식 카운터는 4개의 클록펄스가 입력되면 처음과 같은 상태가 되어 위의 동작을 반복한다. 그림 3 – 70(b)를 보면 플립-플롭의 상태 천이와 클록펄스의 하강 에지가 동일한 시점에서 변화하는데 실제로는 플립-플롭의 전파지연시간 때문에 조금 뒤에 나타난다.

## 2 3-비트 동기식 2진 카운터

3-비트 동기식 카운터도 순서논리회로 방식으로 설계하기 위하여 그림 3 – 71과 같이 카운터의 상태도를 그린 후, 상태도로부터 $J$-$K$ 플립-플롭을 사용한 상태 여기표를 도출하여 이것을 표 3 – 15에 나타내었다.

상태 여기표에서 각 플립-플롭의 입력을 구하기 위해 카르노 맵을 이용하는데 그림 3 – 72와 같다.

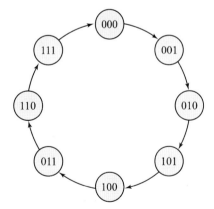

**그림 3-71**　3-비트 동기식 카운터의 상태도

**표 3-15** 3-비트 동기식 카운터의 상태 여기표

| 현재 상태 | | | 차기 상태 | | | 플립-플롭 입력 | | | | | |
|---|---|---|---|---|---|---|---|---|---|---|---|
| $Q_C$ | $Q_B$ | $Q_A$ | $Q_C$ | $Q_B$ | $Q_A$ | $J_C$ | $K_C$ | $J_B$ | $K_B$ | $J_A$ | $K_A$ |
| 0 | 0 | 0 | 0 | 0 | 1 | 0 | × | 0 | × | 1 | × |
| 0 | 0 | 1 | 0 | 1 | 0 | 0 | × | 1 | × | × | 1 |
| 0 | 1 | 0 | 0 | 1 | 1 | 0 | × | × | 0 | 1 | × |
| 0 | 1 | 1 | 1 | 0 | 0 | 1 | × | × | 1 | × | 1 |
| 1 | 0 | 0 | 1 | 0 | 1 | × | 0 | 0 | × | 1 | × |
| 1 | 0 | 1 | 1 | 1 | 0 | × | 0 | 1 | × | × | 1 |
| 1 | 1 | 0 | 1 | 1 | 1 | × | 0 | × | 0 | 1 | × |
| 1 | 1 | 1 | 0 | 0 | 0 | × | 1 | × | 1 | × | 1 |

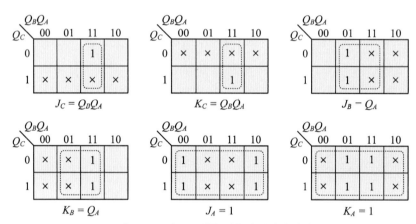

**그림 3-72** 카르노 맵을 이용한 간략화 과정

위의 함수를 논리회로로 구성하면 그림 3 – 73(a)와 같으며, (b)는 타이밍도다.

3-비트 동기식 카운터는 그림 3 – 73(a)와 같이 3개의 $J$-$K$ 플립-플롭과 1개의 AND 게이트로 구성된다. 클록펄스는 3개의 플립-플롭에 공통으로 입력되고, 클록펄스의 하강 에지에서 동작한다. 첫 번째 플립-플롭($FF_A$)의 $J_A$와 $K_A$ 입력은 모두 논리 1로하여 토글(toggle)되도록 하며, 두 번째 플립-플롭($FF_B$)의 $J_B$와 $K_B$의 입력에는 $Q_A$를 연결하였다. 또 세 번째 플립-플롭($FF_C$)의 $J_C$와 $K_C$ 입력은 $FF_A$의 출력 $Q_A$와 $FF_B$의 출력 $Q_B$를 AND 게이트로 연결하였으며, 이와 같은 내용은 3개 이상의 비트 수를 갖는 동기식 카운터에서도 그대로 적용할 수 있다. 그림 3 – 73(b)에 나타낸 타이밍도는 2-비트 카운터와 동일하게 설명할 수 있다.

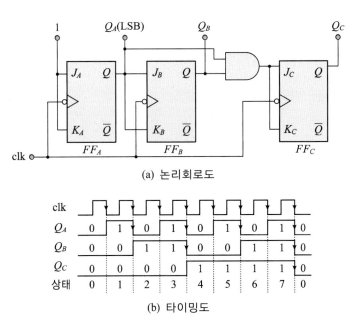

(a) 논리회로도

| clk | | | | | | | | | |
| Q_A | 0 | 1 | 0 | 1 | 0 | 1 | 0 | 1 | 0 |
| Q_B | 0 | 0 | 1 | 1 | 0 | 0 | 1 | 1 | 0 |
| Q_C | 0 | 0 | 0 | 0 | 1 | 1 | 1 | 1 | 0 |
| 상태 | 0 | 1 | 2 | 3 | 4 | 5 | 6 | 7 | 0 |

(b) 타이밍도

**그림 3-73** 3-비트 동기식 카운터 회로와 타이밍도

---

**? 예제 3-11**

$J$-$K$ 플립-플롭을 사용하여 다음 그림과 같이 주어지는 상태도에 해당하는 카운터를 설계하시오.

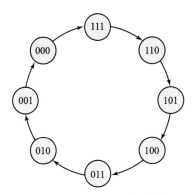

3-비트 2진 하향 카운터의 상태도

위 상태도를 살펴보면 카운터의 계수 순서가 그림과 같이 역순임을 알 수 있다. 클록펄스가 입력될 때마다 7에서 시작하여 6, 5, …, 0 그리고 0 다음은 7로 돌아가는 것이다. 상태 수가 8가지이므로 $J$-$K$ 플립-플롭은 3개가 필요하다. 세 개의 플립-플롭의 출력을 $A$, $B$, $C$라 할 때, 상태 여기표를 작성하면 다음 표와 같다.

(계속)

3-비트 2진 하향 카운터의 상태 여기표

| 현재 상태 | | | 차기 상태 | | | 플립-플롭 입력 | | | | | |
|---|---|---|---|---|---|---|---|---|---|---|---|
| $A$ | $B$ | $C$ | $A$ | $B$ | $C$ | $J_A$ | $K_A$ | $J_B$ | $K_B$ | $J_C$ | $K_C$ |
| 0 | 0 | 0 | 1 | 1 | 1 | 1 | × | 1 | × | 1 | × |
| 0 | 0 | 1 | 0 | 0 | 0 | 0 | × | 0 | × | × | 1 |
| 0 | 1 | 0 | 0 | 0 | 1 | 0 | × | × | 1 | 1 | × |
| 0 | 1 | 1 | 0 | 1 | 0 | 0 | × | × | 0 | × | 1 |
| 1 | 0 | 0 | 0 | 1 | 1 | × | 1 | 1 | × | 1 | × |
| 1 | 0 | 1 | 1 | 0 | 0 | × | 0 | 0 | × | × | 1 |
| 1 | 1 | 0 | 1 | 0 | 1 | × | 0 | × | 1 | 1 | × |
| 1 | 1 | 1 | 1 | 1 | 0 | × | 0 | × | 0 | × | 1 |

카르노 맵에 의해 간소화하여 $J$-$K$ 플립-플롭의 입력함수를 구하면 다음과 같다.

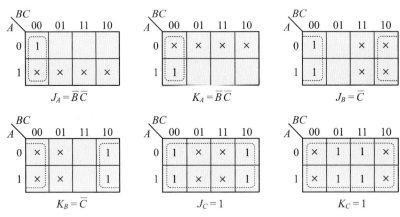

$J$-$K$ 플립-플롭을 사용한 3-비트 2진 하향 카운터의 카르노 맵

따라서 $J$-$K$ 플립-플롭을 이용하여 3비트 2진 하향 카운터를 구현하면 다음 그림과 같다.

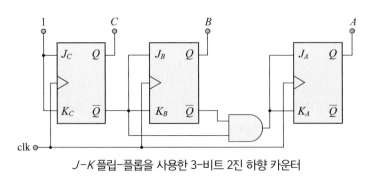

$J$-$K$ 플립-플롭을 사용한 3-비트 2진 하향 카운터

## 3 링 카운터

이제까지의 모든 카운터는 2진수로서 카운트되었으나 링 카운터(ring counter)는 임의의 시간에 1개의 플립-플롭만 논리 1이 되고 나머지 플립-플롭은 논리 0이 되는 카운터이다. 논리 1은 입력 펄스에 따라 그 위치가 한쪽 방향으로 순환한다. 링 카운터의 상태도는 그림 3-74와 같다.

표 3-16은 상태도를 이용하여 상태 여기표를 작성한 것으로, $D$ 플립-플롭 4개가 필요하다.

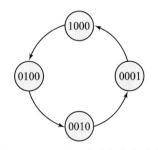

**그림 3-74** 4-비트 링 카운터의 상태도

**표 3-16** 4-비트 링 카운터의 상태 여기표

| 현재 상태 | | | | 차기 상태 | | | | 플립-플롭 입력 | | | |
|---|---|---|---|---|---|---|---|---|---|---|---|
| $Q_D$ | $Q_C$ | $Q_B$ | $Q_A$ | $Q_D$ | $Q_C$ | $Q_B$ | $Q_A$ | $D_D$ | $D_C$ | $D_B$ | $D_A$ |
| 1 | 0 | 0 | 0 | 0 | 1 | 0 | 0 | 0 | 1 | 0 | 0 |
| 0 | 1 | 0 | 0 | 0 | 0 | 1 | 0 | 0 | 0 | 1 | 0 |
| 0 | 0 | 1 | 0 | 0 | 0 | 0 | 1 | 0 | 0 | 0 | 1 |
| 0 | 0 | 0 | 1 | 1 | 0 | 0 | 0 | 1 | 0 | 0 | 0 |

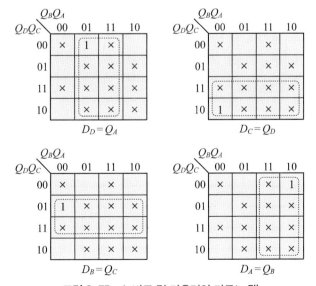

**그림 3-75** 4-비트 링 카운터의 카르노 맵

상태 여기표로부터 플립-플롭의 입력 함수를 구하기 위한 간소화 과정이 그림 3-75이다. 4개 변수에 의한 상태 수는 총 16가지이지만 여기서는 상태 8, 4, 2, 1의 4가지 상태만을 사용하며, 나머지는 무정의(don't care)항으로 처리하였다.

위의 입력 함수를 이용하여 순서논리회로를 구성하면 그림 3-76(a)와 같다. 링 카운터는 앞단 플립-플롭의 출력이 다음 단 플립-플롭의 입력으로 연결되는 과정이 반복되며, 최종 단 플립-플롭의 출력은 맨 앞단 플립-플롭의 입력으로 연결되는 구조를 갖는 카운터이다.

처음에 클리어 단자를 논리 0으로 하여 모든 플립-플롭의 출력을 0으로 한 다음 처음 플립-플롭의 출력 $Q_D$를 1로 세트하고 클리어 단자를 다시 논리 1로 하면 링 카운터의 최초의 출력은 $Q_D Q_C Q_B Q_A = 1000$이다. 이후부터 클록펄스가 입력될 때마다 클록펄스의 상승 에지에서 오른쪽으로 한 자리씩 이동을 하며, $Q_A$의 출력은 다시 $D_D$로 입력된다. 그림 3-76(b)는 링 카운터의 타이밍도이며, 각 플립-플롭의 출력은 4개의 클록펄스를 주기로 한 번씩 논리 1의 상태가 된다.

그림 3-76(a)는 $D$ 플립-플롭을 사용하여 구현한 것으로, $J$-$K$ 플립-플롭 또는 $R$-$S$ 플립-플롭을 사용하여 구현할 수도 있다. $R$-$S$ 플립-플롭을 사용하는 경우는 맨 오른쪽 플립-플롭의 출력 $Q$와 $\overline{Q}$를 맨 왼쪽 플립-플롭의 $S$와 $R$에 연결하면 된다. 또 $J$-$K$ 플립-플롭을 사용하는 경우는 맨 오른쪽 플립-플롭의 출력 $Q$와 $\overline{Q}$를 맨 왼쪽 플립-플롭의 $J$와 $K$에 연결하면 된다.

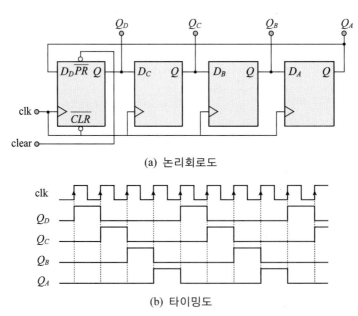

(a) 논리회로도

(b) 타이밍도

**그림 3-76** 4-비트 링 카운터 회로와 타이밍도

자 기 학 습 문 제

다음 물음에 적절한 답을 고르시오.

01 불 대수식 $A + \overline{B}C + C\overline{D} + \overline{A}$를 간단히 하면?

① 1          ② $A$          ③ $B$          ④ $C$

02 $A\overline{B} + A\overline{B}C + A\overline{B}(D+E)$를 간단히 하면?

① $A\overline{B}(D+E)$          ② $\overline{A}B(D+E)$

③ $A\overline{B}$          ④ $A\overline{B}$

03 논리회로의 출력 $F$를 나타낸 논리식은?

① $(ABC)D$
② $(ABC) + D$
③ $(A + B + C)D$
④ $A + B + C + D$

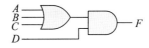

04 다음 논리회로의 논리식은?

① $Y = AB + CD$
② $Y = (A + B)(C + D)$
③ $Y = AB(C + D)$
④ $Y = (A + B) + (C + D)$

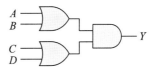

05 다음 논리회로의 불 대수식 표현은?

① $Y = \overline{A}B + AC$
② $Y = \overline{A}BC$
③ $Y = A\overline{B} + C$
④ $Y = \overline{A} + B + C$

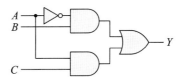

**06** 그림과 같은 회로의 출력 $X$는?

① $AB + \overline{C}$
② $\overline{AB + C}$
③ $A + BC$
④ $\overline{A} + BC$

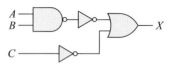

**07** 다음 논리회로의 출력 $Y$는?

① $Y = A\overline{B}C + C\overline{D}E + E\overline{F}G$
② $Y = A\overline{B}C + AB\overline{C} + \overline{A}\,\overline{B}\,\overline{C}$
③ $Y = A + B + C + D + E + F + G$
④ $Y = ABCDEFG$

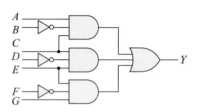

**08** 두 입력이 같을 때에만 1을 출력하는 게이트는?

① AND 게이트
② OR 게이트
③ XNOR 게이트
④ XOR 게이트

**09** 다음 진리표와 같은 연산을 하는 게이트는?

| 입력 | | 출력 |
| --- | --- | --- |
| $A$ | $B$ | $C$ |
| 0 | 0 | 1 |
| 0 | 1 | 0 |
| 1 | 0 | 0 |
| 1 | 1 | 1 |

① AND 게이트
② NAND 게이트
③ XOR 게이트
④ XNOR 게이트

**10** $A = 1$, $B = 0$, $C = 1$, $D = 0$일 때 논리값이 1이 되는 것은?

① $A\overline{B} + C\overline{D}$
② $\overline{A}B + \overline{C}D$
③ $\overline{A}\,\overline{B} + \overline{C}\,\overline{D}$
④ $AB + CD$

11 다음 출력 결과는?

① $0000_{(2)}$

② $0101_{(2)}$

③ $1111_{(2)}$

④ $0010_{(2)}$

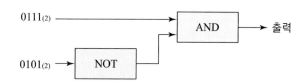

12 다음 진리표의 논리식이 옳은 것은?

| $A$ | $B$ | $C$ | $X$ |
|---|---|---|---|
| 0 | 0 | 0 | 1 |
| 0 | 0 | 1 | 1 |
| 0 | 1 | 0 | 1 |
| 0 | 1 | 1 | 1 |
| 1 | 0 | 0 | 1 |
| 1 | 0 | 1 | 1 |
| 1 | 1 | 0 | 0 |
| 1 | 1 | 1 | 0 |

① $X = \overline{B} + \overline{C}$

② $X = \overline{A} + \overline{B}$

③ $X = A + B$

④ $X = \overline{B} + C$

13 다음 카르노 맵으로 표시된 함수를 최소화하면?

① $AB$

② $BC$

③ $\overline{A}D$

④ $A\overline{C}$

| $_{AB}\diagdown^{CD}$ | $\overline{C}\overline{D}$ | $\overline{C}D$ | $CD$ | $C\overline{D}$ |
|---|---|---|---|---|
| $\overline{A}\overline{B}$ | 0 | 0 | 0 | 0 |
| $\overline{A}B$ | 0 | 0 | 0 | 0 |
| $AB$ | 1 | 1 | 1 | 1 |
| $A\overline{B}$ | 0 | 0 | 0 | 0 |

14 그림과 같은 논리회로를 간단히 하면?

①

②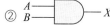

③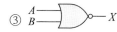

④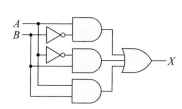

**15** 아래의 논리회로는?

① 반가산기
② 전가산기
③ 반감산기
④ 전감산기

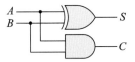

**16** 다음은 반가산기(half-adder)의 블록도이다. 출력단자 $S$(sum) 및 $C$(carry)에 나타나는 논리식은?

① $S = XY + \overline{X}Y, \ C = XY$
② $S = XY + \overline{X}Y, \ C = \overline{X}Y$
③ $S = \overline{X}Y + X\overline{Y}, \ C = XY$
④ $S = XY + X\overline{Y}, \ C = X\overline{Y}$

**17** 다음의 진리표에 대한 논리 기호로 옳은 것은?

①
②
③
④

| $X$ | $Y$ | $Z$ | 출력 |
|-----|-----|-----|------|
| 0 | 0 | 0 | 1 |
| 0 | 0 | 1 | 1 |
| 0 | 1 | 0 | 1 |
| 0 | 1 | 1 | 1 |
| 1 | 0 | 0 | 1 |
| 1 | 0 | 1 | 1 |
| 1 | 1 | 0 | 1 |
| 1 | 1 | 1 | 0 |

**18** 3개($A$, $B$ $C$)의 입력펄스에 대한 출력($X$) 동작은 어느 게이트에 해당하는가?

① AND
② NAND
③ OR
④ NOR

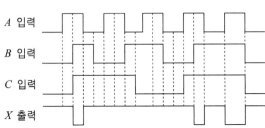

19 아래 회로에서 각 입력에 대한 출력($Y_1\ Y_2\ Y_3\ Y_4$)은?

① 1000
② 1111
③ 1100
④ 1101

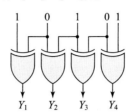

20 디코더의 출력선이 8개라면 입력선은 몇 개인가?

① 4개　　　　② 3개　　　　③ 2개　　　　④ 1개

21 다음과 같은 진리표를 갖는 회로는?

| $x$ | $y$ | $D_0$ | $D_1$ | $D_2$ | $D_3$ |
|-----|-----|-------|-------|-------|-------|
| 0 | 0 | 1 | 0 | 0 | 0 |
| 0 | 1 | 0 | 1 | 0 | 0 |
| 1 | 0 | 0 | 0 | 1 | 0 |
| 1 | 1 | 0 | 0 | 0 | 1 |

① 비교기(comparator)　　　　② 멀티플렉서(multiplexer)
③ 디코더(decoder)　　　　　④ 인코더(encoder)

22 다음 논리회로는 무엇인가?

① decoder
② multiplexer
③ encoder
④ shifter

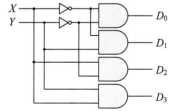

23 그림의 decoder에 있어서 $Y_0$, $Y_1$에 각각 0, 1이 입력되었을 때 1을 출력하는 것은 다음 중 어느 쪽 단자인가?

① $X_0$
② $X_1$
③ $X_2$
④ $X_3$

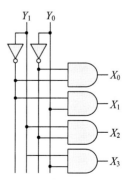

**24** 순서논리회로에 대한 설명 중 옳지 않은 것은?

① 플립-플롭은 1비트를 저장한다.
② 플립-플롭의 집합은 레지스터를 구성한다.
③ 조합회로에 논리게이트를 포함하면 순서회로이다.
④ 플립-플롭은 2진 정보를 저장하고, 게이트는 그것을 제어한다.


**25** 순서논리회로의 구성에 관한 설명 중 옳지 않은 것은?

① 기억소자가 필요하다.
② 조합논리회로를 포함한다.
③ 카운터는 순서논리회로가 아니다.
④ 입력신호와 레지스터의 상태에 따라서 출력이 결정된다.


**26** 순서논리회로의 기본 구성은?

① 반가산기 회로와 AND 게이트
② 전가산기 회로와 AND 회로
③ 조합논리회로와 논리소자
④ 조합논리회로와 기억소자


**27** 다음 회로는 일반적인 순서논리회로의 모델이다. 여기서 "A"와 "B"가 뜻하는 것은?

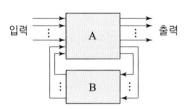

① A : 조합논리회로 + 플립-플롭, B : 조합논리회로
② A : 플립-플롭, B : 조합논리회로
③ A : 조합논리회로, B : 플립-플롭
④ A : 플립-플롭, B : 조합논리회로 + 플립-플롭

28 $J$-$K$ 플립-플롭에서 $J_n = 0$, $K_n = 0$일 때 $Q_{n+1}$의 출력은?

① 0           ② 1           ③ $Q_n$           ④ $-1$

29 $J$-$K$ 플립-플롭에서 $J_n = 1$, $K_n = 0$일 때 $Q_{n+1}$의 출력 상태는?

① 반전           ② 불변           ③ 세트           ④ 리셋

30 $J$-$K$ 플립-플롭에서 $J_n = K_n = 1$일 때 $Q_{n+1}$의 출력 상태는?

① 반전           ② 변화가 없다.       ③ 1           ④ 0

31 $J$-$K$ 플립-플롭을 그림과 같이 결선하고, 클록펄스가 계속 인가되면 출력은 어떤 상태가 되는가?

① set
② reset
③ toggling
④ 동작 불능

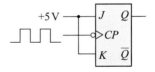

32 다음 그림의 계수기는 몇 진 계수기인가?

① 동기식 4진 계수기
② 동기식 5진 계수기
③ 동기식 6진 계수기
④ 동기식 7진 계수기

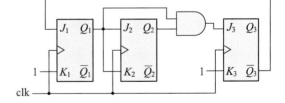

33 그림과 같은 회로의 명칭은?

① 비동기식 8진 하향 계수기
② 비동기식 8진 상향 계수기
③ 동기식 8진 상향 계수기
④ 동기식 8진 하향 계수기

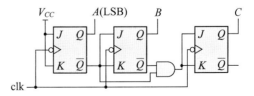

**34** 다음 플립-플롭의 진리표로 옳은 것은?

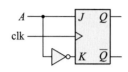

| $A$ | $Q$ |
|-----|-----|
| 0 | $q_1$ |
| 1 | $q_2$ |

① $q_1 = 0,\ q_2 = 0$

② $q_1 = 1,\ q_2 = 0$

③ $q_1 = 0,\ q_2 = 1$

④ $q_1 = 1,\ q_2 = 1$

**35** 일련의 순차적인 수를 세는 회로는?

① 카운터          ② 레지스터          ③ 디코더          ④ 인코더

**36** Modulo-6 계수기를 만들려면 최소 몇 개의 플립-플롭이 필요한가?

① 1개          ② 2개          ③ 3개          ④ 6개

**37** 다음의 상태 변화를 가지는 카운터는 최소 몇 개의 플립-플롭으로 구성되는가?

① 2개
② 3개
③ 4개
④ 8개

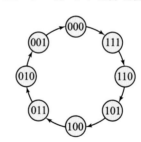

**38** 8진 카운터를 구성하고자 할 경우 몇 개의 $J\text{-}K$ 플립-플롭이 필요한가?

① 3개          ② 4개          ③ 8개          ④ 16개

**39** 10진 카운터를 구성하려고 한다. 플립-플롭을 몇 단으로 하면 가장 적절한가?

① 2단          ② 3단          ③ 4단          ④ 5단

**40** 다음은 어떤 동작을 하는 회로인가?

① 4-비트 2진 리플카운터
② 4-비트 동기식 2진 카운터
③ BCD 리플카운터
④ 시프트 레지스터

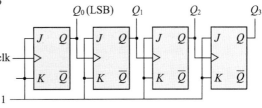

**41** 다음 카운터의 명칭은?

① 비동기식 15진 업카운터
② 비동기식 16진 업카운터
③ 동기식 15진 업카운터
④ 동기식 16진 업카운터

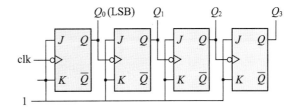

## 연 구 문 제

**01** 다음 3-입력 AND 게이트의 파형이 입력될 때 출력파형을 구하시오.

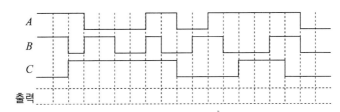

**02** 5-입력 OR 게이트에서 High를 출력하는 입력의 조합은 몇 가지나 있는가?

........................................................................................................................

........................................................................................................................

........................................................................................................................

........................................................................................................................

**03** 다음 논리회로의 입력에 파형이 인가될 때 출력파형을 구하시오.

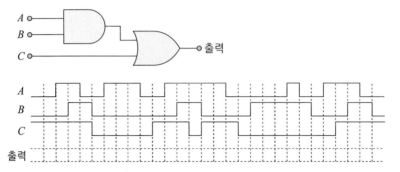

**04** 다음 3-입력 NOR 게이트의 입력파형을 보고 출력파형을 구하시오.

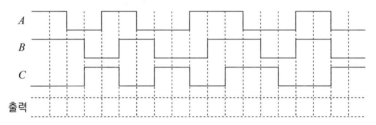

**05** 다음 각 물음에 답을 2가지씩 제시하시오.

(1) 3-입력 AND 게이트를 사용하여 2-입력 AND 기능을 갖도록 구현하시오.


(2) 3-입력 OR 게이트를 사용하여 2-입력 OR 기능을 갖도록 구현하시오.


(3) 3-입력 NAND 게이트를 사용하여 2-입력 NAND 기능을 갖도록 구현하시오.


(4) 3-입력 NOR 게이트를 사용하여 2-입력 NOR 기능을 갖도록 구현하시오.

**06** 다음 3-입력 XOR 게이트의 입력파형을 보고 출력파형을 구하시오.

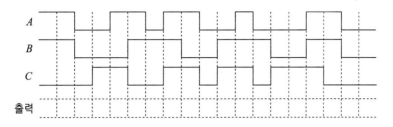

**07** 상승에지 트리거 $J$-$K$ 플립-플롭에 그림과 같은 파형을 입력하였다. 출력 $Q$를 구하시오. 단, $Q$는 0으로 초기화되어 있으며, 게이트에서 전파지연은 없다고 가정한다.

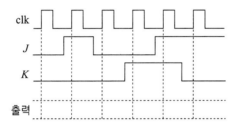

**08** 그림과 같은 회로에서 클록이 공급될 때, 각 플립-플롭의 출력을 구하시오. 단, 플립-플롭의 초기상태는 0이라고 가정한다.

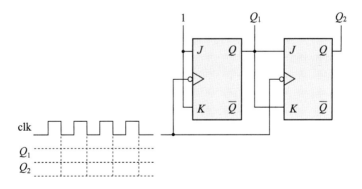

09 다음 회로를 분석하여 불 함수를 유도하고, 상태표와 상태도를 구하시오.

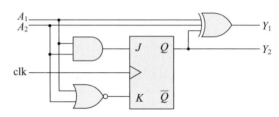

10 $J$-$K$ 플립-플롭을 사용하여 비동기식 6진 상향 카운터를 설계하시오.

11 $J$-$K$ 플립-플롭을 사용하여 비동기식 60진(0~59까지) 상향 카운터를 설계하시오.

12 4-비트 비동기식 2진 상향 카운터를 수정하여 0부터 12까지만 카운트하고 정지하는 회로를 설계하시오.

Part

02

# VHDL의
# 기본

# 4

# VHDL의 기본 구조

## VHDL

### 1 VHDL의 기능

먼저 VHDL의 기능에 관하여 살펴보자. VHDL은 V, 즉 VHSIC(very high speed integrated circuit)와 HDL(hardware description language)의 합성어로 명명된 것이다. 그림 4-1에서 보여주고 있는 바와 같이 VHDL은 1980년대 초 개발되기 시작하여 지금은 하드웨어의 문서화, 검증 및 설계의 합성(synthesis)을 하는 데 유용한 표준 언어로 자리 잡게 되었다. 초기에는 하드웨어 사양을 표준화된 방식으로 기술하는 문서화와 모델링(modeling)을 위한 언어로 출발하였으나, 1987년 IEEE에서 IEEE_1076을 만들어 검증용으로 공인하게 되었으며, 1991년 IEEE_1164를 표준안으로 정하여 검증뿐만 아니라 합성을 위한 설계기능을 갖춘 표준화된 언어로 쓰일 수 있게 한 것이다. 이제 VHDL의 등장과 더불어 하드웨어 엔지니어는 특정업체의 기술에 구속받지 않고 상호 통용될 수 있는 표준화된 설계환경을 구축할 수 있게 되었다.

그림 4-1 VHDL의 기능

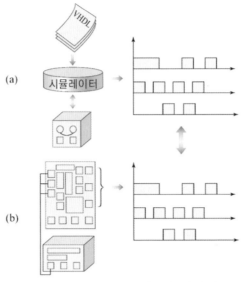

**그림 4-2** VHDL모델과 하드웨어의 관계

앞에서는 VHDL의 기능에 관하여 살펴보았다. 먼저 디지털회로설계의 한 부분으로 VHDL은 디지털시스템의 기본 개념과 원리를 설계에 쉽게 활용할 수 있으며, 또한 VHDL이 빠른 속도로 설계 자동화를 위한 국제적인 상호 운용의 표준이 되어가고 있다는 면에서 디지털 설계 작업에 많은 도움을 주고 있는 것이다.

그림 4-2에서는 모델(model)이라고 하는 VHDL표현과 실제 하드웨어 사이의 관계를 나타낸 것으로 디지털시스템이 무엇을 하고, 어떻게 동작하는가를 표현한 것이다. 이 모델이 완성되면 시뮬레이터라 하는 프로그램에 의하여 실행되어 일련의 입력에 대한 검증(modeling)된 결과를 얻을 수 있는 것이다. 실제 하드웨어 기능을 정확히 VHDL에 반영하였다면, 그림 (a)에서 얻어진 시뮬레이션 결과와 그림 (b)의 실제 하드웨어의 결과와 같아야 하는 것이다.

## 2 하드웨어 기술언어(HDL)

최근 반도체 기술의 발달과 더불어 집적회로의 성능과 집적도는 급속히 향상되고 있다. 이에 따라 고성능의 집적화된 회로와 시스템을 설계하기 위해 관련자 모두가 통용할 수 있는 표준화된 설계언어가 필요하게 되었다. 이러한 필요성에 의하여 HDL (hardware description language)이라는 세계 최초의 공인된 표준 하드웨어 설계언어가 출현하게 되었다. 이 하드웨어 설계언어는 주문형집적회로(ASIC) 등 대규모 시스템은 물론, 앞 절에서 공부한 CPLD / FPGA 등 소규모 설계에도 사용할 수 있는 장점이 있다.

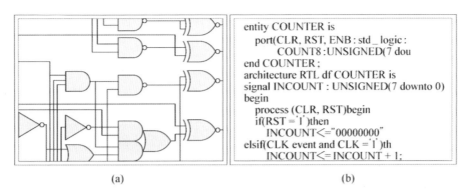

```
entity COUNTER is
    port(CLR, RST, ENB : std_logic :
        COUNT8 : UNSIGNED(7 dou
end COUNTER ;
architecture RTL df COUNTER is
signal INCOUNT : UNSIGNED(7 downto 0)
begin
    process (CLR, RST)begin
    if(RST = '1')then
        INCOUNT<="00000000"
    elsif(CLK event and CLK = '1')th
        INCOUNT<= INCOUNT + 1;
```

(a)                    (b)

**그림 4-3**  (a) 회로도와 (b) 하드웨어기술언어를 이용한 설계의 비교

**표 4-1**  회로도 및 하드웨어기술언어의 설계비교

| 항목 | 회로도를 이용한 설계 | 하드웨어기술언어를 이용한 설계 |
|------|------|------|
| 입력 | 회로도의 입력시간이 소요 | 텍스트로 간단히 입력 |
| 논리식 | 논리식이 필요 | 논리식이 불필요 |
| 회로변경 | 설계회로의 변경이 어려움 | 설계회로의 변경 용이 |
| 이해도 | 설계자 외에는 내용의 이해가 어려움 | 설계내용의 이해가 용이 |
| 사용영역 | 설계회사가 제공하는 프로그램을 이용해야 함 | 설계회사와 관계없이 사용 가능 |

그림 4-3은 기존의 설계방법인 회로도를 이용한 설계와 하드웨어기술언어를 이용한 설계기법을 비교하여 나타낸 것이다. 그림 (a)의 회로도를 이용한 설계는 논리회로의 형태로, 하드웨어기술언어는 프로그램의 형태로 나타내는 것이다. 표 4-1에서는 두 설계기법을 입력난이도, 논리식의 유무, 회로변경, 이해도 및 사용영역 등으로 나누어 비교하고 있다.

앞 절에서 VHDL에 관한 다양한 기능을 살펴보았다. 이러한 다양한 기능을 갖는 VHDL이 요즈음 유용하게 쓰여지고 있다. 이것은 컴퓨터, 휴대전화, 통신장치 등 고부가가치 제품들은 경쟁력을 높이기 위하여 점점 다양한 기능과 성능을 가져야 하며, 시장점유를 위하여 가격이 저렴하고, 개발기간이 짧아야 하는 시장상황의 요구에 따라 자연스럽게 자리잡게 되었다고 볼 수 있다. 따라서 이러한 목표들을 달성하기 위하여 기존의 설계방법은 경쟁력이 떨어지게 되었으며, 새로운 설계방식인 하드웨어기술언어인 VHDL이 필요하게 된 것이라 할 수 있다.

이제 VHDL의 특징에 관하여 살펴보자. 먼저 특정기술이나 공정에 독립적이다. VHDL을 이용하면 특정한 기술 혹은 공정기술에 관계없이 디지털시스템 설계가 가능한 것이다. 둘째의 장점으로 광범위한 기술능력을 갖고 있는 점이다. 다양한 설계기법을 이용한 설계가 가능하고, 동기식이나 비동기식 등 사용자가 원하는 기술의 사용이 가능한 특징이 있다. 또한 시스템 수준에서 게이트 수준까지 광범위한 기술지원이 가능하므로 대규모 시스템 설계에 필요한 설계공유, 검증, 설계관리, 설계 재사용 등의 지원이 가능한 특징을 갖고 있다. 셋째는 표준화와 문서화이다. 전기전자기술자협회인 IEEE(I triple E, Institute of Electrical and Electronics Engineers)에 의해 표준화되어 여러 가지 설계 도구 사용, 시뮬레이터, 설계방법 등을 공유할 수 있는 특징이 있다. 또한 회로의 문서화가 용이한 장점을 갖고 있다. 넷째는 설계기간의 단축이다. Top-Down 등 설계방식의 적용이 용이하고, 검증의 빠른 반복능력으로 설계기간이 단축되며, 설계자가 범할 수 있는 오류를 철저히 검증할 수 있으므로 제품설계 비용이 절감되는 등 제품경쟁력 강화에 적합한 기술이라 할 수 있다.

단점으로는 VHDL언어 자체의 복잡성 때문에 언어를 이해하고 원활한 사용을 위하여 많은 시간과 노력이 필요하다는 점이다. 또한 도식적으로 설계하는 기존방식과는 달리 회로의 합성(synthesis)단계가 필요하므로 합성 툴에 따라 회로의 성능이 좌우될 수 있는 점이다. 이 합성 툴은 VHDL의 모든 툴에 지원하지 않고 일부만 지원하거나 제공하는 합성의 범위가 다른 경우가 있으므로 다소 불편한 점이 있다.

## 3 VHDL의 역사

마지막으로 VHDL의 출현에 대한 역사를 간략히 살펴보기로 하자. 그림 4-4에서는

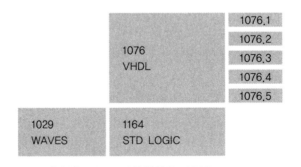

- IEEE STD_1076 : VHDL 표준의 핵심으로 언어의 정의 표준
  - _1076.1 : VHDL analog에 대한 부분으로 analog와 혼합된 analog-digital 시스템의 표준화
  - _1076.3 : VHDL 합성 부분의 표준화
  - _1076.4 : VITAL(VHDL Initiative Towards ASIC Libraries) 부분
  - _1076.5 : IEEE library
- IEEE STD_1164 : 다중 로직(multi value logic) 부분
- IEEE STD_1029 : 타이밍 검증을 위한 파형과 벡터 변환 부분

**그림 4-4** VHDL 관련 표준화의 역사

VHDL 관련 표준에 관한 역사와 관련한 내용을 보여주고 있다. VHDL은 1970년대 초, 고속의 집적회로 칩을 만들기 위한 미 국방성의 일련의 계획에 의거 개발된 기본 HDL 에서 시작한다. 그 후 1987년 IEEE standard_1076을 개발하여 미 국방성의 공인을 받은 다음, 1993년 IEEE_1076을 수정한 새로운 표준 IEEE_1164가 공인된 것이다. 1996년에 는 IEEE_1076.3이 공인되면서 VHDL 합성의 표준으로 자리잡게 되었다.

## VHDL의 기초

### 1 VHDL의 주석문

여기서는 VHDL의 기본구성과 관련한 내용을 살펴보자. 우선 VHDL의 기초적인 표 현으로 주석문을 들 수 있는데, VHDL에서 주석문(comments)이란 설계의 내용을 설계 자가 쉽게 이해할 수 있도록 기술한 것으로 VHDL컴파일러 입장에서 무시하고 넘어가 라는 의미이다. 보통 잘 기술된 문서는 필요한 부분에 적절한 주석문을 기술한 것이며, 설계자들은 이런 주석문을 잘 활용하는 습관을 갖는 것이 바람직하다고 볼 수 있다.

예문 4-1 **주석문의 활용 예**

```
1  process(rst, clk)
2   begin
3    -- if문
4    if rst = '0' then                        -- low active reset
5     cnt <= (others => '0');
6      E <= '0' ; RS <= '0' ; RW <= '0' ;
7       DB <= "00000000" ;
8    elsif clk' event and clk = '1' then       -- clock's rising edge
9     if 10000 = '1' then
10    -- if 100 = '1' then
11     cnt <= cnt + 1 ;
12     if cnt = 1 then
13      E <= '1' ; RS <= '0' ; RW <= '0' ;
14      DB <= "00111000" ;                    -- function
15     elsif cnt = 3 then
16      E <= '1' ; RS <= '0' ; RW <= '0' ;
17      DB <= "00001110";                     -- DB : display on
18     end if
```

예문 4-1에서는 간단한 VHDL 구문을 보여주고 있다. 프로그램의 각 줄 앞에 붙여진 번호는 설명을 쉽게 하기 위하여 몇 번째 줄인지 표시한 것으로 VHDL코드와는 무관한 것이다. 하이픈(--)으로 표시된 3, 4, 8, 10, 14, 17번째 줄은 설명문, 즉 하이픈이 시작된 부분부터 끝까지는 VHDL코드와는 관계없는 설명을 위한 부분을 나타낸 것이다. 특히 10번째 줄은 VHDL컴파일러가 하이픈으로 시작되는 부분은 무시하고 넘어간다는 성질을 이용한 것으로 간단한 확인을 요하는 부분의 경우에 삭제하지 않고 주석문으로 처리하여 참고할 수 있도록 하는 것이다.

## 2 식별자

VHDL 구문을 구성하는 데 식별자(identifier)가 있다. 기본적인 VHDL 구문의 구성에는 엔티티(entity), 아키텍처(architecture), 포트(port) 등이 있는데, 식별자는 이러한 엔티티, 아키텍처, 포트 등을 다른 구문과 식별하기 위하여 설계자가 정의한 이름을 나타내는 것으로 공백이 없는 문자열로 표현하게 된다.

예문 4-2에서는 4비트 비교기를 설계하기 위한 VHDL 구문을 나타낸 것으로 앞의 예문에서와 같이 각 줄 앞의 번호는 편의성 붙인 것이며, VHDL 코드와는 무관한 것이다. 4, 7번째 줄의 엔티티 이름인 "compare_4", 5, 6번째 줄의 포트 이름인 "x, y, equal", 9번째 줄의 "equal_logic" 등이 바로 식별자의 이름을 나타낸 것이다.

| 예문 4-2 **식별자의 활용(4-bit 비교기)** |

```
1  library  ieee;
2  use  ieee.std_logic_1164.all
3  -- entity structure
4  entity  compare_4 is
5      port(x, y : in std_logic_vector(3 downto 0);
6          equal : out std_logic);
7  end  compare_4;
8  -- 아키텍처 몸체
9  architecture  equal_logic  of  compare_4 is
10     begin
11        equal  <=  '1' when  (x=y) else  '0' ;
12  end  equal_logic;
```

VHDL 구문에서 식별자를 표현하는 데 몇 가지의 규칙이 있다. 식별자의 첫 번째 문자는 반드시 영문자로 시작해야 하며, 두 번째 문자부터는 영문자, 숫자, 밑줄문자를 혼용하여 나타낼 수 있다.

예문 4-3에서는 올바른 식별자와 잘못된 식별자의 사용 예를 보여주고 있는데, 올바른 식별자의 예에서는 첫 문자를 영문자로 하여 숫자와 밑줄 등으로 표현하여 식별자를 나타내고 있다. 반면에 잘못된 식별자의 예에서 첫 번째, 두 번째 줄은 영문자로 시작하지 않는 것이 잘못되었으며 세 번째, 네 번째 줄은 문자, 숫자, 밑줄 문자만으로 기술해야 하는 규칙을 어긴 것이다. 다섯 번째는 밑줄 문자가 마지막에 기술되지 말아야 하는 규칙을 어긴 것이고, 여섯 번째에서는 밑줄 문자가 연속해서 기술하면 안 되는 규칙을 어긴 경우가 되는 것이다.

---

### 예문 4-3 올바른 식별자의 사용

◉ 올바른 식별자 : FET, Decoder_4, sig_N, compare_eq, main_clock
◉ 잘못된 식별자
① _Decoder_4   -- 첫 문자는 영문자로 시작
② 2FET_2      -- 첫 문자는 영문자로 시작
③ sig_ * R     -- 문자, 숫자, 밑줄 문자만으로 구성
④ MOS-FET     -- 문자, 숫자, 밑줄 문자만으로 구성, 특수문자 사용불가
⑤ Decoder_    -- 밑줄 문자의 마지막 사용 불가
⑥ Main__clk    -- 밑줄 문자의 연속 두 개 사용 불가

---

### 예제 4-1

다음 식별자는 잘못된 것이다. 그 이유를 설명하시오.

① 74hcoo : 첫 문자는 영문
② TTL74104_' : 특수문자의 사용
③ the_#_of_ADD : 특수문자의 사용
④ _Data : 첫 문자는 영문

---

## 3 리터럴(literals)

VHDL의 기초표현에서 리터럴(literals)이 있다. 이 리터럴이란 VHDL로 디지털시스템을 설계할 때 그 내용을 기술하는 데 있어서 직접적으로 표현하는 값 또는 문자를 의미한다.

예문 4-4에서는 리터럴의 사용 예를 보여주고 있다. 이 예에서 첫째 줄의 값 3, 두 번째 줄의 '1', '0', 세 번째 줄의 "00001100" 등을 리터럴이라 한다.

```
1    elsif cnt = 3 then
2      E <= '1' ; RS <= '0' ; RW <= '0' ;
3      DB <= "00001100" ;
```

## 1) 숫자 리터럴의 표현

리터럴(literals)의 표현법을 몇 가지로 나누어 살펴보자. 먼저 숫자 리터럴(number literals) 표현이 있다. 숫자는 10진수의 표현, 즉 decimal literals과 2진, 8진, 16진 등과 같이 밑수에 따라 표시하는 방법(based literals)이 있다. 이 표시 방법은 숫자에 소수점이 포함되어 있으면 실수이고 없으면 정수가 된다.

예문 4-5는 10진수 표현의 예를 보여주고 있는데, 정수인 경우는 소수점이 없다. 그리고 밑줄 문자의 표시는 값에 영향을 주지 않으면서 쉽게 끊어 읽을 수 있도록 해주는 역할을 한다.

또 수의 표현에서 영문 대문자 E 혹은 소문자 e는 지수를 의미하는데, 예를 들어 정수 9987E6은 $9987 \times 10$에 6제곱($9987 \times 10^6$)을 의미한다.

실수에서 12.4E−9의 의미는 $12.4 \times 10$에 −9제곱($12.4 \times 10^{-9}$)을 나타내는 것이다. 정수에서는 음의 지수가 허용되지 않음을 고려해야 한다.

다음은 밑수에 의한 표현이다.

예문 4-6에서는 밑수에 의한 표현을 나타내고 있는데, 가장 왼쪽의 정수가 밑수를 나타내며, 우물 정자 표시 사이의 숫자가 정수나 실수 값을 나타내는 것이다.

예문 4-5 **10진수에 의한 표현**

```
0  1  123_456_78_9987E6        -- 정수
0.0  0.5  2.718_28  12.4E−9    -- 실수
```

예문 4-6 **밑수에 의한 표현**

```
16#FE              -- 16진수 : FE = 정수 254
2#1111_1110#       -- 2진수 : 11111110 = 정수 254
16#D#E1            -- 16진수 : D = 13, E1 = 16¹ = 13×16¹ = 실수 208
```

다음의 수를 10진수로 표현하시오.

① 2#11110011# : $(243)_{10}$
② 8#25# : $(21)_{10}$
③ 2#1100# : $(12)_{10}$
④ 16#FE1# : $(4065)_{10}$

### 2) 문자 리터럴의 표현

계속하여 리터럴의 표현 중 문자 리터럴(characters literals)의 표현에 관한 내용을 살펴보자. 이 문자 리터럴은 단일 인용부호, 즉 작은 따옴표 사이에 정확히 하나의 문자를 포함시켜 표현하게 된다.

또 연속적인 문자, 즉 문자열 리터럴(strings literals)은 두 개의 이중 인용부호 사이에 문자열을 포함시켜 표현하게 되는데, 이 문자열에서 문자의 유무는 상관없으며, 이중 인용부호가 필요하면 두 개의 연속적인 이중 인용부호를 사용하면 된다. 문자열 리터럴의 길이는 한 줄을 벗어나면 안 되는데, 한 줄을 벗어나는 문자열은 접합 연산자 &를 사용하여 표현하면 된다.

예문 4-7과 예문 4-8에서는 문자와 문자열의 표현 예를 각각 보여주고 있다.

예문 4-7  **문자의 표현**

'1', '?', 'B', 'b'

예문 4-8  **문자열의 표현**

"B string", "A string in a strong"

### 3) 비트열의 표현

다음은 비트열(bit string)의 표현이다. 비트는 단일 인용부호를 사용하여 구성할 수 있으나 비트열 리터럴은 이중의 인용부호 사이에 넣어 구성하게 된다. 기수를 정의하는 문자가 앞에 표시되는 수열을 나타내는 것인데, 여기서 기수를 정의하는 문자는 2진수의 경우 B, 8진수의 경우 O, 16진수의 경우 X로 시작하게 된다. 예문 4-9에서는 비트열 표현의 예를 보여주고 있는데, B"1010110"은 2진수로 bit의 길이가 7인 경우이고, O"127"은 8진수 표시로 bit의 길이가 9인 경우이며, X"FF"는 16진수로 bit의 길이가 8인 경우를 각각 나타낸 것이다.

---

예문 4-9  **비트열의 표현**

| | |
|---|---|
| B"1010110" | -- 2진수로 bit의 길이가 7 |
| O"127" | -- 8진수로 bit의 길이가 9이며, 2진수로 "001_010_111"과 동등 값 |
| X"FF" | -- 16진수로 bit의 길이가 8이며, 2진수로 "1111_1111"과 동등 값 |

---

# VHDL의 설계단위

## 1 기본 설계단위

이제 VHDL의 설계단위 표현과 관련한 내용을 살펴보자. 설계단위(design unit)란 VHDL에서 독립적으로 분석할 수 있는 원천파일(source file) 또는 코드(code)를 말한다. 이 설계단위는 제1단계와 제2단계로 나누어 생각할 수 있다. 제1단계(primary unit)는 설계단위를 외적 관점에서 본 것으로 하드웨어의 입·출력 경계(interface)를 정의하고, 하드웨어 영역의 이름과 입·출력 단자(port)를 선언한 부분이다. 제2단계(secondary unit)는 설계단위를 내적 관점에서 본 것으로 하드웨어 내부의 표현, 즉 내부회로의 연결, 동작 또는 구조 등을 나타낸 것이다.

표 4-2에서는 다섯 가지의 설계단위를 분류한 것인데, 제1단계와 제2단계를 하드웨어 계층과 소프트웨어 계층으로 나누어 생각하여 본 것이다. 하드웨어 계층 측면에서 제1단계는 엔티티(entity)와 구성(configuration)이 있으며, 제2단계는 아키텍처 몸체가 있다. 소프트웨어 계층에서는 제1단계의 패키지가 있으며, 제2단계로 패키지 몸체가 있다.

**표 4-2**  설계단위의 분류

| 구분 | 제1단계(primary unit) | 제2단계(secondary unit) |
|---|---|---|
| 하드웨어 계층 | 엔티티(entity) | 아키텍처 몸체(architecture body) |
| | 구성(configuration) | |
| 소프트웨어 계층 | 패키지(package) | 패키지 몸체(package body) |

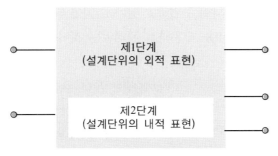

**그림 4-5** VHDL의 기본 설계단위

그림 4-5에서는 설계단위의 개념을 나타낸 것이다. 설계의 외적 표현을 기술하는 제1단계와 설계의 내적 표현을 하는 제2단계로 기본적인 설계 단위를 생각해 볼 수 있다.

이제 설계의 기본 단위인 제1단계와 제2단계의 개념을 두 개의 입력을 갖는 NOR게이트를 이용하여 살펴보자. 그림 4-6에서는 두 개의 입력을 갖는 NOR게이트 회로를 보여주고 있다.

예문 4-10에서는 두 개의 입력을 갖는 NOR게이트를 VHDL로 설계한 VHDL코드를 보여주고 있다. 이 프로그램을 잘 살펴보면 프로그램의 구조가 첫 번째에서 네 번째 줄까지는 제1단계인 엔티티와 다섯 번째에서 여덟 번째까지 제2단계인 아키텍처 몸체로 구분되어 있음을 알 수 있을 것이다. 제1단계인 엔티티 nor_2는 NOR게이트의 하드웨어적인 외적 관점에서 기술하였는데, 이것은 외부 인터페이스와 관련된 nor_2 게이트의 입·출력 신호인 a, b, y_out를 정의한 것이다. 제2단계인 아키텍처 sample은 엔티티 nor_2의 내적 표현, 즉 두 입력단자 a, b의 값을 출력단자인 y_out에 대입하라고 표현하고 있다. 엔티티와 아키텍처에 관한 내용은 앞으로 좀더 자세하고 깊이 있는 내용을 공부하게 될 것이다. 이 VHDL 프로그램에서 보는 바와 같이 엔티티, 포트, 아키텍처와 같은 예약어 표현은 편의상 진하고 굵은색 문자로 표현하여 사용자가 기술하는

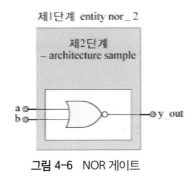

**그림 4-6** NOR 게이트

nor_2, a, b, y_out 등의 식별자와 구별하고 있다. 그리고 각 프로그램 앞의 번호는 설명의 편의상 붙인 것이며, VHDL 구문과는 관계없는 것이다.

예문 4-10 설계단위의 VHDL 구문

```
1  entity  nor_2 is              -- Primary unit
2    port (a, b : in bit;        -- NOR 게이트의 외적 표현
3            y_out : out  bit);
4  end  nor_2;
5  architecture  sample of nor_2 is    -- secondary unit
6    begin
7      y_out <= a nor b;          --NOR 게이트의 내적 표현
8  end  sample;
```

## 2 VHDL의 기본 구조

이제 두 번째로 VHDL이 갖는 기본적인 구조를 살펴보자. 앞에서도 VHDL은 기본적으로 엔티티와 아키텍처로 구분한 바와 같이 제1단계인 엔티티는 설계회로의 외부에 관한 정보를 기술한 디지털시스템 본체로 정의할 수 있으며, 설계된 블록(block)의 이름과 입·출력 포트, 즉 단자를 선언하는 부분이다. 제2단계인 아키텍처 몸체는 설계회로의 내부 동작과 내부 회로들의 연결 등 디지털시스템 내부의 구조를 기술하는 부분이다.

그림 4-7에서는 VHDL 구문을 엔티티와 아키텍처로 구분한 기본 구조를 보여주고 있다. 이들 두 부분은 VHDL에서 필수적인 골격으로 반드시 기술해야 하는 부분이기도 하다.

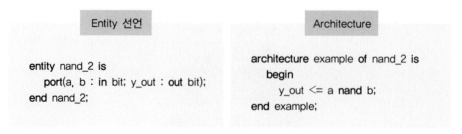

그림 4-7 VHDL의 기본 구조

## 3 선택적인 설계단위 - 구성과 패키지

앞에서 VHDL의 기본구조인 엔티티와 아키텍처에 관한 내용을 살펴보았다.

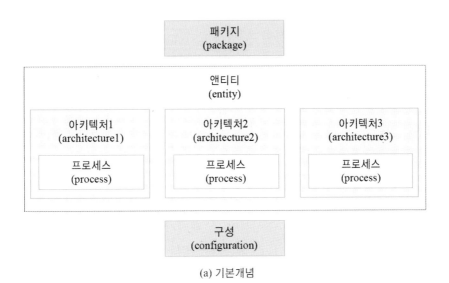

(a) 기본개념

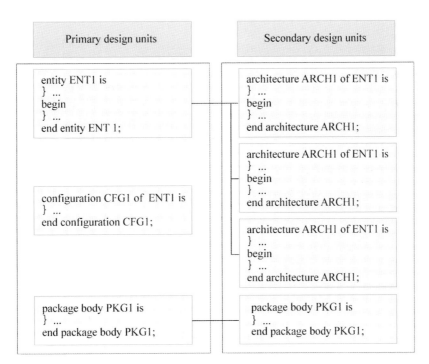

(b) VHDL 구문 개념

**그림 4-8** VHDL의 선택적 설계단위

이런 기본 구조에 선택적인 설계단위로 구성과 패키지를 추가하여 살펴보자. 구성 (configuration)은 임의의 엔티티에 어떤 아키텍처가 결합되어 구성되었는가를 나타내는 결합정보를 기술하는 것으로 설계자가 선택적으로 사용할 수 있는 설계단위이다.

패키지(package)는 이미 선언되었거나 기술한 것을 재차 선언하거나 기술하지 않도록 서로 다른 설계에서 공동으로 사용할 수 있게 모아 놓은 꾸러미의 의미를 갖는 것이며, 이것도 설계자가 선택적으로 사용할 수 있는 설계의 단위이다.

C언어에서 라이브러리 혹은 헤더 파일(header file)과 같은 기능을 제공하는 것과 유사하다고 보면 될 것이다.

이제까지 기술한 VHDL의 기본 구조인 엔티티, 아키텍처와 선택적인 설계단위인 구성, 패키지 등 네 가지 형태의 상호 관계를 그림 4-8(a)에서 보여주고 있다.

엔티티와 아키텍처는 꼭 필요한 부분이고, 구성과 패키지는 선택적으로 사용이 가능한 부분이다. 그림 (b)에서는 VHDL 설계단위를 코드, 즉 구문 관점에서 나타낸 것으로 제1단계의 설계단위에서 엔티티, 구성선언 및 패키지 선언과 제2단계인 아키텍처 및 패키지 몸체로 구성되어 있으며, 특히 하나의 엔티티에 여러 개의 아키텍처가 존재할 수 있음을 보여주고 있다.


## 엔티티의 구조

### 1 기본 형식

앞의 절에서 VHDL 설계단위의 기본적인 표현과 관련한 내용을 살펴보았다. 이제 VHDL의 기본 설계단위인 엔티티(entity)에 관하여 살펴보자. 우리가 어떤 건물을 외부에서 본다고 가정하면, 우리 눈에 보이는 부분은 건물 내부가 아니라, 건물 이름이나 여러 개의 출입구 및 유리창들이 보일 것이다. 이렇게 외부에서 보이는 부분을 엔티티라고 생각하면 될 것이다. 즉, 설계할 영역의 이름과 외부 환경과의 입·출력 정보를 나타낸 포트(port)부분이 엔티티인 것이다.

예문 4-11에서는 NAND게이트를 이용한 엔티티의 활용 예를 보여 주고 있는데, 이 것은 그림 4-9에서 나타낸 개념과 이를 VHDL 구문으로 코드(code)한 결과를 나타내고 있다.

그림 4-9에서와 같이 엔티티는 블록을 중심으로 입력단자인 a, b와 출력단자인 y_out으로 구성되는 외적 관점에서 본 것이다. VHDL 구문에서 첫째 줄은 엔티티를 선

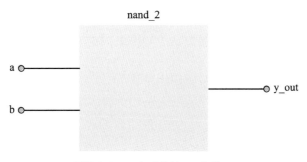

**그림 4-9**  entity영역(nand_2)

언하고, 하드웨어 블록 이름, 즉 식별자를 nand_2라고 지정하고 있다. 둘째, 셋째 줄은 입·출력 단자, 즉 포트(port)를 나타낸 것이다. a, b는 입력, y_out는 출력이고, bit형의 데이터가 적용되고 있음을 보여주고 있다.

---

예문 4-11  **NAND게이트의 엔티티 선언**

```
1   entity  nand_2  is              -- 하드웨어 블록 이름이 nand_2
2       port (a, b : in bit;         -- 단자(port)신호 : a, b는 입력, bit형 데이터
3             y_out : out bit);      -- y_out는 출력, bit형 데이터
4   end  nand_2 ;                    -- nand_2의 입·출력 정보의 종료
```

엔티티와 관련한 예제를 하나 더 생각하여 보자. 예문 4-12에서는 1-bit 전가산기에 대한 엔티티 영역과 그 회로도를 보여 주고 있다. 그림 4-10(a)에서 나타낸 영역 adder_1이 엔티티에 대한 부분인데, 설계영역의 이름인 adder_1이 엔티티의 이름이고, 외부와의 경계인 입·출력 a, b, C_in 및 S, C_out가 포트이고 엔티티 내부를 들여다 본 것이 그림 4-10(b)이다. 내부에는 XOR, AND, OR 게이트들로 구성되어 있는데, 이들 내부 구성 요소들을 엔티티 adder_1에 대한 개체라고 한다. 그리고 외부의 입·출력을 제외한 내부 개체들의 연결 정보인 n1, n2, n3 등을 signal, 즉 신호라고 부르고 있다. 신호(signal)와 관련한 내용은 후에 다시 공부할 수 있는 기회가 있을 것이다.

---

예문 4-12  **엔티티 선언(1-bit full_adder)**

```
1   entity  adder_1  is
2       port (a, b, C_in : in bit;
3               S : out bit;
4               C_out : out bit);
5   end  adder_1;
```

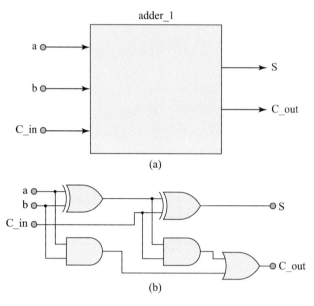

그림 4-10  1-비트 전가산기 회로

형식 4-1에서는 엔티티 선언문의 일반적인 형식을 보여주고 있는데, 위의 두 예제에서 살펴본 바와 같이 서로 비교하여 생각하면 쉽게 이해할 수 있을 것이다. 여기서 [ ] 안의 것은 선택사양으로 생략할 수 있다.

---

**형식 4-1**

엔티티 선언문의 일반적 형식

entity 엔티티_이름 is
    port(포트_이름 : [모드] 자료형;
           포트_이름 : [모드] 자료형);
end 엔티티_이름;

---

## 2 엔티티의 기본활용

예문 4-13은 엔티티에 관한 VHDL의 활용 예를 나타낸 것이다. 그림 4-11의 2_입력 NAND게이트를 설계하여 보자. 먼저 설계하려는 두 입력 NAND게이트의 엔티티 이름과 아키텍처 이름을 편의상 NAND2_system과 example이라고 하자. 예문 4-13의 첫째 줄에서 넷째 줄까지는 엔티티를 선언한 것으로 NAND2의 입력과 출력 포트를 정

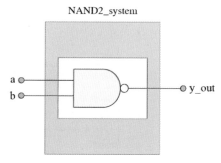

NAND2_system

**그림 4-11  2_입력 NAND게이트**

의하는 것이다. 입력 신호단자 a, b는 모드가 in, 즉 입력이고, 출력단자 y_out의 모드는 out, 즉 출력이며, 자료형은 bit로 각각 지정하여 기술하고 있다. 다섯째 줄에서 여덟째 줄까지는 다음 절에서 살펴볼 아키텍처 몸체(architecture body)를 나타내는 부분이다.

**예문 4-13  엔티티 선언(2_입력 NAND게이트)**

```
1   entity  NAND2_system  is
2         port  (a,  b :  in  bit;
3                    y_out :  out  bit );
4    end  NAND2_system ;

5   architecture  example  of  NAND2_system  is
6         begin
7              y_out  <=  a  nand  b ;
8    end  example ;
```

예문 4-14에서는 그림 4-12와 같은 간단한 조합논리회로를 설계하는 과정을 보여 주고 있는데, VHDL 구문에서 엔티티와 아키텍처의 이름을 각각 combi_sys, example이 라고 한 후 1행에서 4행까지는 엔티티 선언에서 입력과 출력 포트 신호를 정의한 것이 다. 입력 신호 a, b, c, d에 대하여 모드는 in이고, 출력 신호 out1, out2, out3의 모드는 out으로 하며, 자료형은 bit로 하겠다는 것이다. 5행에서 10행까지는 디지털 회로의 내부 동작을 나타내는 아키텍처 몸체 부분을 나타낸 것이다.

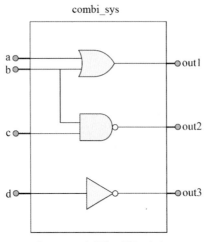

**그림 4-12  간단한 조합논리회로**

예문 4-14  **엔티티의 구조(간단한 조합논리회로)**

```
1   entity combi_sys is
2        port (a, b, c, d : in bit ;
3             out1, out2, out3 : out bit);
4   end combi_sys ;

5   architecture example of combi_sys is
6        begin
7             out1 <= a or b ;
8             out2 <= b nand c ;
9             out3 <= not(d);
10   end example ;
```

## 3 포트 기능

두 번째로 엔티티 내에 기술하는 포트(port)에 대하여 살펴보자. 이 포트는 디지털 회로의 입·출력 단자의 정보를 표현하는 것으로 엔티티 내에서 정의되고, 포트 이름, 신호의 흐름 및 자료형으로 나타내는 것이다. 즉, 포트는 엔티티 내에서 외부 신호선의 연결상태를 나타내는 것으로 보면 된다. 형식 4-2에서는 포트의 일반적 형식을 보여주고 있으며 포트의 이름은 식별자이다.

이제 예문 4 – 15에서 보여주는 바와 같이 포트의 활용을 살펴보자. 이 예제에서 포트 이름 X, Y, Ci에 대한 모드는 in이고, 자료형은 bit가 된다. 모드는 포트를 통하여 신호가 전송되는 방향을 나타내게 되는 것이다.

---

**형식 4-2**

포트(port)의 일반적 형식

port(포트_이름, 포트_이름 : [모드] 자료형;
　　　포트_이름, 포트_이름 : [모드] 자료형);

---

예문 4-15 **포트(port)의 활용**

port(a, b, C_in : in bit;
　　　　　S : inout bit;
　　　　　C_out : out bit);

---

포트 내에서 신호의 입·출력 방향과 자료흐름을 결정하는 데 4가지 모드의 종류가 있다. 그림 4 – 13에서는 포트에서 사용되는 모드의 종류를 보여주고 있다. 즉 in(안으로), out(밖으로), inout(안팎으로), buffer(밖, 되읽음) 등이 그것인데, in은 신호가 디지털 회로로 들어가는 입력선일 경우에 사용하고, out은 신호가 디지털회로에서 나가는 출력선일 경우에 사용되며 외부를 구동할 수 있는 기능을 갖고 있다. inout은 위의 in과 out의 두 가지 기능, 즉 입·출력을 모두 갖는 경우에 사용하게 된다. buffer는 out, 즉 출력의 기능과 같으나 외부의 신호를 입력받을 수는 없고, 단지 자신의 신호를 되읽는 경우에 사용한다. 주로 카운터의 경우와 같이 자신의 값을 되읽어 증가하거나 감소시킬 때 사용하게 되는 것이다. 마지막으로 linkage가 있는데, 이것은 동작에는 영향을 주지 않고 단순히 포트의 연결상태만 나타내는 것으로 여기서는 언급하지 않는 것으로 한다. 여기서 나타낸 in, out, inout, 그리고 buffer가 시스템 설계에서 포트의 모드로 주로 사용되고 있다.

엔티티 내에서 선언하는 포트에서 사용하는 모든 신호는 자료형을 가져야 하는데, 신호의 개수가 1개인 경우는 bit로 표현하고, 신호의 개수가 여러 개인 경우, 즉 비트열은 bit_vector로 표시하게 된다. 예를 들어 8개의 신호 선을 vector로 표시할 때, 올림차수로 하는 경우 bit_vector(0 to 7), 내림차수인 경우 bit_vector(7 downto 0)로 표현하게 된다. 이렇게 bit_vector로 표현하는 것은 신호가 신호의 무리, 즉 bus로 되어 있음을 나타내는 것이며, 이 bit_vector의 ( ) 내는 신호의 개수를 표시하게 되는 것이다.

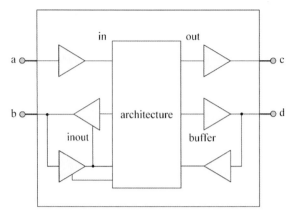

**그림 4-13** 포트에서 모드의 종류

그림 4-14와 예문 4-16에서는 신호의 자료형에 대한 bit와 bit_vector를 설명하기 위한 엔티티 영역을 나타낸 것으로 입력 신호 x, y, c는 모드를 in으로 하고, 자료형은 bit, bit_vector(7 downto 0)로 지정되어 있다. 출력신호인 z와 d의 모드는 out이고, 자료의 형태는 각각 bit_vector(3 downto 0)와 bit로 되어 있다. 여기서 신호 y를 bit_vector(7 downto 0)로 한 것은 신호가 8개란 의미를 가지게 되는 것이다. 신호의 개수를 정의하는데 오름차순인 경우는 "to"로, 내림차순의 경우는 "downto"를 사용하게 된다.

---

예문 4-16 **bit열의 표현**

```
1  entity  block_port  is
2      port(x, c : in   bit;
3              y : in   bit_vector (7 downto 0);    --8bit 내림차순
4              z : out  bit_vector (3 downto 0);    --4bit 내림차순
5              d : out  bit);
6  end block_port;
                       모드 형태
```

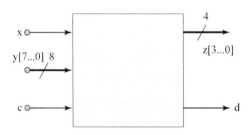

**그림 4-14** 포트에서 자료의 형태

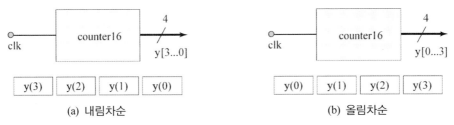

그림 4-15 신호 다발의 내림차순과 오름차순

오름차순과 내림차순의 적용 예를 살펴보자. 그림 4-15에서는 bus 신호의 오름차순과 내림차순에 대한 설명을 보여주고 있는데, 오름차순과 내림차순의 가장 높은 자리값을 갖는 비트(MSB)와 가장 낮은 자리값의 비트(LSB)의 위치가 서로 다르게 표시되어 있음을 알 수 있다. 즉, 신호 y가 내림차순 bit_vector(3 downto 0)의 4비트 신호로 정의하였을 경우, 출력 y에 상위 bit부터 내림차순으로 값이 기록되게 될 것이다. 반면 신호 y가 오름차순의 4비트로 정의하였을 경우는 출력 y에 오름차순으로 값이 기록될 것이다.

여기서 신호의 자료형을 bit로 표현하고 있으나 bit 이외의 형태도 표현할 수 있다. 이것은 뒤의 패키지에 대한 내용을 공부할 때 자세히 살펴볼 기회가 있을 것이다.

```
downto : 내림차순 표현
port (clk : in bit ;
      y : buffer bit_vector (3 downto 0)) ;
      y <= "0011" ; --y(3) = 0, y(2) = 0, y(1) = 1, y(0) = 1


to : 오름차순 표현
port (clk : in bit ;
      y : buffer bit_vector (0 to 3)) ;
      y <= "0011" ; --y(0) = 0, y(1) = 0, y(2) = 1, y(3) = 1
```

**❓ 예제 4-3**

다음의 IC7400게이트에 대한 VHDL 엔티티를 표현하시오.

```
entity nand_gate is
   port (A1, B1, A2, B2, A3, B3, A4, B4: in bit;
         Y1, Y2, Y3, Y4 : out bit);
end nand_gate;
```

## 아키텍처의 구조

### 1 기본 형식

앞에서 VHDL의 기본 설계단위 중 엔티티에 관하여 살펴보았다. 이제 VHDL의 두 번째 기본 설계단위인 아키텍처(architecture)에 관하여 공부하여 보자. 우리가 어떤 건물을 외부에서 본다고 가정할 때, 외부에서 보이는 부분을 엔티티라고 생각하였다. 그러나 아키텍처는 건물 내부의 구조 또는 형태 등 내부 정보를 기술하는 부분이라고 비유할 수 있다. 즉, 설계할 회로의 실질적인 내부동작 또는 각 부품들 사이의 연결 구조를 기술하는 부분을 말하는 것이다. 또한 VHDL을 이용한 디지털 시스템의 설계에서 여러 가지 형태의 아키텍처 기술방법, 즉 동작적·자료흐름적 기술방법과 구조적 기술방법이 바로 그것인데, 어떤 조합으로 설계하여도 관계없으며, 실제 설계에 있어서도 크게 의식하지 않고 설계를 할 수 있다. 여러 형태의 아키텍처 기술방법을 다음에 자세하게 공부할 수 있는 기회가 있을 것이다.

예문 4-17에서는 그림 4-16의 NAND게이트를 이용한 아키텍처의 개념과 VHDL 구문을 각각 보여주고 있다. 아키텍처는 블럭의 내부 정보인 NAND게이트로 구성되는 내적 관점에서 본 것인데, VHDL 구문으로 설계한 내용을 살펴보자. 첫째 줄은 아키텍처 몸체를 선언하고 아키텍처의 이름, 즉 식별자를 example이라고 지정하고 있다. 또 다른 식별자 nand2_system은 앞서 기술한 엔티티의 이름이며 2행, 3행은 NAND게이트의 내부동작, 즉 a와 b의 정보를 nand하여 출력 y_out에 대입을 시작하라고 기술하고 있다. 3행의 대입문 기호의 뜻은 화살표 방향인 오른쪽에서 왼쪽으로 신호 a와 b를 nand하여 출력 y_out에 대입하라는 것을 나타낸 것이다.

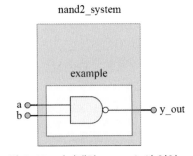

**그림 4-16** 아키텍처 example의 영역

예문 4-17  **아키텍처 활용(NAND게이트)**

```
1  architecture example of nand2_system is -- nand2_system의 회로의 이름이 example
2     begin                              -- 내용의 시작
3        y_out <= a nand b;              -- y_out에 a nand b를 대입
4  end example;                          -- 아키텍처의 종료
```

아키텍처와 관련한 예제를 하나 더 들어보자. 그림 4-17에서는 1bit 전가산기에 대한 아키텍처 영역의 회로도를 보여주고 있으며, 예문 4-18에서는 1bit 전가산기의 아키텍처 활용 예를 나타낸 것이다. 여기서 영역 combi_logic이 아키텍처에 대한 부분인데, 설계영역의 이름인 ADDER1_system이 엔티티의 이름이고, 엔티티 내부를 들여다본 것이 그림 4-17에서 보여주고 있는 게이트 회로이다. 내부에는 XOR, AND, OR 게이트들로 구성되고 있는데, 이들 내부 구성 요소들을 엔티티 ADDER1_system에 대한 개체라고 한 바 있다. VHDL의 아키텍처 구문에서는 자료흐름적으로 기술하고 있음을 보여주고 있는데, 선언문이 있는 경우와 없는 경우로 나누어 나타내었다. 첫 번째, 선언문이 없는 경우, 자료가 어떤 경로로 전달되고 있는지를 나타내고 있다. 즉, 입력에서 출력으로 신호가 흘러가는 모양으로 표현하였기 때문에 자료흐름적이라고 부르고 있는 것이다. 두 번째의 VHDL 구문에서는 선언문이 있는 경우로 회로 내의 신호선 s1, s2, s3를 사용하여 자료흐름적으로 나타내었다. 이 내부 신호는 architecture문장과 begin 사이에 신호(signal) 선언을 한 후 이 신호선을 이용하여 설계하고 있다.

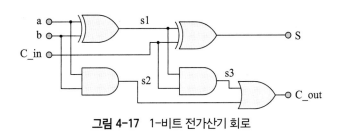

**그림 4-17  1-비트 전가산기 회로**

예문 4-18  **아키텍처 활용(1bit full_adder)**

선언문이 없는 VHDL의 아키텍처 구문

```
1  architecture combi_logic of ADDER1_system is
2     begin
3        S <= (a xor b) xor C_in;              -- 덧셈 출력
```

(계속)

```
4        C_out <= (a and b) or (S and C_in);    -- 자리올림수 출력
      end combi_logic;
```

선언문이 있는 VHDL의 아키텍처 구문
```
1    architecture combi_logic of ADDER1_system is
2      signal s1, s2, s3 : bit;                -- s1, s2, s3을 신호로 선언
3      begin
4        s1 <= a xor b;                        -- s1 : 내부 신호 연결선 혹은 중간단자
5        S <= n1 xor C_in;                     -- 덧셈 출력
6        s2 <= a and b;                        -- s2 : 내부 신호 연결선 혹은 중간단자
7        s3 <= S and C_in;                     -- s3 : 내부 신호 연결선 혹은 중간단자
8        C_out <= n2 or n3;                    -- 자리올림수 출력
9      end combi_logic;
```

VHDL 두 번째 구문의 2행에서 내부의 신호 연결선을 의미하는 signal을 기술하고, signal의 이름인 s1, s2, s3와 자료형태 bit를 기술하므로 선언문이 완성되는 것이다.

4행~8행까지는 내부적 동작을 자료흐름적으로 표현한 것이다.

형식 4-3에서는 아키텍처 선언문의 일반적인 형식을 보여주고 있다. 위의 두 예문에서 실펴본 바와 같이 서로 비교하여 생각하면 쉽게 이해할 수 있을 것이다. architecture와 begin 사이에 아키텍처 선언문을 기술하는 것이며 여기에 아키텍처 내부에서 사용할 객체들을 선언하게 된다.

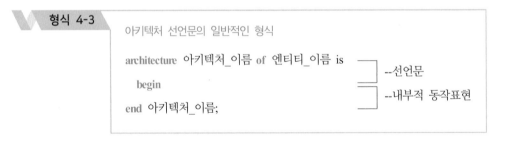

형식 4-3

아키텍처 선언문의 일반적인 형식

```
architecture 아키텍처_이름 of 엔티티_이름 is          --선언문
   begin
end 아키텍처_이름;                                   --내부적 동작표현
```

객체의 선언문에는 자료형선언, 신호선언, 상수선언, 부품선언 등이 있는데, 이러한 객체의 내용은 다음에 자세하게 공부하게 될 것이다. begin, 즉 시작하라는 것과 end, 즉 끝내라는 것 사이는 아키텍처 몸체(architecture body)라 하며, 여기서는 아키텍처의 동작을 정의하는 부분이 된다. 아키텍처 몸체의 내부적 동작표현에 쓰이는 구문은 프로세스문, 병행신호 할당문, 부품 개체화문, 생성문 등이 있다.

## 2 아키텍처의 기술 방법

VHDL의 표현방법은 설계의 의도와 용도에 따라서 여러 가지 방법을 선택하거나 혼합하여 사용할 수 있다. 이제 아키텍처 몸체를 기술하는데 쓰이는 동작적 표현방법과 구조적 표현방법에 관하여 살펴보자. 동작적 표현 방법은 부울대수, 논리연산자 등을 이용하여 자료흐름적으로 기술하거나 혹은 디지털시스템의 동작을 알고리즘적으로 기술하는 방법을 말한다. 또 하나의 표현기법인 구조적 표현은 하드웨어의 특정영역을 컴포넌트(component)로 정의하고, 이들을 상호연결하여 표현하는 것이다. 게이트 수준에서 서브 시스템(sub_system) 수준까지 구성된 컴포넌트의 상호연결을 가능하게 하며, 하드웨어 표현에 아주 가까운 표현기법이다. 주로 계층구조의 하드웨어 설계에 이용하는 방식이기도 하다.

그림 4-18에서는 아키텍처의 기술방법인 동작적 표현과 구조적 표현을 그림으로 나타낸 것이며, 이를 VHDL구문으로 나타낸 것이 예문 4-19이다. 비교기 회로를 예로 한 것인데, 엔티티의 이름은 device_flow로 나타내었으며, 2개의 입력 신호 a, b와 1개의 출력 y_out을 갖고 있다. 여기서 신호 a, b를 비교하여 두 신호가 같으면 출력 y_out에 '1'을 내보내고, 다르면 '0'을 출력하는 회로이다.

자료흐름적으로 표현하는 것은 신호의 제어흐름을 표현하는데, 신호 a, b가 같기 위한 부울대수로 표현하는 것이다. 알고리즘적인 표현은 자료흐름방식보다 추상화된 개념으로 회로의 표현을 기능적 혹은 알고리즘으로 표현하는 기법이다. 즉, 두 개의 입력 신호 a, b를 비교하여 두 입력신호가 같으면 출력인 y_out에 '1'을 대입하고, 다르면 '0'을 대입하도록 하는 방법이다. 이 표현방식은 제6장에서 자세히 살펴 볼 process문을 이용하는데, 이 process문 내부는 순차처리문으로 구성할 수 있으므로 동작적 표현에 적합한 문장으로 볼 수 있다. process문의 수행은 신호 a 혹은 b에서 신호의 변화가 있어야 process문이 수행되는 것이다. 여기서 a, b를 감지신호라 하며 보통 입력신호로 구성된다.

---

### 예문 4-19  아키텍처의 표현방법

(a) **architecture** example **of** device_flow **is**
    **begin**
    out <= (a(1,0) **XNOR** b(1,0)) **NAND** (a(1,0) **XNOR** b(1,0));
    **end** example;

(b) **architecture** example **of** device_flow **is**
    **begin**
      **process**(a, b)

(계속)

```
        begin
        if  a=b  then  y_out  <=  '1';
        else
        y_out  <=  '0';
        end  process;
    end  example;
(c) architecture  example  of  device_flow  is
    u1 : component  XNOR2
        port(x,  y :  in  std_logic;  z ;  out  std_logic);
        end  component;
    u3 : component  NAND2
        port(x,  y ;  in  std_logic;  z ;  out  std_logic);
        end  component;
    u1 : XNOR2  port  map(x,y,z)
    u2 : XNOR2 ...
    u3 : NAND2 ...
    end  example;
```

구조적 표현은 하드웨어에 매우 가까운 표현으로 신호 a, b를 비교하여 두 신호가 같으면 출력 y_out에 '1'을 대입하는 하드웨어를 만들기 위해 두 개의 입력을 갖는 XNOR 게이트 두 개와 두 입력의 NAND 게이트 1개를 u1, u2, u3로 지정하여 실제 컴포넌트로 정의하고 이들을 상호 연결하는 것처럼 회로를 표현하는 것이다.

**예제 4-4**

다음의 TTL게이트에 대한 VHDL 아키텍처를 표현하시오(7400(2-입력 NAND게이트 4개)).

```
architecture  sample  of  nand_gate  is
begin
   Y1  <=  A1  nand  B1;
   Y2  <=  A2  nand  B2;
   Y3  <=  A3  nand  B3;
   Y4  <=  A4  nand  B4;
end  sample;
```

IC_7400

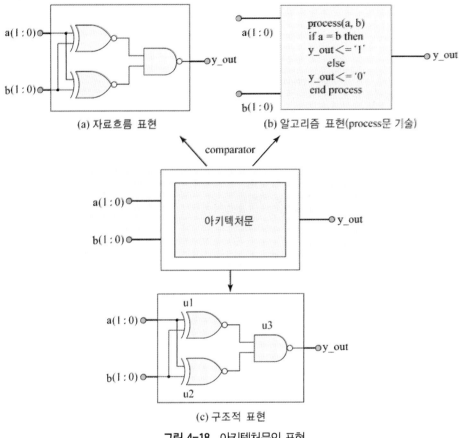

(a) 자료흐름 표현

(b) 알고리즘 표현(process문 기술)

comparator

아키텍처문

(c) 구조적 표현

**그림 4-18** 아키텍처문의 표현

## 구성의 구조

선택적인 설계단위인 구성(configuration)과 관련한 내용을 공부하여 보자. 구성은 엔티티, 아키텍처와는 별개로 이들의 결합을 위한 설계 단위로써 하향식, 즉 top-down 설계의 경우에 편리하며, 설계의 변경과 재사용에 유리하게 사용할 수 있다. 또한 하나의 엔티티에 여러 개의 아키텍처가 있을 때, 특정 엔티티와 아키텍처를 연결하여 주거나 계층적 설계에서 특정 엔티티와 부품 개체를 연결해 주는 데 사용할 수 있는 것이다. 엔티티 하나에 여러 개의 아키텍처를 연계하여 설계할 수 있으며 이때 구성을 이용하여 엔티티와 필요한 아키텍처를 일 대 일로 연결시켜야 하는 것이다.

형식 4-4에서는 구성의 일반적인 형식을 보여주고 있으며, 예문 4-20에서는 1-bit 전가산기 회로를 이용하여 구성이 선언되는 예를 보여주고 있다. 하나의 엔티티에 두 개의 아키텍처가 있는 구문의 경우인데, 앞에서 살펴본 자료흐름적인 아키텍처 구문을 다시 이용한 것이다. 1행에서 4행까지는 엔티티가 선언된 부분이고, 5행에서 9행까지는 첫 번째 아키텍처이고, 11행에서 19행까지는 두 번째 아키텍처를 나타낸 것이다. 21행에서 24행까지가 구성이 선언된 부분이다. 여기서는 엔티티 ADDER1_system과 두 개의 아키텍처 중 첫 번째인 combi_logic1만을 연결시켜 VHDL 구문을 작성한 예를 보여주고 있다.

---

**형식 4-4**

구성의 일반적인 형식

```
configuration 구성_이름 of 엔티티_이름 is
    for 아키텍처_이름
        {for 개체_레이블 : 부품_이름
        use entity 라이브러리_이름. 엔티티_이름(아키텍처_이름);
        end for;}
    end for;
end[구성_이름];
```

---

예문 4-20  **구성의 활용(전가산기)**

```
 1  entity ADDER1_system is
 2    port(X, Y, C_in : in std_logic;
 3         S : inout std_logic; C_out : out std_logic);
 4  end ADDER1_system;
 5  architecture combi_logic1 of ADDER1_system is   -- frist architecture
 6    begin
 7        S <= (X xor Y) xor C_in;
 8        C_out <= (X and Y) or (S and C_in);
 9    end combi_logic1;
10  -- second architecture
11  architecture combi_logic2 of ADDER1_system is
12    signal n1, n2, n3 : std_logic;                -- n1, n2, n3가 신호라고 선언
13      begin
14        n1 <= X xor Y;
15        S  <= n1 xor C_in;
16        n2 <= X and Y;
17        n3 <= S and C_in;
18        C_out <= n2 or n3;
19    end combi_logic2;
20  -- configuration coding
21  configuration combi_logic1 of ADDER1_system is
22    for combi_logic1  -- 엔티티 ADDER1과 아키텍처 combi_logic1을 연결하는 구문
23      end for;
24  end combi_logic1;
```

# 패키지의 구조

## 1 패키지와 라이브러리

VHDL의 선택적인 설계단위 중 패키지와 관련된 내용을 살펴보자. 패키지(package)는 자료형과 함수, 프로시저 등 부프로그램 등을 한 장소에 모아 선언한 것이다. 이러한 패키지는 라이브러리에 종속되며, VHDL 문장의 use 구문에 의해 불러서 사용할 수 있게 된다. 라이브러리(library)는 전에 살펴 본 VHDL의 설계단위, 즉 엔티티, 아키텍처, 패키지 등을 저장하여 필요 할 때에 사용할 수 있도록 하는 일종의 저장장소 역할을 하는 기능을 말한다.

VHDL에서 일반적으로 많이 사용하는 패키지는 미리 정의하여 쓰고 있다. 이 중에서 몇 가지를 살펴보자. 첫째, IEEE standard 패키지가 있다. 이것은 표준적인 형, 연산자, 객체들에 대한 것을 선언한 것이다. standard 패키지는 VHDL 컴파일러에 기본적으로 내장되어 있기 때문에 "library"와 "use" 구문을 사용하지 않아도 된다. 둘째, IEEE textio 패키지이다. 이것은 IEEE에서 만든 문서 파일의 입·출력용의 패키지로써 문서의 입·출력 관련형과 객체들에 관하여 정의한 것이다. 문서의 입·출력 내용을 사용하기 위하여는 엔티티를 선언하기 전에 형식 4−5와 같은 구조로 기술해서 선언해야 한다. 이것은 패키지를 사용하기 위하여는 가시성(visibility)을 부여해야 하는 것이다. 가시성이란 패키지나 라이브러리 내에 선언되었거나 정의된 것을 사용할 수 있도록 경로를 설정하는 것을 말한다. 라이브러리는 자동으로 가시화되지 않으므로 라이브러리 구문을 사용하여 가시화하고, use 구문으로 패키지를 가시화하는 것이다. 형식 4−5에서와 같이 example이라고 불리는 library를 가시화한 뒤, example 내의 패키지 test의 모든 내용을 사용하기 위해서 use 구문을 이용하여 기술하고 있음을 보여주고 있다.

---

**형식 4-5**

패키지를 부르기 위한 library의 형식

library  example
use  example.  test.  all;
　　　　①　　　②　　③
[① library 이름, ② 패키지 이름, ③ 패키지의 모든 내용]

---

세 번째의 패키지 종류로써 확장된 표준 로직 패키지인 IEEE_std_logic_1164 패키지가 있다. 이 패키지를 사용하기 위해서는 형식 4−6과 같은 형식을 엔티티 선언 전에

기술하여 선언해야 한다. IEEE란 library를 가시화한 후, IEEE 내의 패키지인 std_logic_1164의 모든 내용을 사용하기 위하여 use구문으로 기술해야 하는 것이다.

---

**형식 4-6**

패키지를 부르기 위한 library의 형식

library **IEEE**;
use **IEEE. std_logic_1164. all**;

---

앞에서 미리 정의된 패키지에 대하여 살펴보았다. 이번에는 설계자가 새로운 패키지를 만들고자 할 경우를 살펴보자. 이때의 패키지 구조는 패키지 선언과 패키지 몸체 부분으로 구성된다. 패키지 선언의 역할은 외부에서 사용할 수 있도록 인터페이스를 담당하는 것, 즉 자료형이나 부프로그램의 이름 등을 선언하는 것으로 패키지 몸체는 패키지 선언에서 선언된 부프로그램의 구체적 내용을 기술하는 부분이다.

형식 4-7에서는 패키지의 구조를 보여주고 있는데, 패키지의 선언부와 패키지 몸체 부분으로 나누어져 있는데, 이것은 엔티티와 아키텍처의 기술과 유사한 구조로 볼 수 있다.

---

**형식 4-7**

package의 구조

* package 선언부
  **package** 패키지_이름 **is**
       {자료형 선언};
       {부프로그램 선언};
  **end** 패키지_이름;

* package 몸체부
  **package body** 패키지_이름 **is**
       {부프로그램 기술}
  **end** 패키지_이름;

---

## 2 부프로그램

VHDL 구문에서는 고급언어와 마찬가지로 부프로그램(subprogram)을 정의할 수 있다. 이 부프로그램은 C언어와 같이 함수(function)와 프로시저(procedure)로 나눌 수 있다. 이러한 함수와 프로시저는 자주 쓰이는 설계의 일부분을 따로 작성하거나, 기능적으로 분해 가능한 프로그램의 일부를 분리해서 작성할 수 있어 VHDL 설계에 간결성과 편의성을 제공한다.

프로시저와 함수의 구성은 순차처리문으로 되어 있다. 그러나 프로시저와 함수의 호출은 순차처리문과 같이 사용할 수도 있고, 병행처리문과 같이 사용할 수가 있는데 전자를 순차호출이라 하고 후자를 병행호출이라 한다. 부프로그램 함수는 함수선언과 함수몸체로 두 부분으로 정의되며, 지연(delay) 없이 계산의 결과를 되돌려주는(return) 부프로그램이 사용된다. 따라서 그 내부에는 대기(wait)문을 포함할 수가 없다. 그리고 함수와 프로시저를 구분하여 사용하는 것이 필요한데 그 주된 차이점은 다음과 같다.

- 함수는 되돌려주는 값(return value)이 단 하나지만 프로시저의 경우는 여러 개가 될 수 있다.
- 함수의 매개변수(parameter)의 mode는 지정하지 않더라도, in mode이지만 프로시저의 매개변수의 mode는 in, out, inout가 될 수 있다.
- 함수는 지연 없는 계산에 쓰이는 수식의 중간에 사용되나 프로시저는 수식의 중간에 사용할 수 없다.
- 따라서 함수는 wait문을 사용할 수 없으나 프로시저는 대기문을 사용할 수 있다.
- 함수와 프로시저에 사용되는 VHDL 문장은 모두 순차처리문이어야 한다.
- 함수와 프로시저를 호출하는 방식은 순차호출과 병행호출이 있다.

일반적으로 부프로그램에서 매개변수의 객체가 선언되어 있지 않을 경우 그 매개변수가 in이면 상수로 가정되고, out, inout이면 variable로 가정된다. out의 경우 variable로 가정되므로 순차호출은 가능하나 병행호출은 할 수 없다.

### 1) 함수(function)

패키지와 관련한 부프로그램(sub-program)에 관하여 살펴보자. 이 부프로그램은 함수와 프로시저로 나누어지는데, 함수는 다시 선언부분과 몸체부분으로 구분되고, 호출이 수식이며, 되돌려주는 값이 하나로써 함수를 아키텍처 몸체에 기술하는 경우는 함수 몸체만 기술하면 된다. 또한 함수는 순차처리문이며, 함수의 매개변수는 입력만 가능하다.

형식 4-8에서는 함수의 선언과 몸체의 형식을 나타낸 것이다.

예문 4-21에서는 함수와 관련한 예제를 나타낸 것으로 1행은 함수의 이름이 Inverter2이며, 매개변수가 bit인 X이고, 그리고 되돌려 주는 값의 자료형이 bit라는 것을 알 수 있다. 3행에서 5행까지는 함수의 동작을 보여주고 있으며, 되돌려 주는 값은 '1' 또는 '0'인 하나의 값이라는 것을 나타내고 있다.

함수(function)의 선언과 몸체의 형식

function 함수_이름[(매개변수_항목)] return 자료형;     -- 함수 선언부
function 함수_이름[(매개변수_항목)] return 자료형 is  -- 함수 몸체부
        {선언문}
    begin
        {순차문}
end 함수_이름;

---

**예문 4-21  함수(function) 활용**

```
1  function inverter2(X : bit) return bit is
2    begin
3      if X = '1' then return '0' ;
4      else return '1' ;
5      end if;
6      end "and" ;
7  end inverter2;
```

---

**예제 4-5**

함수(function)를 이용하여 두 개의 입력 정보를 비교하여 큰 수를 호출하는 구문을 설계하시오.

```
library ieee;
use ieee.std_logic_1164.all;
use ieee.std_logic_unsigned.all;

entity maxf is
    port( a, b       : in std_logic_vector(7 downto 0);
          y_out      : out std_logic_vector(7 downto 0) );
end maxf;

architecture sample of maxf is
    function max(x, y : in std_logic_vector) return std_logic_vector is
    variable temp : std_logic_vector(7 downto 0);
    begin
            if x > y then
                temp := x;
```

(계속)

```
            else
                    temp := y;
            end  if;
            return(temp);
    end  max;
begin
    process(a, b)
    begin
            y_out <= max(a, b);
    end  process;
end  sample;
```

이상에서 보는 바와 같이 architecture내의 선언부에서 function max(x, y)를 정의하고, process내에서 y_out <= max(a, b);와 같이 호출하였다.

## 2) 프로시저(procedure)

프로시저는 선언과 몸체로 구분이 된다. 호출이 문장이고, 되돌려 주는 값이 함수와 달리 여러 개가 가능하다. 이는 매개변수의 모드는 여러 종류를 쓸 수 있으며, 이 매개변수를 통하여 값을 반환할 수 있는 특징이 있다. 함수와 비교하여 함수에서는 wait문, 즉 대기문을 쓸 수 없으나, 프로시저에서는 사용할 수 있는 점이 다르다. 함수와 마찬가지로 프로시저의 구문은 순차처리문에 해당한다. 형식 4 − 9에서는 프로시저의 선언과 몸체의 형식을 보여주고 있다.

**형식 4-9**

프로시저(procedure)의 형식

```
procedure  프로시저_이름[(매개변수)];      -- procedure 선언부
procedure  프로시저_이름[(매개변수)] is     -- procedure 몸체부
    {선언문}
  begin
    {순차문}
end  프로시저_이름;
```

이제 프로시저의 선언과 관련한 예를 예문 4 − 22에서 살펴보자. 1행에서 프로시저의

이름이 Invert_1이라는 것을 알려주고 있다. 매개변수가 X, Y이며, X는 자료가 bit형의 입력이고, Y는 bit형의 출력임을 나타내고 있다. 3행에서 5행은 프로시저의 동작을 나타낸 것이며, 반환되는 값은 출력인 매개변수 Y를 사용하고 있다.

---

예문 4-22 **프로시저(procedure)의 활용**

```
1    procedure invert_1(X : in bit; Y : out bit) is    -- procedure 선언부
2        begin
3          if X = '0' then Y <= '1' ;
4          else Y <= '0' ;
5          end if;
6    end invert_1;
```

---

**❓ 예제 4-6**

프로시저(procedure)를 이용하여 덧셈과 뺄셈 회로를 구현하는 구문을 설계하시오.

```
library ieee;
use ieee.std_logic_1164.all;
use ieee.std_logic_unsigned.all;

entity addsub is
port( x, y : in std_logic_vector(3 downto 0);
      add_out, sub_out : out std_logic_vector(4 downto 0) );
end addsub;

architecture example of addsub is
      procedure proc( a, b : in std_logic_vector;
                      c, d : out std_logic_vector ) is
      begin
              c := a+b;
              d := a-b;
      end proc
begin
      process(x, y)
              variable temp1, temp2 : std_logic_vector(4 downto 0);
```

(계속)

```
    begin
            proc(x, y, temp1, temp2);
            add_out <= temp1;
            sub_out <= temp2;
    end process;
end example;
```

다음 물음에 적절한 답을 고르시오.

**01** 다음 중 디지털회로의 설계에서 VHDL을 사용할 경우 장점이 아닌 것은?

① 독립적 ② 표준화 및 문서화
③ 대규모 설계 ④ 복잡화

**02** 다음 VHDL 관련 표준에서 다중 값 논리를 규정한 부분은?

① IEEE std_1076 ② IEEE std_1076.4
③ IEEE std_1164 ④ IEEE std_1076.3

**03** 다음 중 디지털회로 설계에서 VHDL을 사용하는 이유가 아닌 것은?

① 소규모 설계 ② 고부가가치 제품
③ 고기능 및 고성능 ④ 제품의 개발기간

**04** 다음 중 하드웨어기술언어(HDL)를 이용한 설계의 특징이 아닌 것은?

① 논리식을 생각할 필요가 없다.
② 설계의 내용을 쉽게 변경할 수 있다.
③ 회로도를 입력하는 데 시간이 걸린다.
④ 설계자 이외의 사람도 이해하기가 비교적 쉽다.

**05** 다음 중 VHDL에서 설계의 내용을 쉽게 이해할 수 있도록 기술하는 것은?

① 식별문 ② 주석문
③ 리터럴(literal) ④ 숫자

**06** 다음 중 VHDL 구문의 밑줄에 표시한 의미가 틀린 것은?

> entity NAND2 is port (a, b : in bit; y : out bit); -- 엔티티선언
> ①    ②         ③                ④

① 예약어      ② 식별자      ③ 예약어      ④ 주석문

**07** 다음 중 VHDL 구문에서 식별자로 옳게 쓰여진 것은?

① 0_decoder    ② compare_    ③ 2FET    ④ encode_4

**08** 다음 중 VHDL 구문에서 식별자로 잘못 쓰여진 것은?

① main__clk    ② sign_N    ③ decoder_1    ④ FET_1

**09** 다음 중 VHDL 구문에서 쓰이는 식별자의 규칙을 잘못 나타낸 것은?

① 영문자로 시작한다.
② 숫자로 시작한다.
③ 문자, 숫자 및 밑줄만으로 표현한다.
④ 밑줄 문자를 연속 사용하면 안 된다.

**10** 다음 중 VHDL 구문에서 쓰이는 "--"의 설명으로 잘못된 것은?

① VHDL 코드로서 컴파일의 수행을 지시하는 표시이다.
② "--" 다음은 컴파일러가 무시하고 넘어가는 표시이다.
③ 설명문이 필요한 경우 사용할 수 있는 표시이다.
④ 일반적으로 "--" 이후에는 파일 이름, 목적 등을 기술한다.

**11** 다음은 VHDL 구문의 일부를 나타낸 것이다. 리터럴(literal)을 표시한 것은?

> elsif cnt = 3, then DB <= "000011" -- display
> ①                      ②   ③      ④

12 다음은 VHDL 구문의 리터럴(literal)에서 비트열(bit string)의 의미를 나타낸 것이다. 틀린 것은?

① B"11110000"    -- 비트의 길이는 8이고, 2진수이다.
② O"126"    -- 비트의 길이는 9이고, 8진수이다.
③ A"123"    -- 비트의 길이는 6이고, 8진수이다.
④ X"FF"    -- 비트의 길이는 8이고, 16진수이다.

13 다음 중 VHDL 구문을 표현하는 데 필수적인 설계의 단위는?

① entity      ② package      ③ process      ④ configuration

14 VHDL을 이용하여 디지털회로를 설계하고자 할 때 설계의 외적 관점에서 본 설계의 단위는?

① 아키텍처(architecture)      ② 엔티티(entity)
③ 구성(configuration)      ④ 패키지(package)

15 다음은 VHDL 구문 중 엔티티 부분만을 나타낸 것이다. 잘못된 것은?

① entity OR2 is
②      port(a, b, in bit_,
③        y : out bit);
④ end OR2 ;

16 다음 VHDL 구문에서 하드웨어 내부의 정보를 표현하는 기본 설계의 단위는?

① 패키지(package)      ② 엔티티(entity)
③ 아키텍처(architecture)      ④ 프로세스(process)

17 다음은 VHDL 구문의 아키텍처(architecture)에 관한 설명이다. 틀린 것은?

① 하드웨어의 입출력 인터페이스를 정의한 것이다.
② 하드웨어의 내부를 정의한 것이다.
③ 하드웨어를 구성하는 회로의 연결, 동작 및 구조 등을 정의한 것이다.
④ 하나의 엔티티에 여러 개의 아키텍처가 존재할 수 있다.

18 다음 중 VHDL의 아키텍처(architecture)구문을 잘못 나타낸 부분은? 단 엔티티의 이름은 OR2이다.

① architecture sample of OR2 is
②     begin
③       y <= a or b or c or d ;
④ end OR2 ;

19 다음 중 엔티티(entity) 내에서 사용되는 모드(mode)의 종류가 아닌 것은?

① inout       ② out       ③ in       ④ or

20 다음 중 VHDL 구문에서 자료형과 부프로그램 등을 하나의 파일로 만들어 공동으로 사용할 수 있도록 한 것은?

① 패키지(package)       ② 구성(configuration)
③ 아키텍처(architecture)       ④ 엔티티(entity)

21 다음 VHDL 구문에서 패키지(package)의 이름을 나타낸 것은?

library IEEE :
use IEEE std_logic_1164. all ;
①   ②     ③     ④

22 다음은 IEEE에서 제정한 패키지의 종류를 나타낸 것이다. 여기서 확장된 표준 다중로직 값을 나타내는 패키지는?

① IEEE std_1076       ② IEEE standard
③ IEEE textio       ④ IEEE std_logic_1164

23 다음 중 호출이 하나이고 되돌려주는 값이 하나인 부프로그램은?

① 프로시저(procedure)       ② 함수(function)
③ 패키지(package)       ④ 구성(configuration)

24 다음은 VHDL에서 부프로그램의 형식을 나타낸 것이다. ( ) 속에 들어갈 적절한 예약어는?

| function and2 (X : in bit) ( ) bit; |

① end ② begin ③ return ④ type

25 다음은 VHDL에서 부프로그램인 프로시저(procedure)의 특징을 나타낸 것이다. 잘못된 것은?

① 프로시저는 선언부와 몸체부로 나눈다.
② 호출이 문장이고, 되돌려 주는 값이 여러 개이다.
③ 매개변수의 모드는 하나이다.
④ 프로시저 내에는 대기(wait)문을 사용할 수 있다.

26 다음 중 아키텍처 몸체를 기술하는 표현으로 컴포넌트(component)의 상호연결로 나타내는 기법은?

① 농작적 표현 ② 구조적 표현
③ 자료흐름적 표현 ④ 알고리즘적 표현

연 구 문 제

01 VHDL의 (1) 원어를 쓰고, (2) HDL의 우리말 의미를 쓰시오.

(1)

(2)

02 VHDL의 기능을 세 가지로 요약하여 쓰시오.

(1)

(2)

(3)

**03** 디지털회로 설계에서 VHDL을 이용하는 경우 그 장점을 간략히 기술하시오.

**04** VHDL에서 주석문(comments)에 관하여 간략히 설명하시오.

**05** 다음은 VHDL에서 쓰이는 식별자를 잘못 표기한 것이다. 식별자의 규칙에 따라 틀린 부분을 기술하시오.

(1) _encoder_1

(2) 2Transistor2

(3) fig_#S

(4) yes-no

(5) entity

**06** 다음은 VHDL에서 쓰이는 리터럴(literals)의 비트열(bit string)을 나타낸 것이다. 그 의미를 기술하시오.

(1) B"10101010"

(2) O"135"

(3) X"CFF"

07 VHDL의 설계단위의 하나인 엔티티(entity)의 (1) 정의, (2) 엔티티 선언문의 일반적 형식을 기술하시오.

(1) 엔티티의 정의

(2) 일반적인 형식


08 VHDL의 설계단위의 하나인 아키텍처(architecture)에 대한 (1) 정의, (2) 일반적인 형식을 기술하시오.

(1) 아키텍처의 정의

(2) 일반적인 형식


09 신호의 자료형을 표현하는 데 쓰이는 (1) bit, (2) bit_vector에 관하여 기술하시오.

(1) bit

(2) bit_vector


10 아키텍처 몸체를 기술하는 표현방식을 두 가지로 나누어 간략히 기술하시오.

(1)


(2)


11 다음 그림을 VHDL 구문으로 기술하고자 할 때, 엔티티와 아키텍처 몸체를 기술하시오.

OR4

**12** 다음 그림을 VHDL 구문으로 기술하고자 할 때, 엔티티와 아키텍처 몸체를 기술하시오.

comb_sy

in1
in2
in3
in4

.................................................

.................................................

.................................................

**13** 다음 그림을 VHDL 구문으로 기술하고자 할 때, 엔티티와 아키텍처 몸체를 기술하시오.

NAND2

a
b
z

.................................................

.................................................

.................................................

.................................................

**14** VHDL 구문의 port에서 쓰이는 in, out, inout, buffer의 특징에 관하여 기술하시오.

.................................................

.................................................

.................................................

**15** 다음은 반가산기(half adder)의 기호와 진리표를 나타낸 것이다.

| (1) VHDL 구문 | (2) 출력 파형결과를 그리시오. |

반가산기 두 개의 입력 포트 A, B와 출력포트 CARRY와 SUM을 가지며, 두 수를 더하여 합과 자리올림 수를 내는 디지털회로이다.

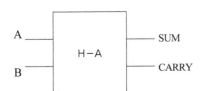

A
B
H−A
SUM
CARRY

| A | B | SUM | CARRY |
|---|---|-----|-------|
| 0 | 0 | 0 | 0 |
| 0 | 1 | 1 | 0 |
| 1 | 0 | 1 | 0 |
| 1 | 1 | 0 | 1 |

(1) VHDL 구문

(2) VHDL 파형결과

16   XOR 게이트인 IC7486의 엔티티와 아키텍처를 표현하시오.

|      entity      |    architecture    |
| --- | --- |
|  |  |
|  |  |
|  |  |
|  |  |
|  |  |
|  |  |
|  |  |

# 5 객체, 자료형 및 연산자

## 객체와 문장

### 1 객체

VHDL에서 신호, 변수, 상수와 같이 어떤 값을 가지고 있는 것을 객체(object)라 한다. 모든 객체는 자료형을 가져야 하며, VHDL은 무한한 종류의 자료형을 사용할 수 있도록 되어 있다. 객체는 값을 갖되 어떠한 형태의 값, 즉 어떤 종류의 자료형을 사용할 것인가를 결정하여야 한다. 임의의 객체를 선언한다는 것은 그 객체의 종류와 자료형을 지정하는 것이다.

예문 5 – 1에서는 VHDL에서 사용하고 있는 객체에 대한 것을 요약하고 있다. 객체는 사용 전에 반드시 객체 선언을 해야 하고 선언한 후에 그 객체에 값을 대입하여 설계에 이용하고 있다.

신호(signal) 객체의 경우 a, b, c는 객체의 이름이며 a, b, c의 객체의 종류는 signal이므로 선으로 구현할 수 있다는 것이다. VHDL설계에서 외적 변수를 나타내는 것으로 신호가 흐르는 선(wire)으로 표현되는 것이다. 또 a, b, c의 자료의 형태가 bit형이라는 것은 '1'과 '0'의 두 가지 값만을 갖게 된다는 것이다.

변수(variable) 객체의 경우는 내적변수로써, 다음 장에서 자세하게 살펴볼 process문 내부에서만 유효한 객체이다.

끝으로 상수(constant)의 경우는 초기에 선언한 상수의 값을 유지하는 데 사용하는 객체이다.

여기서 객체에 값을 대입하기 위해서는 signal의 경우는 시간지연의 의미를 갖는 화살표 모양의 대입기호(< = )를 사용하며, variable과 constant의 경우는 시간지연이 없는 즉시 대입기호(: = )를 사용하게 되는 특징이 있다.

signal(신호) : 외적 변수, 합성할 때 선(wire)으로 구형

```
signal  a,  b,  y  :  bit ;              -- a, b, c를 signal로 선언
        y <= a nand b ;                  -- 값(파형) 대입
```

variable(변수) : 내적변수, process 내부에서 유효
```
variable temp : bit ;                    -- temp를 variable로 선언
temp := a or b ;                         -- 값(파형) 대입
```

constant(상수) : 초기에 선언된 값을 계속 유지하는 상수값 지님
```
constant p1 : integer := 314 ;           -- 상수선언과 동시에 상수값 대입
```

## 1) 신호(signal)

먼저 signal 객체에 대하여 살펴보자. signal은 디지털회로를 VHDL로 검증한 후, 합성 할 때 선(wire)으로 구현되는 기능을 갖고 있으며, 각 부품의 연결에 사용되는 외적 변수라고 말할 수 있다. 그러므로 디지털 회로에 있어서 정보의 통신을 위한 통로의 역할을 하는 중요한 부분이 된다. signal 객체에 값을 대입하기 위해서는 시간지연요소를 갖는 대입기호(<=)를 사용하게 되는데, 기호의 오른쪽에서 왼쪽으로 대입하게 되는 것이다. 이 대입기호는 값이 즉시 대입되는 것이 아니라 VHDL문에서 필요한 어떤 시점에서 대입하는 것이므로 시간지연요소를 갖는 대입기호라고 부르고 있다.

반면에 신호를 초기화할 경우는 signal 객체라 하더라도 값을 즉시 대입하여야 하는데, 이 경우는 시간지연이 없는 즉시대입기호(:=)를 사용하게 된다.

이러한 객체에서 자료형을 표시할 때, 단일신호는 선으로 표현할 수 있으나 다중신호의 경우는 다중 비트(bus)로 표시하여야 한다. VHDL에서 객체인 신호를 선언할 때, 신호의 자료형이 bit일 때 단일신호는 bit로 표시하나, 다중신호일 때는 bit_vector로 표시하게 된다. 이러한 다중신호를 표시할 때 몇 개짜리의 신호인가를 나타내는 다발, 즉 폭을 정의해 주어야 한다. 이때 downto나 to를 사용하게 되는데, 그림 5-1에서는 비트 다발과 비트의 순서를 보여주고 있다. 그림 5-1의 (a)와 같이 내림차순으로 나타내는 경우와 그림 5-1의 (b)와 같이 올림차순으로 나타내는 경우가 있다.

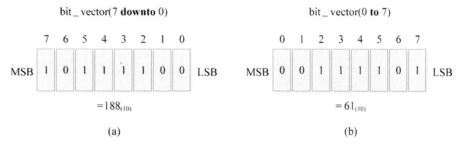

그림 5-1  비트 다발과 비트의 배열

예문 5-2에서는 signal이 선언된 예를 보여주고 있다. 여기서 a, b, c는 객체의 이름이며, 이것이 signal로 선언되었으므로 신호의 통로인 선으로 구현되어야 한다. 그리고 자료형이 bit로 선언되었으므로 값은 '1', '0' 두 가지의 값을 갖게 되는 것이다.

---

예문 5-2  **signal의 선언**

signal  a, b, y : bit
          -- a, b, y는 객체의 이름
          -- a, b, y의 객체 종류는 signal이므로 선(wire)으로 구현 가능
          -- a, b, y의 자료형이 bit형이므로 '1', '0'의 두 가지 값을 가짐

---

앞에서 설명한 바와 같이 signal은 port와는 달리 외부 신호가 아닌 내부 신호를 선언하는데 사용되는 것이다. 예문 5-3의 그림 5-2와 같은 간단한 조합논리회로의 입력 a, b와 출력 x, y는 VHDL구문의 2행, 3행과 같이 port로 선언할 수 있다. 그러나 내부의 신호 연결선인 s1, s2는 VHDL구문의 6행과 같이 signal로 선언하여 내부적으로 연결되어 있음을 나타내어야 하는 것이다. 8행에서 11행까지는 실제 회로의 동작을 기술한 것이다.

---

예문 5-3  **signal의 활용**

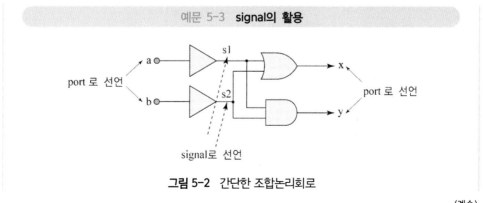

그림 5-2  간단한 조합논리회로

(계속)

---

```
1   entity combi_logic is
2     port (a, b : in bit;
3          x, y : out bit);
4   end combi_logic;
5   architecture data_flow of combi_logic is
6     signal s1, s2 : bit;          -- architecture와 begin 사이에 선언
7   begin
8       s1 <= a;                    -- 신호 a를 s1으로 전달
9       s2 <= b;                    -- 신호 b를 s2로 전달
10      x  <= s1 or s2;             -- "s1 or s2"를 z에 전달
11      y  <= s1 and s2;            -- "s1 and s2"를 y에 전달
12  end data_flow;
```

계속해서 signal이 선언되는 예를 살펴보자. 예문 5-4에서는 객체의 선언에서 자료형이 다중신호가 4 bit의 내림차순으로 선언된 경우의 예를 나타낸 것으로 1번에서는 객체의 이름이 count로써 내림차순의 4비트가 선언된 경우이며, 2번에서는 객체의 이름이 temp로써 4비트 bus로 선언하고 초기값을 대입하는 경우의 예를 나타낸 것이다.

예문 5-5에서는 그림 5-3의 NAND 게이트와 XOR 게이트로 구성된 간단한 조합 논리 회로에서 signal이 선언된 예를 보여주고 있다. 이 회로에 대한 VHDL 선언에서 1행에서 4행까지는 엔티티를 선언한 것이다. 그림 5-3에서 보여주는 바와 같이 외부 연결을 위한 선은 입력 x1, x2, x3와 출력 y_out 및 NAND 게이트의 출력인 s0가 있으나, 여기서 이 s0에 주목해서 보아 주기 바란다. 입력과 출력신호의 경우는 엔티티 선언의 포트 구문에서 선언하면 되는 것이다. 6행에서와 같이 NAND 게이트 출력인 s0처럼 NAND 게이트와 XOR 게이트를 연결한 선으로 되어 있는 경우는 아키텍처 구문 내의 begin 앞에 signal을 선언하여 구성하면 된다.

---

### 예문 5-4  signal의 선언(자료형 : bit_vector)

```
1   signal count : bit_vector (3 downto 0) ;
                -- signal count(3), count(2), count(1), count(0) : bit와 동일한 선언
                -- count를 4비트 bus로 선언
2   signal temp : bit_vector(3 downto 0) := "1100" ;
                -- temp를 4비트 bus로 선언하고 초기값 대입
```

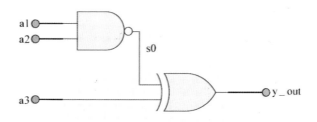

**예문 5-5 signal의 활용**

**그림 5-3** 간단한 조합회로

```
1   entity  combi_system  is
2      port (a1, a2, a3 : in  bit ;           --signal a1, a2, a3 선언
3                y_out : out  bit) ;          -- signal y_out 선언
4   end  combi_system  ;
5   architecture  example  of  combi_system  is
6    signal  s0 : bit ;     -- signal s0 선언, signal 선언위치 : architecture와 begin 사이
7      begin
8        s0  <=  a1  nand  a2 ;              -- signal에 파형 대입
9        y_out  <=  s0  xor  a3 ;            -- s0과 a3를 exclusive하여 y_out에 대입
10  end  example  ;
```

## 2) 변수(variable)

이제 객체 중에서 변수와 관련한 내용을 공부하여 보자. 변수는 process나 부프로그램, 즉 함수와 프로시저에서만 사용되며, 변수의 값도 process나 부프로그램 내에서만 유효한 내적변수를 말한다. 또 변수는 신호와 같이 VHDL합성 시 바로 선으로 구현되는 것이 아니라, 중간연산단계에 주로 이용되는 것이다. 변수에서 사용하고 있는 대입기호는 즉시 값이 대입되는 특징이 있다.

**형식 5-1**

변수 선언방식

```
variable    temp1, temp2 : bit ; -- variable_이름이 temp1, temp2로 정의,
                                     자료형은 bit
            temp1 := '1' ;       -- :=는 즉시 값이 대입
            temp2 := a or b;     -- a, b는 입력신호이고, temp2는 variable
```

형식 5-1에서는 변수에 대한 선언방식을 나타내고 있는데, variable로 변수를 선언하였으며, 변수이름은 temp1, temp2로, 자료형은 bit로 정의하고 있다. temp1에 값 '1'을 즉시 대입하라고 정의하고 있다.

계속해서 예문 5-6의 그림 5-4에서와 같이 3-입력 NAND 게이트를 통하여 변수가 선언되는 예를 살펴보자.

그림에서 보여주는 입력 신호 a, b, c와 출력 y_out는 선으로 구현되어야 하는 외적변수이므로 엔티티 내의 포트에서 이미 선언되어 있다. 3-입력 NAND 게이트를 설계하기 위해 아키텍처 sample 내의 process와 begin 사이의 4행에서 variable temp를 선언하고 있다. VHDL 코드의 6행부터 9행까지에서 나타낸 바와 같이 이 temp는 중간 단계의 연산결과를 잠시 보관하게 된다. process 내에서 variable은 즉시 값이 대입되어 연산의 중간결과를 임시로 보관하고 있으나, 11행의 end process를 통하여 빠져 나오면 그 값은 없어지게 되는 것이다. 따라서 최종 variable 값이 보존되기 위해서는 10행에서 나타낸 바와 같이 y_out에 temp의 값을 대입시켜야 하는 것이다.

지금까지 signal과 variable 객체에 관하여 살펴보았으나, 이 두 가지 객체를 비교하여 보자. 먼저, signal은 외부변수로써 그것이 선언되는 곳은 아키텍처와 begin 사이에, 또 부프로그램에서 신언되며, 포트에서도 선언될 수 있다. 합성시 선 즉, wire로 구현되는 특성이 있으며, 비교적 간단한 연산이 요구될 때 쓰인다. signal에 값이 인가될 때, 현재의 값이 바로 대입되지 않고, process가 끝난 시점에 대입되는 특성이 있다.

---

예문 5-6  **3-입력 NAND 게이트**

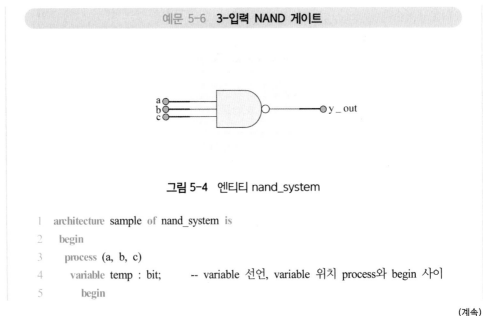

**그림 5-4** 엔티티 nand_system

```
1   architecture sample of nand_system is
2     begin
3       process (a, b, c)
4       variable temp : bit;        -- variable 선언, variable 위치 process와 begin 사이
5         begin
```

(계속)

```
6          temp  :=  '1' ;                      -- temp가 즉시 '1'로 바뀜
7          temp  :=  a nand temp ;              -- variable의 즉시 대입, temp = a ´
8          temp  :=  b nand temp ;              -- temp  =  (a * b) ´
9          temp  :=  c nand temp ;              -- temp  =  (a * b * c) ´
10         y_out <=  temp ; -- signal에 variable의 시간지연 대입, y_out = (a * b * c) ´
11     end process ;
12   end sample ;
```

이어서 variable 즉, 변수의 특징을 살펴보면, 내부변수로써 아키텍처의 process와 begin 사이에 선언되며, 또 부프로그램에서 선언된다. 합성 시 선으로 구현되지 않고, 연산의 중간단계로 활용하며, 복잡한 알고리즘을 구현할 때 유리한 객체로써 현재의 값만을 갖게 된다. 즉, process와 부프로그램 내에서만 유효하며, 이 영역을 벗어나면 variable 값이 무효가 되는 것이다.

앞에서 살펴 본 signal과 variable의 차이점을 예문 5 – 7과 그림 5 – 5의 VHDL 구문을 통하여 비교하여 보자. 먼저 signal이 잘못 사용된 VHDL 코드를 보자. 지금 설계가 원하는 부울함수는 "a nand b"의 결과를 y_out에 대입하는 것이나, 아키텍처 example1은 그렇게 되지 않는 결과를 얻게 된다.

VHDL 코드의 2행에서 temp는 signal로 선언되어 있으며, 4행부터 10행까지는 process문을 선언한 것이다. 그중 6행에서 temp에 '1'을 대입하고 있으나, 이 temp에 바로 '1'이 대입되는 것이 아니라 10행의 end process문을 빠져 나와야 '1'로 되며, 현재는 '0'으로 간주하게 되는 것이다. 따라서 7행, 8행, 9행까지의 temp에는 '0'이 대입되므로 최종 y_out에는 '0'이 되는 결과를 가져와 원하는 답을 얻을 수 없게 되는 것이다. 다음에 자세히 기술하는 바와 같이 process문 내의 signal 값은 즉시 대입되는 것이 아니라 end process문을 만날 때까지 보류되는 특성이 있다.

**예문 5-7  signal과 variable의 사용상 차이점**

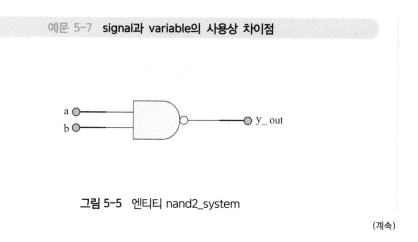

**그림 5-5**  엔티티 nand2_system

(계속)

구문 1　**signal이 잘못 사용한 경우**

```
1   architecture example1 of nand2_system is
2     signal temp : bit ;  -- signal 선언(architecture와 begin 사이)
3   begin
4     process (a, b)
5     begin
6       temp <= '1' ;           -- 현 시점에서는 temp = '0', end process에서 temp =
'1'
7       temp <= a nand temp ; -- temp = '0'
8       temp <= b nand temp ; -- temp = '0'
9       y_out <= temp ;         -- y_out = '0'
10    end process ;
11  end example1 ;
```

구문 2　**variable을 사용한 문제 해결**

```
1   architecture example2 of nand2_system is
2     begin
3       process (a, b)
4         variable temp : bit ;  -- variable 선언(process와 begin 사이)
5         begin
6           temp := '1' ;    -- temp가 즉시 '1'로 바뀜
7           temp := a nand temp ;      -- temp = a′
8           temp := b nand temp ;      -- temp = (a * b)′
9           y_out <= temp ; -- y_out = (a * b)′
10        end process ;
11    end example2 ;
```

　　예문 5-7의 구문 1에서 다루었던 문제점을 variable을 써서 해결해 보자. 위의 아키텍처에서 temp를 variable로 선언하면 문제가 해결될 것이다. 이렇게 되면 temp가 variable이 되고, 값이 즉시 대입되므로 y_out는 원하는 결과를 얻게 되는 것이다. 지금 VHDL 구문 2의 4행에서 변수명인 temp를 variable, 즉 변수로 선언하였다. 이것은 3행의 process와 5행의 begin 사이에 선언된 것이다. 따라서 6행에서 temp에 '1'이 즉시 대입되므로 7행의 temp에는 a가, 8행의 temp에는 "a nand b"가 대입되어 결국 9행의 temp에도 "a nand b"의 결과가 대입되는 것이다. 여기서 우리가 주의해야 할 것은 signal과 variable의 값의 대입시점과 대입기호가 다르다는 점이다. process문에 대해서는 제7장에서 자세히 공부할 수 있는 기회가 있을 것이다.

　　예문 5-8에서는 그림 5-6의 전가산기에 대한 VHDL을 나타낸 것으로, 객체의 사용 예를 보여주고 있다. 1행에서 4행까지는 엔티티를 선언한 부분이다. 5행에서 17행까

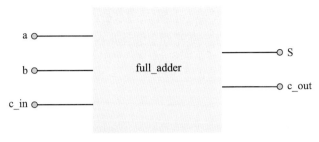

**그림 5-6** 엔티티 full_adder

지는 아키텍처 몸체를 나타낸 것이다. 아키텍처 구문의 8행에서는 sum1, c1, c2, c3를 객체 variable로 선언하고 있다. 그리고 10행, 12행, 13행, 14행에서는 선언된 객체에 연산의 결과를 즉시 대입하는 문장을 기술하고 있다.

---

**예문 5-8  전가산기(full adder) 회로**

```
1    entity full_adder is                              -- 엔티티 선언
2        port (a, b, c_in : in bit;
3              S, c_out : out bit);
4    end full_adder ;
5    architecture example of full_adder is             -- 아키텍처 몸체
6      begin
7      process (a, b, c_in)
8      variable temp_sum1, temp_c1, temp_c2, temp_c3 : bit;   -- 객체 variable을 선언
9        begin
10       temp_sum1 := a xor b;                         -- 즉시 대입
11       S         <= c_in xor temp_sum1;
12       temp_c1   := a and b;                         -- 즉시 대입
13       temp_c2   := a and c_in;                      -- 즉시 대입
14       temp_c3   := b and c_in;                      -- 즉시 대입
15       c_out <= temp_c1 or temp_c2 or temp_c3;
16     end process;
17   end example;
```

### 3) 상수(constant)

이제 마지막으로 상수, 즉 constant 객체에 대하여 살펴보자. constant는 초기에 선언한 상수의 값을 유지하는 데 사용하며, 고정된 값을 갖게 된다. VHDL의 구문작성에 도움을 주어 쉽게 수정하거나 확장하는 데 주로 이용하는 객체이다. constant의 대입기

호는 즉시대입기호를 사용하므로 constant의 초기값은 즉시 대입되며, 한 번 대입된 값은 바꿀 수 없게 되는 것이다. constant의 선언방식과 사용 예를 형식 5-2와 예문 5-9에서 각각 나타내고 있다.

---

**형식 5-2**

상수의 선언 방식

constant 상수_이름 : 자료형[:= 초기값] ; -- 상수선언과 초기화

---

**예문 5-9  상수의 활용**

constant delay : time := 5ns      -- constant 선언
constant size : integer := 516;   -- constant 선언, 초기화

---

## 2 문장

이제부터 VHDL에서 사용하는 문장(statements)에 관한 내용을 공부하여 보자. VHDL에서 쓰여지는 기본적인 문장은 선언문, 병행문 및 순차문이 있다. 먼저 선언문은 설계 내에서 사용할 수 있는 상수, 자료형, 객체, 부프로그램(sub program) 등을 정의하는 데 사용하는 것이다. 상수에는 리터럴(literal), 숫자, 스트링(string) 등의 것이 있고, 자료형에는 레코드(record), 배열(array) 등과 같은 것이 있다. 객체에는 신호, 변수 및 부품 등이 있으며, 부프로그램에는 함수(function) 및 프로시저(procedure)가 있다.

두 번째는 병행문이다. 병행문은 그 문장들이 쓰여지는 순서와는 무관하게 수행되고 각각의 문장은 다른 문장과 병렬로 수행되며, 하드웨어의 내부적인 동작 및 구조를 나타내는데 사용하는 것이다. 프로세스문 자체는 순차문이나, 여러 개의 프로세스문들이 있으면 동시에 수행하게 된다. 병행문에는 프로세스(process)문, 블록(block)문, 프로시저(procedure) 호출문, 부품 개체화문 및 생성문 등이 있다.

예문 5-10에서는 병행문에 관한 예를 보여주고 있는데, 이 예에서 4행에서 7행까지가 병행문을 나타낸 것이다. 4행과 5행에서는 신호 a와 b가 정의되어 있고, 이 신호가 6행과 7행의 출력 값의 입력으로 사용된 경우를 나타낸 것이다. 여기서 출력 out1과 out2가 신호 a, b보다 먼저 쓰여도 전체적인 동작에는 변함이 없는 것이다. 이와 같이 병행문에는 순서에 무관한 것이다. 이는 원래 하드웨어의 동작이 병행적으로 수행되는 데 근거하기 때문이다.

순차문은 병행문과는 달리 그 문장들이 쓰여진 순서대로 수행되는 것인데, 이것은 문장이 하나씩 차례로 수행되는 것으로 주로 동작적 기술로 표현되는 방식이다. 이 순차문은 항상 프로세스문, 함수, 프로시저 내에서만 사용되어야 한다. 순차문의 종류로는 변수 대입문, 신호 대입문, 프로시저와 함수 호출, if문, case문, loop문, next문, exit문, return문, wait문 등이 있다.

예문 5-10 **병행문의 활용**

```
1   architecture data_flow of concurrent is
2       signal a, b : bit;        -- a, b가 신호로 선언
3     begin
4       a <= in3 and in4;      -- and 논리
5       b <= in5 or in6;       -- or 논리
6       out1 <= in1 xor a      -- xor의 출력 논리
7       out2 <= in2 xor b;     -- xor의 출력 논리
8   end data_flow;
```

예문 5-11에서는 순차문에 관한 간단한 예를 보여주고 있는데, 예제에서 3행에서 14행까지 프로세스문을 이용한 순차문을 나타낸 것이다. 5행에서 클럭이 동작할 때까지 기다렸다가 6행에서 클럭이 동작하면 accelerator가 '1'인지 아닌지를 검사하고, 7행에서 '1'이면 speed의 조건을 검사하여, 8행에서 11행까지의 조건에 따라 동작을 수행하게 되는 것이다. 8행에서 11행까지는 순차적으로 수행되는 순차문의 문장들을 나타낸 것이다.

예문 5-11 **순차문의 활용**

```
1   architecture date_flow of sequential is
2     begin
3     precess
4       begin
5         wait until clk;
6         if (accelerator = '1') then
7           case speed is
8               when stop  => speed <= slow;
9               when slow  => speed <= medium;
10              when medium => speed <= fast;
11              when fast  => speed <= slow;
12          end case;
13        end if;
14      end process;
15  end data_flow;
```

# 자료형

## 1 자료형의 명시

VHDL에서 객체는 특정 자료형(data type)으로 선언되어 그것에 맞는 자료형의 데이터를 가져야 한다. VHDL의 특징 중 하나는 거의 무한한 종류의 자료형을 사용할 수 있다는 것이다. 이것은 표준 라이브러리에서 제공하는 기본적인 자료형을 사용할 수 있을 뿐만 아니라 사용자의 필요에 따라 자료형을 만들어 사용할 수 있기 때문이다. 우리가 사용하는 가장 간단한 자료형인 '1'과 '0'의 bit형만으로 많은 부분을 설계할 수 있으며, VHDL에서 추상적 설계를 위한 자료형을 준비하여 사용할 수 있다.

형식 5-3에서는 객체의 선언과 자료의 대입을 나타낸 것이다. 앞서 살펴 본 바와 같이 객체는 사용하기 전에 객체선언을 통해 그 객체가 가질 자료형을 정의해야 한다. 여기서 객체의 이름 a, b는 signal 선언과 함께 자료형을 bit로 지정하면, signal a, b가 가질 수 있는 자료는 bit형 즉, '1' 혹은 '0'의 값만을 갖게 되는 것이다. bit, bit_vector, std_logic, boolean과 같이 자주 쓰이는 자료형은 VHDL에서 미리 선언되어 있기 때문에 VHDL설계에서 유용하게 쓰고 있다. 이들 이외의 자료형은 사용자가 정의하여 쓸 수 있다. 미리 정의된 VHDL의 자료형에는 정수 또는 실수, 부울식, 문자, 시간, 문자열, 비트 및 비트열 등이 있다.

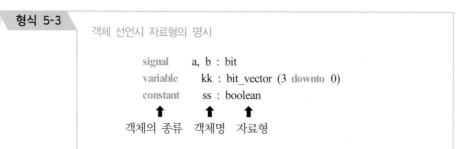

**형식 5-3**　객체 선언시 자료형의 명시

```
signal      a, b : bit
variable    kk : bit_vector (3 downto 0)
constant    ss : boolean
            ↑        ↑        ↑
        객체의 종류  객체명   자료형
```

IEEE 표준 위원회에서는 VHDL에 대하여 두 가지 라이브러리 STD와 IEEE를 정의하였는데, 각각은 몇 개의 패키지(package)를 포함하고 있다. 라이브러리 STD에는 standard와 textio가 정의되어 있다. 아래에서는 standard 패키지에 미리 정의된 자료형을 요약하여 보여주고 있다.

미리 정의된 VHDL의 자료형

- 부울(boolean)형 : 두 값을 갖는 열거형으로 논리연산과 관계연산의 결과는 boolean 값이 됨
- 비트(bit)형 : bit형은 두 값 '0'과 '1'을 갖는 열거형으로 논리연산의 결과 값도 bit 값이 됨
- 비트_벡터(bit_vector)형 : bit_vector형은 bit 값의 배열을 표현하는 데 사용
- 문자(character)형 : 문자의 열거형으로 문자는 단일 인용부호( ' ' ) 안에 표현하는 데 사용
- 정수(integer)형 : 정수형은 양수와 음수를 표현하는 데 사용
- natural형 : natural형은 정수형의 부자료형으로 0과 양수를 표현하는 데 사용
- positive형 : 정수형의 부자료형으로 양수, 즉 0과 음수가 아닌 수의 표현에 사용
- 문자열(string)형 : 문자의 배열을 나타내며, 문자열의 값은 이중 인용부호에 표현
- 실수(real)형 : 실수를 표현하는 데 사용
- 시간(time) : 시뮬레이션을 위해 사용되는 시간의 값을 표현하는 데 사용

## 2 자료형의 분류

그림 5 – 7에서는 자료형의 분류를 보여주고 있는데, VHDL에서 쓰이는 자료형은 크게 두 가지로 나눌 수 있다. 첫째 스칼라형은 이산형, 실수형, 물리형으로 나눌 수 있고, 이산형은 다시 정수형과 열거형으로 분류할 수 있다. integer, natural, positive 등은 정수형에 속하는 것이다. 문자형, 부울형, 비트형 등은 열거형에 속하게 되며, 복합형에는 배열형과 레코드형으로 나누고, 배열형에는 bit_vector, 문자열 등이 이에 속하고 있다.

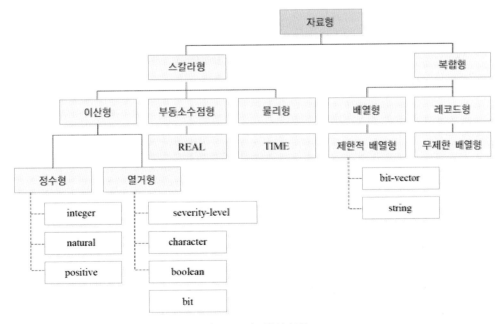

**그림 5-7** 자료형의 분류

스칼라형은 관계 연산자가 사용될 수 있도록 순서를 가지며, 더 이상 다른 요소로 나눌 수 없는 형을 말한다. 즉 스칼라 형에 속하는 값은 순위가 존재하며, 관계 연산자가 이 값에 사용될 수 있는 것이다. 복합형은 한 종류의 자료형으로 비열하거나 여러 종류의 자료형으로 구성되는 형태를 말한다.

### 1) 스칼라형

스칼라형(scalar type)에는 정수형, 물리형, 부동소수점형, 즉 실수형과 열거형이 있다. 여기서 정수형, 물리형, 실수형의 값은 수치이므로 이들 자료형을 수치형이라고도 한다. 열거형과 정수형의 값은 이산적인 값을 갖게 되므로 이산형이라 부르고 있다. 열거형, 정수형, 물리형에 속하는 모든 값은 위치를 갖게 되고, 그 위치의 번호는 그 자료형에 속하는 순서 목록에서의 값의 위치가 되는 것이다.

예문 5-12에서는 정수형의 사용 예, 예문 5-13은 미리 정의된 정수형의 예, 예문 5-14는 실수형의 사용 예를 각각 보여주고 있다. 여기서 to는 오름차순의 범위, downto는 내림차순의 범위를 각각 표현하는 것이다.

---

**예문 5-12  정수형의 선언**

```
type byte is range  -128 to 127;
type bit_position is range  14 downto 0;
```

---

**예문 5-13  미리 정의된 정수형**

```
type integer is range  -2147483647 to 2147483647;   -- integer는 미리 정의
```

---

**예문 5-14  실수형의 선언**

```
type real is range  -1.0E38 to 1.0E38;          -- real은 미리 정의된 것
type norm is range 0.0 to 1.0;
```

---

물리형에는 저항, 시간, 거리 등의 물리적 양을 나타내기 위하여 사용하며, 물리형의 값은 기준단위의 정수배로 표현하게 된다. 예문 5-15에서 예문 5-17까지는 저항, 시간 및 길이에 대한 자료형을 선언한 예를 보여주고 있는데, 각각은 기준단위에서 정수배로 하여 단위를 선언하고 있다. 예문 5-15에서와 같이 ohm이라는 기준단위를 정해

놓고 그것의 정수배, 즉 2차단위로 Kohm은 1000ohm, Mohm은 1000Kohm 등으로 배가하여 정의하면 되는 것이다. 예문 5-16에서는 femtosecond를 시간의 기준으로 하고, picosecond는 1000fs, nanosecond는 1000ps 등으로 표현하여 정의하고 있다.

예문 5-17에서는 길이에 대한 단위를 선언한 예를 보여주고 있는데, 마찬가지로 angstrom을 기준단위로 하여 nanometer, micrometer 등으로 정수배하여 정의하는 것이다.

---

예문 5-15 **저항의 단위 선언**

```
type resistance is range 1 to 1E10
    units
        ohm;                        -- 기준단위
        Kohm = 1000 ohm;   -- 2차 단위
        Mohm = 1000 Kohm;
    end units;
```

---

예문 5-16 **시간의 단위 선언**

```
type time is range -2147483647 to 2147483647
    units
        fs;                         -- femtosecond, 기준단위
        ps = 1000 fs;          -- picosecond
        ns = 1000 ps;          -- nansecond
    end units;
```

---

예문 5-17 **길이의 단위 선언**

```
type length is range 1 to 1E10;
    units
        A;                          -- angstrom, 기준단위
        nm = 10 A;              -- nanometer
        um = 1000 nm;         -- micrometer
    end units;
```

---

열거형 선언은 식별어와 문자 리터럴로 구성된 사용자 정의 값을 갖는 자료형을 정의하는 데 사용하게 된다. 예문 5-18은 열거형, 예문 5-19는 미리 정의된 열거형에 대한 사용 예를 각각 보여주고 있는데, 열거형의 나열된 순서를 보면 가장 왼쪽의 것이 작고, 오른쪽으로 갈수록 값이 커지게 되는 특징이 있다. 같은 열거형 중에 문자형이

있다. 예문 5-20에서는 문자형의 표현을 보여주고 있다. 문자형으로 선언된 신호는 선언된 문자 중 어느 하나의 값을 갖게 되는 것이다.

예문 5-18 **열거형의 사용**

```
type bit2 is ('0', '1');
type bit4 is ('0', '1', 'X', 'Z');
type color is (red, blue, yellow);
type day is (sun, mon, tue, wed, thu, fri, sat);
```

예문 5-19 **미리 정의된 열거형**

```
type boolean is (true, false);    -- boolean은 미리 정의
type bit is ('0', '1')            -- bit는 미리 정의
…                                 -- 생략을 의미
```

예문 5-20 **문자형외 표현**

```
type character is (
 NUL, SOH, STX, '', ' ' ', '!', '#', '$', '%'
  '0', '1' '2' '<', ' =', 'A', 'B', '[', '_', 'a', 'b'
  'x', 'y', 'z', 'DEL');
```

## 2) 복합형

복합형(composite type)은 여러 가지 값을 갖는 자료형을 말하는데, 여기에는 배열형과 레코드형의 두 종류로 분류할 수 있다. 배열형은 범위가 정해져 있는 제한적인 배열형과 범위가 정해지지 않는 무제한적인 배열형으로 나눌 수 있으며, 같은 종류의 자료형을 갖는 특징이 있다. 예문 5-21에서는 제한적 배열형의 사용 예, 예문 5-22에서는 미리 정의된 무제한적인 배열형의 사용 예를 각각 보여주고 있다. 예문 5-22의 무제한적인 배열형에서 range < >의 표현은 비트의 수가 명시되어 있지 않으므로 무제한적인 선언의 의미를 갖는다.

레코드형의 객체는 형이 각기 다른 다중의 요소들로 이루어져 있는 특징이 있는데, 레코드의 개별 필드는 각 요소의 이름에 의하여 참조가 된다. 예문 5-23에서는 레코드형 선언의 예를 보여주고 있다.

예문 5-21  제한적 배열형

```
type word is array(15 downto 0) of bit;      -- 내림차순의 배열
type byte is array(7 downto 0) of bit;
type mem is array(0 to 1023) of bit;         -- 올림차순의 배열
```

예문 5-22  무제한적 배열형

```
type bit_vector is array(natural range < >) of bit;
type string is array(positive range < >) of bit;
```

예문 5-23  레코드형 선언

```
type inst_R is record                        -- 형의 선언
   nemonic : string;                         -- 필드(field)의 선언
   code    : bit_vector(0 to 3);
end record;                                  -- 레코드 구문의 끝
```

### 3) std_ulogic과 std_logic 자료형

앞에서 기술한 바와 같이 VHDL의 논리합성에 자주 쓰이는 열거형인 bit, boolean형 등은 미리 정의되어 있다. 그러나 bit형을 확장하여 고수준합성, 시뮬레이션 및 테스트 등을 위하여 '0', '1'의 두 가지 상태가 아닌 9개의 상태를 가진 std_ulogic형을 IEEE_1164에 의해 제정하여 쓰여지고 있다. 또한 std_logic은 std_ulogic의 subtype으로 정의되어 있다. 이것은 std_ulogic 기능에서 분해, 즉 resolved 기능을 부가한 것이다. 따라서 std_logic이 가질 수 있는 자료의 형태는 std_ulogic과 같이 9가지의 값을 가질 수 있는 것이다. 현재는 거의 모든 VHDL 논리합성에서 bit형 대신 std_logic형을 사용 하고 있다. 논리합성에서 bit형과 std_logic형의 근본적인 차이는 없으나, 시뮬레이션 합 성에서 std_logic이 bit보다 많은 상태의 값을 가지고 있으므로 높은 수준의 설계에 보 다 효과적이라고 할 수 있는 것이다.

형식 5-4에서는 std_ulogic과 std_logic의 다중논리의 값을 보여주고 있다.

std_ulogic과 std_logic 자료형

```
type boolean is (false, true) ;
type bit is ('0', '1') ;
type std_ulogic is ('U' -- uninitialized[1]
                        U : 초기화가 안 된 경우를 나타내고 기본값으로 사용
                    'X' -- strong unknown[2]
                        X : 버스에서 '0' 값과 '1' 값의 충돌로 값이 정의가 안
                            된 경우를 나타냄
                    '0' -- strong logic 0
                        0 : 논리 0을 나타내는 값
                    '1' -- strong logic 1
                        1 : 논리 1을 나타내는 값
                    'Z' -- high impedance[3]
                        Z : 3상태 버퍼 출력이 고저항(high impedence)인 경우를
                            나타내고 버스 구현 시 사용
                    'W' -- weak[4] unknown
                        W : 'L' 값과 'H' 값의 충돌로 값이 정의가 안 되는 경우
                    'L' -- weak logic 0
                        L : 풀다운(pull down) 저항에 의해서 연결되어 외부 신
                            호가 없을 때 '0'으로 출력되는 경우
                    'H' -- weak logic 1
                        H : 풀업(pull up) 저항에 의헤시 연결되어 외부 신호가
                            없을 때 '1'로 출력되는 경우
                    '_' -- don't care) ;
                        _ : 무정의 조건(don't care condition)을 나타내는 경우로
                            회로 구성 의도는 없고 설계의 편이성을 추구하기 위
                            하여 사용
subtype std_logic is resolved std_ulogic ;
```

[1] 반도체에 처음 전원이 공급될 때 각 신호는 어떤 값을 갖게 될 것이다. 이때 정상적인 값이 될 때까지는 어느 정도의 시간이 지나야 하는데, 이 사이의 값을 'U'라 함
[2] 출력을 공통으로 사용할 때 한쪽은 '1'이 출력되고 다른 쪽은 '0'이 출력된다면, 그 때의 상태값은 두 상태값이 충돌하여 어떤 다른 값이 될지 모르는데, 이런 현상을 'unknown'이라 함
[3] 이것이 출력신호가 +5 V, 0 V에 연결되지 않고 모두 끊어진 상태를 말함
[4] 이것은 일종의 잡음 상태의 값으로 생각할 수 있으며, 트랜지스터 회로를 구성할 때 pull-up, pull-down 저항을 사용하는 경우가 있으나, 아무것도 연결하지 않을 경우 불안정한 상태값을 갖게 된다. 이때를 'weak' 상태라 함

지금까지 자료형에 관한 사항을 살펴보았으나, 자료형은 수많은 종류가 있을 수 있다. 따라서 VHDL 코딩을 하기 전에 "어떤 자료형을 기본형으로 선택할 것인가?"를 결정하는 것이 효율적인 설계를 위하여 중요한 요소가 될 수 있다.

첫 번째, 정수형은 기본적인 산술 연산자에 대한 지원이 가능하므로 편리한 장점이

있는 반면 미지상태, 3상태, 무정의, 즉 don't care상태 등을 표시할 수 없는 단점도 갖고 있는 자료형이다.

두 번째, 비트형은 VHDL언어 자체에 대하여 적합한 측면이 있으나 기본적인 산술연산 지원이 안 되며, '0' 또는 '1'의 두 상태만 있기 때문에 3상태, 연결논리 등의 지원이 안 되는 결점을 갖고 있다.

세 번째, std_ulogic과 std_ulogic_vector형은 미지상태, 3상태, 다른 로직상태의 표현이 가능하나 분해형이 아닌 단점을 갖고 있는 자료형이기도 하다.

네 번째, std_logic과 std_logic_vector형은 로직의 다양한 상태를 표현할 수 있으므로 3상태, 연결논리 등을 표현할 수 있는 등, 가장 권장하는 자료의 형태라고 할 수 있다.

다섯 번째, IEEE_1076.3 unsigned형과 signed형에서 무부호(unsigned)형은 부호가 없는 2진형의 계산을 나타내며, 부호(signed)형은 부호가 존재하며, 2의 보수로 계산이 가능한 것이다.


## 연산자와 속성

### 1 연산자

#### 1) 논리 연산자

이제부터는 VHDL에서 자주 쓰이는 연산자(operator)와 속성(attribute)에 관한 내용을 살펴보자. 먼저 조합논리를 만드는 데 사용되는 논리 연산자인데, 이것은 std_logic, std_logic_vector 및 boolean형을 지원할 수 있다.

표 5-1에서는 AND연산자의 값을 표시하고 있다. 여기서 bit는 '0', '1'의 값을 갖고, 부울형은 true, false, 즉 참과 거짓의 값을 갖게 된다.

그림 5-8은 논리 연산을 위한 간단한 조합논리회로를 나타낸 것이며, 예문 5-24에서는 논리 연산자를 이용한 논리 연산에 대한 VHDL 구문을 보여주고 있다. 2행, 3행,

**표 5-1** 논리 연산자(AND 게이트)

| A | B | A and B |
|---|---|---|
| False '0' | True '1' | False '0' |
| False '0' | False '0' | False '0' |
| True '1' | True '1' | True '1' |
| True '1' | False '0' | False '0' |

4행에서 std_logic_vector, boolean 등의 자료형을 선언하였다. 그리고 6행, 7행, 8행에서 논리적 연산을 하고 그 결과를 각각에 대입하도록 기술하고 있으며, and, nand 및 xor 등의 논리 연산자가 사용되고 있음을 보여주고 있다.

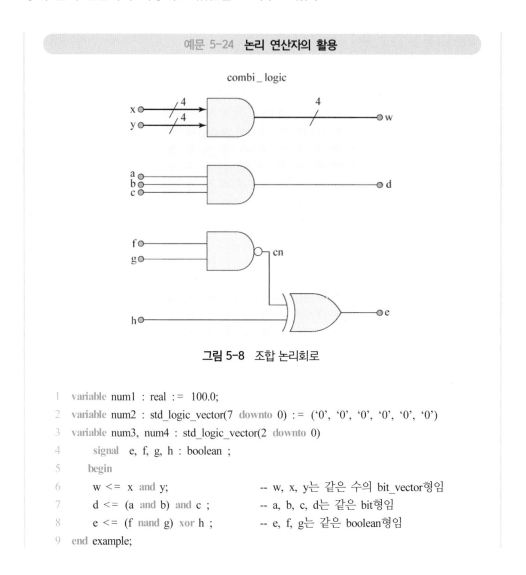

예문 5-24  **논리 연산자의 활용**

combi_logic

그림 5-8  조합 논리회로

```
1    variable num1 : real := 100.0;
2    variable num2 : std_logic_vector(7 downto 0) := ('0', '0', '0', '0', '0', '0')
3    variable num3, num4 : std_logic_vector(2 downto 0)
4       signal  e, f, g, h : boolean ;
5       begin
6       w <= x and y;                    -- w, x, y는 같은 수의 bit_vector형임
7       d <= (a and b) and c ;           -- a, b, c, d는 같은 bit형임
8       e <= (f nand g) xor h ;          -- e, f, g는 같은 boolean형임
9    end example;
```

## 2) 관계 연산자

관계 연산자(relational operators)는 비교함수를 만드는 데 사용되는 연산자로써 대부분의 자료형을 지원할 수 있는 특징을 갖고 있다. 표 5-2에서는 관계 연산자의 종류와 그 의미를 나타내고 있는데 같음, 같지 않음, 값이 작고, 작거나 같고, 크고, 크거나 같은 기능을 갖는 관계 연산자를 보여주고 있다.

**표 5-2** 관계 연산자의 종류

| 연산자 | 의미 |
|:---:|:---:|
| = | 같음(equal to) |
| /= | 같지 않음(not equal to) |
| < | 왼쪽의 값이 작음(less than) |
| <= | 왼쪽의 값이 작거나 같음(less than or equal to) |
| > | 왼쪽의 값이 큼(greater than) |
| >= | 왼쪽의 값이 크거나 같음(greater than or equal to) |

예문 5-25에서는 이에 대한 관계 연산자의 사용 예를 보여주고 있는데, 4행~8행에서 관계연산자를 사용하며 구문을 설계하고 있다.

---

**예문 5-25  관계 연산자의 사용**

```
1   architecture  example  of  combi_logic  is
2       signal   w, x, y  : std_logic_vector (3 downto 0);
3       signal   d, a, b, c : std_logic ;
4       num1 /= 350.54              -- num1과 350.54는 같지 않음
5       num1 = 100.0                -- num1과 100.0은 같음
6       num2 /= ('1', '0', '0', '0', '0', '0') -- num2가 오른쪽과 같지 않음
7       num1 > 45.54                -- num1은 45.54보다 큼
8       num2 < ('1', '0', '0', '0', '0', '0')  -- num2가 오른쪽보다 작음
9   end  example;
```

---

## 3) 산술 연산자

산술 연산자(arithmetic operators)는 정수와 실수 등의 숫자형을 지원하는 것이다. 다른 자료형이 필요한 경우는 IEEE_1076.3의 numeric_std 패키지를 선언하여 사용하면 연산자가 제공되기 때문에 유용한 설계를 할 수 있다. 표 5-3에서는 산술 연산자의

**표 5-3** 산술 연산자의 종류

| 연산자 | 의미 | 연산자 | 의미 |
|:---:|:---:|:---:|:---:|
| + | 덧셈(addition) | mod | 모듈(modulus) |
| − | 뺄셈(subtraction) | rem | 나머지(remainder) |
| * | 곱셈(multiplication) | abs | 절대값(absolute value) |
| / | 나눗셈(division) | ** | 제곱(exponentiation) |

종류, 즉 덧셈, 뺄셈, 곱셈, 나눗셈, 모듈, 나머지, 절대값, 제곱 등의 의미를 갖는 연산자의 종류를 보여주고 있다.

예문 5-26에서는 산술 연산자가 쓰여지는 사용 예를 보여주고 있는데, 더하기 빼기, 곱하기, 모듈, 나머지 및 절대값 등을 나타내고 있다. 5행은 a와 b를 더하여 y1에 대입하기이며, 6행은 a-b의 결과를 y2에 대입하기이다. 7행은 a와 b를 곱하여 y3에 대입하고, 8행은 a와 b를 나눈 모듈을, 9행은 a를 b로 나눈 나머지, 10행은 a의 절대값을 y4, y5, y6에 각각 대입하도록 하고 있다.

예문 5-26  **산술 연산자의 사용**

```
1   architecture arithmetic of or2 is
2     begin
3         process(a, b)
4           begin
5               y1 <= a+b;      -- a 더하기 b
6               y2 <= a-b;      -- a 빼기 b
7               y3 <= a*b;      -- a 곱하기 b
8               y4 <= a mod b;  -- a를 b로 나눈 모듈
9               y5 <= a rem b;  -- a를 b로 나눈 나머지
10              y6 <= abs a;    -- a의 절대값
11          end process;
12   end arith;
```

### 4) 순환 연산자

순환 연산자(shift operators)는 1차원적인 bit나 boolean을 지원하는 것으로 bit와 boolean의 배열이 왼쪽 피연산자가 되고, 정수의 값이 오른쪽 피연산자가 되어 정의된 연산을 수행하도록 하는 것이다. 표 5-4에서는 순환자의 종류와 그 의미를 나타내고 있다. sll, 즉 shift left logical 연산자와 srl, 즉 shift right logical 연산자는 논리에 대한 왼쪽 방향 또는 오른쪽 방향으로의 순환을 나타내는 것이다. 즉, 비워지는 비트를 왼쪽 피연산자 자료형의 가장 왼쪽 값 또는 오른쪽 값으로 채우는 것이다. sla, 즉 shift left arithmetic 연산자는 산술에 대한 왼쪽 방향의 순환을 말하는 것으로, 비워지는 bit가 왼쪽 피연산자의 가장 오른쪽 비트로 채워지는 것이며 sra, 즉 shift right arithmetic 연산자는 산술에 대한 오른 방향 순환, 즉 비워지는 bit를 왼쪽 피연산자의 가장 왼쪽 bit로 채우는 것을 말한다. rotate 연산자로써 rol과 ror이 그것인데, 이들은 비워지는 bit를 왼

표 5-4 순환 연산자의 종류

| 연산자 | 의미 |
|---|---|
| sll(shift left logical) | 논리에 대한 왼쪽 방향으로의 순환 |
| srl(shift right logical) | 논리에 대한 오른쪽 방향으로의 순환 |
| sla(shift left arithmetic) | 산술에 대한 왼쪽 방향으로의 순환 |
| sra(shift right arithmetic) | 산술에 대한 오른쪽 방향으로의 순환 |
| rol(rotate left) | 논리에 대한 왼쪽 방향으로의 순환 이동 |
| ror(rotate right) | 논리에 대한 오른쪽 방향으로의 순환 이동 |

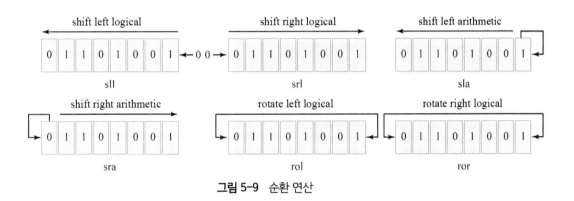

그림 5-9 순환 연산

쪽과 오른쪽으로 각각 순환하면서 1 bit씩 이동시켜 채우는 것을 말한다. 만일 피연산의 정수 값이 음수이면 반대의 연산을 수행하게 되는 것이다.

그림 5-9에서는 순환 연산자의 순환 이동 과정을 그림으로 나타낸 것인데 sla, sra, sll, srl, ror과 객에 대한 순환과정을 보여주고 있다. sla는 왼쪽 산술순환, sra는 오른쪽 산술순환, sll은 왼쪽 논리순환, srl은 오른쪽 논리순환, rol은 왼쪽 논리회전, ror은 오른쪽 논리회전을 각각 보여주고 있다.

예문 5-27에서는 순환 연산자의 사용 예를 보여주고 있다. sm5의 variable 객체가 4bit_vector로써 ('1', '0', '1', '1')을 대입하도록 한 경우의 사용 예를 각각 나타낸 것이다. 순환 연산자 sll, srl, sla, sra, rol과 ror에 정수 1, 3, -3의 값을 각각 적용한 경우, 각 순환자의 기능에 따라 값이 순환 이동되어 나타나는 결과를 오른쪽 ( ) 속에 표현하고 있다.

첫 번째, sll에서 정수 1, 3, -3을 적용한 것에 대한 결과를 보여주고 있다. 여기서 음수인 것은 그 반대의 연산 결과와 같은 값을 갖게 되는 것이다. 두 번째는 srl에서 정수 1과 3을 준 경우의 결과를 나타낸 것이고 세 번째는 sla, sra에 정수 1, 3, -3을 준 경우의 결과를 보여주고 있으며, 네 번째에서는 rol과 ror에 정수 값을 준 경우, 그

결과를 각각 보여주고 있다.

---

예문 5-27 **순환 연산자의 사용**

```
variable sm5 : std_logic_vector(3 downto 0) := ('1', '0', '1', '1')
   sm5 sll  1        -- sm5를 1만큼 sll하면 ('0', '1', '1', '0')
   sm5 sll  3        -- sm5를 3만큼 sll하면 ('1', '0', '0', '0')
   sm5 sll −3        -- sm5를 −3만큼 sll하면 srl을 3만큼 한 것과 같음
   sm5 srl  1        -- sm5를 1만큼 srl하면 ('0', '1', '0', '1')
   sm5 srl  3        -- sm5를 3만큼 srl하면 ('0', '0', '0', '1')
   sm5 sla  1        -- sm5를 1만큼 sla하면 ('0', '1', '1', '1')
   sm5 sla  3        -- sm5를 3만큼 sla하면 ('1', '1', '1', '1')
   sm5 sla  3        -- sm5를 −3만큼 sla하면 sra을 3만큼 한 것과 같음
   sm5 sra  1        -- sm5를 1만큼 sra하면 ('1', '1', '0', '1')
   sm5 sra  3        -- sm5를 3만큼 sra하면 ('1', '1', '1', '1')
   sm5 rol  1        -- sm5을 1만큼 rol하면 ('0', '1', '1', '1')
   sm5 rol  3        -- sm5을 3만큼 rol하면 ('1', '1', '0', '1')
   sm5 rol −3        -- sm5을 −3만큼 rol하면 ror을 3만큼 한 것과 같음
   sm5 ror  1        -- sm5을 1만큼 ror하면 ('1', '1', '0', '1')
   sm5 ror  3        -- sm5을 3만큼 ror하면 ('0', '1', '1', '1')
```

---

**예제 5-1**

다음을 비트(bit)로 환산하여 표현하시오.

① B "0011" sla 1 :
② B "1100" sra 1 :
③ B "1111" sll 1 :
④ B "1100" srl 4 :
⑤ B "1100" rol −1 :
⑥ B "1100" ror 1 :

---

### 5) 연결 연산자

연결 연산자(connection operators)는 원하는 새로운 형태의 1차원 배열을 만드는데, 편리한 기능을 제공하는 것이다. 즉, 말 그대로 논리값을 연결시키는 일을 하는 것인데, 표 5-5에서는 연결연산자의 표현을 나타내고 있다.

**표 5-5** 연결 연산자의 종류

| 연산자 | 의미 |
|---|---|
| & | 연결 연산자 |

예문 5-28에서는 연결 연산자가 쓰이는 VHDL 구문 예를 보여주고 있다. 예문의 2행에서 입력 A, B는 각각 "100"과 "010"의 내림차순 3bit라고 가정한다. 3행은 출력으로 내림차순 15개 bit의 출력을 내야 하는 것이다. 6행은 C를 상수로 선언하고, 3bit, "001"을 대입하도록 하고 있다.

8행에서는 process문이 시작되어 10행에서 연결 연산자가 쓰이고 있다. 즉 A, B, C, C와 "110"이 연결되도록 하고 있다. 결국 최상위 bit로부터 "100010001001110"의 15개 bit가 연결되어 출력하게 되는 것이다.

예문 5-28 **병행문의 활용**

```
1   entity con is
2     port(A, B : in unsigned(2 downto 0);     -- 입력 A : "100", 입력 B : "010"이라 가정
3            Y : out unsigned(14 downto 0); -- 출력 Y는 15bit
4   end con;
5   architecture cdma of con is
6       constant C : unsigned(2 downto 0) := "001" ;
                                             -- C를 상수로 선언하고, 3bit "001"
7   begin
8     process(A, B)
9       begin
10        Y <= A & B & C & C & "110" ;     -- 최상위 비트부터 "100", "010", "001",
11      end process;                        -- "001", "110"이 연결되어
12  end cdma;                               -- "100010001001110"이 출력
```

## 6) 부호 연산자

부호 연산자(sign operators)는 단일 요소의 연산자로써 연산자 오른쪽에만 숫자형의 피연산자를 갖는 것이다. 결과 값은 피연산자의 자료형과 같은 형을 갖게 된다. 이 부호 연산자를 사용할 때는 괄호를 이용하여 표현하는 것이 좋다. 표 5-6에서는 부호 연산자의 종류를 나타내고 있는데, +의 경우는 양수 또는 동일의 기능을 가지며, −는 음수 또는 부정의 기능을 갖는다.

**표 5-6** 부호 연산자의 종류

| 연산자 | 의미 |
|:---:|:---:|
| + | 양수(positive) 또는 동일(identity) |
| - | 음수(negative) 또는 부정(negation) |

이제 예문 5-29에서 부호 연산자가 쓰여지는 VHDL 구문을 살펴보자. 5행은 양수를 음수로 나누어 Y1에 대입하는 것이고, 6행은 음수 A와 B를 더하여 Y2에 대입하는 것이다. 7행은 양수 A에 음수 B를 곱하여 Y3에 대입하는 경우를 나타낸 것이다.

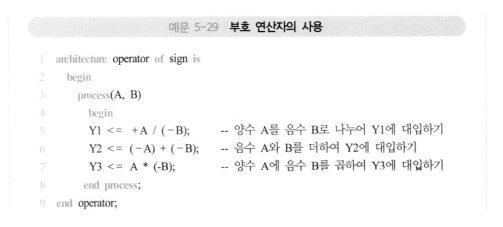

예문 5-29 **부호 연산자의 사용**

```
1  architecture operator of sign is
2    begin
3      process(A, B)
4        begin
5          Y1 <= +A / (-B);      -- 양수 A를 음수 B로 나누어 Y1에 대입하기
6          Y2 <= (-A) + (-B);    -- 음수 A와 B를 더하여 Y2에 대입하기
7          Y3 <= A * (-B);       -- 양수 A에 음수 B를 곱하여 Y3에 대입하기
8        end process;
9  end operator;
```

## 7) 연산자의 우선순위

지금까지 공부한 연산자의 우선순위(operators priority)를 살펴보자. 표 5-7에서는 연산자의 우선순위를 보여주고 있는데, 표의 위쪽에서 아래쪽으로 갈수록 우선 순위가 높아지게 되는 것이다. 기타 연산자, 곱셈 연산자, 부호 연산자, 덧셈 연산자, 순환 연산자, 관계 연산자, 논리 연산자의 순으로 연산의 순위가 낮아지게 되는 것이다.

**표 5-7** 연산자의 우선순위

| 구분 | 종류 | 우선 순위 |
|:---:|:---:|:---:|
| 논리 연산자 | and, or, nand, nor, xor, xnor | 7 |
| 관계 연산자 | =, /=, <=, >, >= | 6 |
| 시프트 연산자 | sll, srl, sla, sra, rol, ror | 5 |
| 덧셈 연산자 | +, -, & | 4 |
| 부호 | +, - | 3 |
| 곱셈 연산자 | *, /, mod, rem | 2 |
| 기타 연산자 | **, abs, not | 1 |

? 예제 5-2

A = '0', B = '1', C = '0', D = '1' 일 때 다음을 계산하시오.

① not A < B and C = D
② (not A and B) or (not C xor D)
③ not A < B and (C = D)

## 8) 연산자의 중복

계속해서 연산자의 중복 기능(operating overloading)에 대하여 살펴보자. 연산자의 중복이란 VHDL에서 유용하게 쓰이는 기능으로 어떤 표준 연산자의 기호가 피연산자의 자료형에 따라 다르게 동작할 때 연산자가 중복된다고 한다. 이렇게 다른 자료형으로 정의된 연산자를 중복 연산자라 하는데, 대부분의 중복 연산자는 IEEE_1164와 IEEE_1076.3의 표준에 정의되어 있으나, 정의되어 있지 않는 것 중에 사용하고 싶은 것이 있으면 사용자 정의 함수를 이용하여 중복 연산자를 만들어 사용할 수도 있다. VHDL은 열거형의 리터럴, 연산자, 함수 및 프로시저에 하나 이상의 중복 기능을 제공하고 있다.

예문 5-30에서는 '0'과 '1'에 대한 중복 기능이 부여된 경우를 보여주고 있으며, 예문 5-31은 함수 및 연산자에 중복 기능이 부여되는 경우를 나타낸 것이다. 1행과 2행을 보면 같은 함수 man에 대하여 정의한 것으로 자료형이 하나는 bit이고, 다른 하나는 multi_value_logic에 대한 것만 다르게 되어 있다. 이것은 man이라는 함수를 사용할 때 피연산자의 자료형은 bit도 되고, multi_value_logic도 허용됨을 의미한다. 3행과 4행에서도 "and"가 중복 기능을 갖게 되고 있음을 보여주고 있다.

---

예문 5-30 **'0', '1'의 중복 기능 부여**

```
type bit is ('0', '1');
type multi_value_logic is ('0', '1', 'X');
```

---

예문 5-31 **함수 및 연산자의 중복 기능 부여**

```
1   function man(A, B : bit) return bit;                        -- "man"은 중복기능
2   function man(A, B : multi_value_logic) return multi_value_logic ;
3   function "and"(A, B : bit) return bit;
4   function "and"(A, B : bit_vector) return bit_vector;        -- "and"는 중복기능
```

## 2 속성

### 1) 속성의 사용

속성(attribute)이란 자료형에 대한 동작이나 상태표현을 위한 특성을 말한다. 엔티티, 아키텍처, 자료형 및 신호와 같은 것에 대하여 정보를 제공하는 것이다.

예문 5-32에서는 많이 사용되는 속성의 예를 나타내고 있다. VHDL 구문의 1행은 밑의 속성의 예에서 ①, ②, ③의 예로 나타낼 수 있고, 속성′left는 가장 왼쪽의 값을 나타내는 것이며, 속성′low와 속성′high는 가장 낮은 값과 높은 값을 나타내는 것이다. 2행은 ④의 속성′right와 같이 가장 오른쪽의 값을 나타내는 것이다. 4행은 ⑤의 예로 표현할 수 있으며, range에 관한 속성이다. 이것은 제한되어 있는 객체의 범위를 나타내는 것이다. 7행의 event 속성은 합성과 모의실험에 모두 유용한 속성으로 clock이 변환되었는지를 결정하는 데 사용되는 것으로 ⑥의 예에서 보여주고 있다.

---

**예문 5-32  많이 사용되는 속성**

```
1   type index is integer range 1 to 30;
2   type state is (one, two, three, four);
3    subtype short_state is states range two to four;
4   signal byte : std_logic_vector (7 downto 0);
5   signal clk : bit;
```

속성의 예(※ 인용부호′ : tick로 발음)

① 속성 ′left : index′ left = 1          -- index의 가장 왼쪽의 값 '1'을 나타냄
② 속성 ′low : index′ low = 1          -- index의 가장 작은 값 '1'을 나타냄
③ 속성 ′high : index′ high = 30          -- index의 가장 큰 값 '30'을 나타냄
④ 속성 ′right : state′ right = four          -- state의 가장 오른쪽의 값 'four'를 나타냄
   속성 ′length : index′ length = 30          -- index의 길이가 '30'을 나타냄
⑤ 속성 ′range : byte′ range = (7 downto 0)          -- byte의 범위가 (7 downto 0)를 나타냄
⑥ 속성 ′event : clk′ event          -- clk의 event가 있을 때 'true'
   속성의 사용 : signal att : state ; att <= states′ right          -- att = four

---

**예제 5-3**

다음의 VHDL 코드에 대한 각 항의 값을 표현하시오.

signal bit_8 : std_logic_vector(7 downto 0);

① bit_8 left :                    ② bit_8 high :
③ bit_8 low :                    ④ bit_8 light :

## 2) 분해함수

마지막으로 분해함수(resolution function)에 대한 내용을 살펴보자. VHDL에서는 서로 다른 신호들이 같은 시간에 만나서 섞이는 것을 말한다. 이 때 신호의 값을 섞을 때, 어떤 규칙을 도표로 정의한 것이 있다. 이것이 바로 분해함수로써 하나의 신호에 여러 개의 소스(source)가 주어지는 경우, 하나의 값을 계산하는 함수를 분해함수라고 부르고 있다.

예문 5-33에서는 분해함수의 사용에 대한 VHDL의 구문을 보여주고 있는데, 이 구문을 그림 5-10로 바꾸어 생각할 수 있다. 그림 5-10(a)에서 신호 "a nand b"의 동작을 하는 NAND 논리의 출력과 "a or b" 동작을 나타내는 OR 논리 출력이 하나의 출력 신호 z에서 섞이어 충돌을 일으키게 되어 있다. 이때 출력 y_out에서는 두 값이 충돌하기 때문에 어떤 출력이 나올지 알 수가 없을 것이다. 이런 경우 그림 5-10(b)와 같이 분해함수를 이용하여 출력 y_out의 값을 계산할 수 있을 것이다.

---

### 예문 5-33  분해함수의 활용

```
architecture comb_logic of resol is
   begin
      y_out <= a or b;
      y_out <= a nand b;
end comb_logic;
```

---

분해 함수를 계산하는 데는 진리표를 이용하고 있다. 표 5-8에서는 다중 구동신호를 분해한 진리표를 나타내고 있는데, 두 개의 신호가 같은 경우는 같은 값을 출력으로 주고, 다른 경우는 미지의 값 X를 출력하도록 하였다. 이는 시뮬레이션 과정에 유용한 정보를 주게 될 것이다.

앞에서 자료형을 공부할 때, std_ulogic과 std_logic을 살펴본 바 있다. 이 중에서 std_

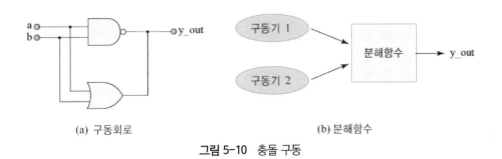

(a) 구동회로          (b) 분해함수

그림 5-10  충돌 구동

logic이 분해함수를 사용할 수 있도록 되어 있다. 이에 대한 분해함수의 진리표를 나타낸 것이 표 5-9이다. 그림 5-10(b)와 비교하여 생각해 보면, 구동기 1의 값이 논리 '1'이고, 구동기 2의 값이 'U'라 하면, 분해된 결과 값은 'U'라는 뜻이다. 마찬가지로 구동기 1의 값이 논리 '1'이고, 구동기 2의 값이 'Z'라면 분해된 결과 값은 '1'이 되는 것이다. 이것은 한쪽의 출력이 '1'인 경우, 하나의 출력선에서 충돌하였을 때, 그 결과가 '1'이 되고 있음을 보여주는 것이다.

**표 5-8  분해함수의 진리표**

| a | b | a nand b | a or b | y_out |
|---|---|---|---|---|
| 0 | 0 | 1 | 0 | x |
| 0 | 1 | 1 | 1 | 1 |
| 1 | 0 | 1 | 1 | 1 |
| 1 | 1 | 0 | 1 | x |

**표 5-9  std_logic의 분해함수에 대한 진리표**

|  | U | X | O | 1 | Z | W | L | H | – |
|---|---|---|---|---|---|---|---|---|---|
| U | 'U' | 'U' | 'U' | 'U' | 'U' | 'U' | 'U' | 'U' | 'U' |
| X | 'U' | 'X' | 'X' | 'X' | 'X' | 'X' | 'X' | 'X' | 'X' |
| O | 'U' | 'X' | 'O' | 'X' | 'O' | 'O' | 'O' | 'O' | 'X' |
| 1 | 'U' | 'X' | 'X' | '1' | '1' | '1' | '1' | '1' | 'X' |
| Z | 'U' | 'X' | 'O' | '1' | 'Z' | 'W' | 'L' | 'H' | 'X' |
| W | 'U' | 'X' | 'O' | '1' | 'W' | 'W' | 'W' | 'W' | 'X' |
| L | 'U' | 'X' | 'O' | '1' | 'L' | 'W' | 'L' | 'W' | 'X' |
| H | 'U' | 'X' | 'O' | '1' | 'H' | 'W' | 'W' | 'H' | 'X' |
| – | 'U' | 'X' | 'X' | 'X' | 'X' | 'X' | 'X' | 'X' | 'X' |

## 자기학습문제

다음 물음에 적절한 답을 고르시오.

01  VHDL에서 쓰이는 문장 중 상수, 자료형 및 객체 등을 정의할 때 사용하는 것은?

① 선언문          ② 병행문          ③ 순차문          ④ 변수문


02  다음 중 VHDL 구문이 쓰여지는 순서와 무관하게 수행되는 문장은?

① 순차문          ② 병행문          ③ 선언문          ④ 신호문


03  다음 VHDL에 쓰이는 객체(objects)가 아닌 것은?

① 신호(signal)    ② 상수(constant)   ③ 함수(function)   ④ 변수(variable)


04  다음 객체 중 정보의 통로 역할을 하는 것은?

① 상수            ② 함수            ③ 변수            ④ 신호


05  VHDL에서 프로세스, 부프로그램에만 쓰이는 객체는?

① 상수            ② 변수            ③ 상수            ④ 신호


06  다음과 같은 객체 선언의 설명으로 틀린 것은?

| signal a, b : bit; |
| --- |

① a, b는 객체 이름               ② 객체의 종류는 신호
③ 연산의 중간 단계로 사용         ④ '0', '1' 두 값만 사용

**07** 다음 중 관계 연산자의 의미가 다른 것은?

① / = : 같지 않다.        ② < : 왼쪽이 작다.

③ <= : 왼쪽이 크거나 같다.    ④ > : 왼쪽이 크다.

**08** 다음 중 연산자의 우선 순위가 가장 높은 것은?

① 곱셈 연산자     ② 덧셈 연산자     ③ 관계 연산자     ④ 논리 연산자

**09** 다음 자료형의 선언에서 속성 "day´ high"를 나타낸 것은?

> type day is (<u>sun</u>, mon, <u>tue</u>, wed, <u>thu</u>, fri, <u>sat</u>)
>               ①            ②            ③           ④

**10** 다음 객체 선언에서 속성 "word´ range"를 나타낸 것은?

> <u>signal</u>  <u>word</u> : <u>std logic vector</u> (<u>7 downto 0</u>);
>   ①    ②        ③         ④

**11** 다음은 순환 연산자(shift operators)를 사용하기 위한 객체의 선언문이다. "M5 sll 3"의 연산결과로 맞는 것은?

> variable M5 : bit_vector (3 downto 0) := ('1', '0', '1', '1')

① '1', '0', '0', '0'                  ② '0', '1', '0', '0'

③ '0', '0', '1', '0'                  ④ '0', '0', '0', '1'

**12** 다음 중 VHDL에서 쓰이는 자료형의 특징을 잘못 기술한 것은?

① 정수형 : 기본적인 산술 연산자에 대하여 지원

② 비트형 : 기본적인 산술지원이 가능

③ std_ulogic형 : 미지상태, 3상태 등 여러 로직의 구현이 가능

④ std_logic형 : 3상태, 연결논리 등의 표현이 가능

13  다음 (  ) 속의 용어가 맞는 것은?

> 자료형 중 복합형은 여러 가지 값을 갖는 것을 말하며, ( ⓐ )과 ( ⓑ ) 두 가지로 분류할
> 수 있다.

① ⓐ 레코드형 ⓑ 배열형          ② ⓐ 배열형 ⓑ 물리형
③ ⓐ 레코드형 ⓑ 문자형          ④ ⓐ 정수형 ⓑ 실수형


14  다음은 관계 연산자를 나타내기 위한 객체의 선언문이다. 설명이 옳은 것은?

> ```
> variable M1 : real := 100.0;
> variable M2 : bit_vector (3 downto 0) := (‘0’, ‘0’, ‘0’, ‘0’)
> ```

① M1 /= 432.5              -- M1과 432.5는 같지 않다.
② M2 /= (‘1’, ‘0’, ‘0’, ‘0’)      -- M2와 오른쪽은 같다.
③ M1 >= 100.0             -- M1이 100.0보다 작거나 같다.
④ M1 < 42.54              -- M1이 42.54보다 크다.


15  다음은 VHDL에서 속성을 나타내기 위한 자료형의 선언문이다. “속성′ low”의 값은?

> ```
> type index is range 0 to 10;
> type word is bit_vector(3 downto 1);
> ```

① 3              ② bit_vector          ③ 0              ④ 10


16  다음 객체 선언문에서 2bit의 a와 3bit의 b를 더하여 4bit의 sum에 대입하기 위한 연산결
과로 맞는 것은?

> ```
> signal a : std_logic_vector(1 downto 0);
> signal b : std_logic_vector(2 downto 0);
> signal sum : std_logic_vector(3 downto 0);
>          sum <= (                    );
> ```

① “0000” & a + ‘0’          ② “000” & a + ‘0’ & b
③ “00” & a + ‘0’ & b        ④ ‘0’ & a + ‘0’ & b

17　다음 회로에 대한 VHDL 구문의 아키텍처 몸체를 작성하고자 할 때, ( ) 속에 알맞은 예약어는? (단, 엔티티 이름은 system이다)

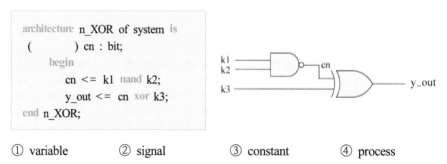

```
architecture n_XOR of system is
  (        ) cn : bit;
    begin
        cn <= k1 nand k2;
        y_out <= cn xor k3;
end n_XOR;
```

① variable　　　② signal　　　③ constant　　　④ process

18　다음 회로에 대한 VHDL 구문의 아키텍처 몸체를 작성하고자 할 때, ( ) 속에 알맞은 예약어는? (단, 엔티티 이름은 sys_and이다)

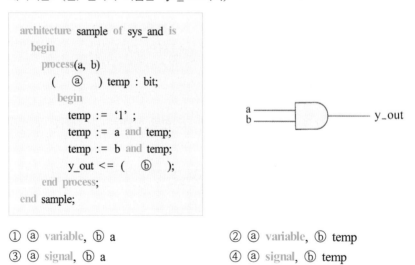

```
architecture sample of sys_and is
  begin
    process(a, b)
      (   ⓐ   ) temp : bit;
      begin
        temp := '1' ;
        temp := a and temp;
        temp := b and temp;
        y_out <= (   ⓑ   );
    end process;
end sample;
```

① ⓐ variable, ⓑ a　　　　　　② ⓐ variable, ⓑ temp
③ ⓐ signal, ⓑ a　　　　　　④ ⓐ signal, ⓑ temp

19　−120에서 120까지 정수형을 정의하여 자료로 선언하고자 할 때, ( ) 속에 알맞은 말은?

```
type byte is ( ⓐ ) − 120 ( ⓑ ) 120
  variable a : byte;
  signal b, c : byte;
```

① ⓐ with, ⓑ for　　　　　　② ⓐ range, ⓑ for
③ ⓐ downto, ⓑ to　　　　　④ ⓐ range, ⓑ to

20 다음 회로에 대한 VHDL 구문의 아키텍처 몸체를 작성하고자 할 때, ( ⓐ ), ( ⓑ ) 속에 알맞은 예약어는? (단, 엔티티 이름은 full_adder이다)

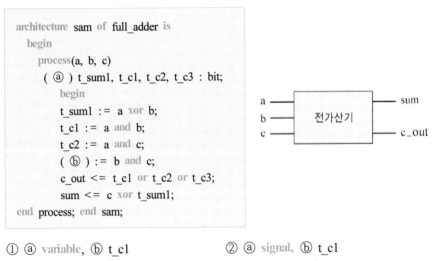

```
architecture sam of full_adder is
  begin
    process(a, b, c)
    ( ⓐ ) t_sum1, t_c1, t_c2, t_c3 : bit;
      begin
      t_sum1 := a xor b;
      t_c1 := a and b;
      t_c2 := a and c;
      ( ⓑ ) := b and c;
      c_out <= t_c1 or t_c2 or t_c3;
      sum <= c xor t_sum1;
end process; end sam;
```

① ⓐ variable, ⓑ t_c1
② ⓐ signal, ⓑ t_c1
③ ⓐ signal, ⓑ t_c3
④ ⓐ variable, ⓑ t_c3

연 구 문 제

01 VHDL 구문에서 사용하는 객체(objects)의 종류를 들고 그 특징을 간략히 설명하시오.

02 VHDL 구문에서 사용하는 문장(statements)의 종류를 들고 그 특징을 간략히 설명하시오.

03 VHDL 구문에서 사용하는 미리 정의된 자료형(data type)의 종류를 기술하시오.

04 VHDL에서 쓰이는 길이에 대하여 Å, 10 Å, 1000 nm, 1000 $\mu$m까지 자료형을 선언하고
자 한다. VHDL 구문을 완성하시오.

05 std_logic과 std_ulogic의 차이점은 무엇인가?

06 VHDL 구문에서 사용하는 연산자(operators)의 종류를 들고 그 특징을 간략히 설명하시오.

07 다음은 VHDL에서 쓰이는 속성(attributes)을 표현하기 위하여 자료형을 선언한 것이다.
주어진 속성의 의미를 (   ) 속에 기술하시오.

```
type  day  is  (sun, mon, tue, wed, thu, fri, sat);
signal  clk  :bit;
type  index  is  range  0  to  20;
type  word  is  array  (10  downto  0)  of  std_logic;
signal  word  : std_logic_vector(15  downto  0);
subtype  weekday  is  day  range  mon  to  fri;
```

(1) day´ left : (                                                                )
    day´ right : (                                                               )
    weekday´ left : (                                                            )
    index´ left : (                                                               )
(2) day´ high : (                                                                )
    index´ low : (                                                               )
(3) word´ range : (                                                             )
    clk´ event : (                                                               )


08 순환 연산자의 종류와 의미를 기술하시오.

_____

_____

_____

_____


09 연산자의 우선 순위를 설명하시오.

_____

_____

_____

_____

10  다음은 VHDL에서 쓰이는 순환 연산자를 표현하기 위하여 variable를 선언한 것이다. 다음을 계산하여 bit로 표현하시오.

variable sm5 : bit_vector(3 downto 0) : = ('1', '0', '1', '1')

(1) sm5 sll 1    -- sm5을 1만큼 sll하면 ( 0110 )
(2) sm5 srl 3    -- sm5을 3만큼 srl하면 ( 0001 )
(3) sm5 sla 3    -- sm5을 3만큼 sla하면 ( 1111 )
(4) sm5 sra 1    -- sm5을 1만큼 sra하면 ( 1101 )
(5) sm5 rol 1    -- sm5을 1만큼 rol하면 ( 0111 )

# 6

Code of VHDL

# VHDL의 표현

## 프로세스문

### 1 프로세스문의 구조

프로세스(process)문은 동작적 표현방식의 하나로 하드웨어 시스템을 모듈별로 기술하는데 편리한 방식이다. 일반적으로 디지털시스템은 모듈로 구성되어 있고, 각각의 모듈은 병행처리하면서 상호간의 통신을 통하여 동작을 유지하게 되는 것으로 이러한 모듈 단위의 병행처리를 각 process문이 담당할 수 있는 것이다. 이 process문은 각 모듈의 병행처리를 담당하면서 그 내부는 순차처리를 하므로 복잡한 알고리즘의 모듈을 보다 쉽게 구현할 수 있으며, 각 모듈 간의 통신을 원활히 할 수 있는 구문이다.

형식 3-1에서는 process문의 일반적인 형식을 보여주고 있는데, 여기서 프로세스_레이블(process_label)은 VHDL 구문의 이해를 돕기 위하여 선택적으로 표현하며 그 구문의 기능을 쉽게 이해할 수 있도록 한 것이다. 감지신호는 입력신호에 대한 단자의 이름을 기술하는데, (  )안에 기술된 신호의 변화 여부에 따라 프로세스문의 내부가 순차적으로 수행하도록 하는 기능을 갖는 것이다.

**형식 6-1**

프로세스문의 일반적인 구조

```
[프로세스_레이블] process [(감지 신호)]
              {선언문}
              begin
              {순차문}
        end process [프로세스_레이블];
```

선언문에는 변수 혹은 상수 등이 사용되며, 순차문은 구문이 기술된 순서대로 실행이 되는 것이다.

예문 6-1에서는 그림 6-1의 2×1MUX에 대한 프로세스문의 구성을 나타낸 것이다. VHDL 구문의 7행에서는 감지신호가 a, b, sel인 process문을 시작하고 있다. 감지신호는 기술된 신호 중 어느 하나라도 값의 변화가 있으면, 9행에서 11행까지의 프로세스문을 수행하도록 하는 것이다. 출력 y_out에 입력 a가 할당된 후, 조건 sel의 값에 따라 '1'이면, 출력 y_out에 입력 b가 할당되므로 동작이 종료가 되는 것이다.

여기서 process문 내부는 반드시 선언된 순서대로 실행이 되어야 하는 순차문으로 구성되어야 한다.

예문 6-1 **멀티플렉서**

```
1   entity mux21 is
2       port(a, b, sel : in std_logic;
3                y_out : out std_logic);
4   end mux21;
5   architecture sample of mux21 is
6       begin
7       mux_exam : process(a,b,sel)
8         begin
9             y_out <= a;
10            if (sel = '1') then y_out <= b;
11            end if;
12      end process mux_exam;
13  end sample;
```

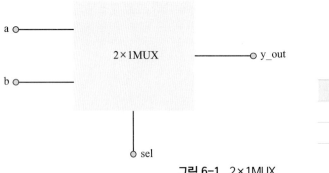

| sel | y_out |
|-----|-------|
| 0   | a     |
| 1   | b     |

**그림 6-1** 2×1MUX

## 2 프로세스문에 사용되는 문장

### 1) 대기문

프로세스문에 사용되는 문장에는 여러 가지가 있는데, 먼저 대기문(wait statement)에 대하여 살펴보자. 대기문은 주로 프로세스문을 잠시 대기하기 위한 문장으로 앞서 살펴본 바와 같이 process문에 감지신호가 있는 경우, 감지신호의 변화가 있을 때까지 process문을 대기하고 있다가 감지신호의 변화가 있으면 process문이 동작하는 것이다.

그러나 process문에 감지신호가 없는 경우, 대기문을 사용하여 process의 동작과 정지를 제어해야 한다.

예문 6-2에서는 여러 가지 대기문의 형식을 보여주고 있다. 제1행의 wait for 10ns는 10ns 동안 기다린 후, 다음 문장을 수행하라는 것이고, 제2행의 wait until clk = '1' 문은 clk이 '1'이 되면 다음 문장을 수행하는 것이며, 제3행의 wait on a, b는 신호의 변화가 있을 때까지 대기하도록 하는 데 쓰이는 문장이다. 마지막으로 무조건 대기하라는 의미가 있는 wait문이 있다.

예문 6-3에서는 지금까지 살펴본, 대기문이 복합적으로 사용될 수 있음을 보여 주고 있다.

---

### 예문 6-2 대기문

```
1  wait for 10ns;          -- 10ns 동안 기다린 후, 다음 문장 수행
2  wait until clk = '1' ;  -- clk의 상승이 있은 후, 다음 문장 수행
3  wait on a, b;           -- a, b 신호에 변화가 있으면 다음 문장 수행
4  wait;                   -- 무조건 대기
```

### 예문 6-3 복합적인 대기문

```
1  wait on a, b until clk = '1' ;           -- a, b의 변화가 있고, clk이 '1'이 될 때
                                               까지 대기
2  wait on a, b until clk = '1' for 10ns;   -- a, b의 변화가 있고, clk이 '1'이 될 때
                                               까지 대기하되 10ns만 대기
```

---

예문 6-4는 대기문의 활용을 보여주고 있는데, 3행은 프로세스에서 감지신호가 나열되고 있지 않으나, 5행에서 wait on 대기문을 기술하고 있다. 즉, 프로세스의 감지신호가 없는 대신, 대기문에서 a, b 신호의 변화가 있을 때까지 대기한 후, 변화가 있으면 다음 문장인 a and b의 결과를 출력 y_out에 대입하도록 하고 있다.

```
1   architecture sample of and2 is
2     begin
3       process                    -- 프로세스에 감지신호가 없는 대신
4         begin
5         wait on a, b;            -- 대기문을 사용
6           y_out <= a and b;
7       end process;
8   end sample;
```

## 2) 조건문

이제 조건문(conditional statement)에 관하여 살펴보자. 조건문에는 if문, case문, loop문, exit문, next문, null문, return문 등이 있다. 먼저 if문을 살펴보자. 형식 6-2에서는 if문의 종류를 보여주고 있는데, 일반적인 if문, 다중 if문 및 기억소자가 내포된 if문 등이 그것이다.

일반적인 if문은 조건이 두 개로 제한되는 경우, 조건 1이 참이면 문장 1을 수행하고, 조건 2가 침이면 문징 2를 수행하라는 것이다.

다중 if문은 조건이 여러 개 즉, 다중 조건인 경우로서 주어진 조건의 if문을 순차적으로 처리하는 것이다.

마지막으로 기억소자가 내포된 if문으로 이것은 if문 중에 else를 포함하지 않는 경우인데, 이 경우는 과거의 상태가 유지되도록 한다. 즉, 기억상태가 되는 것이다.

---

**형식 6-2**

if문의 종류

① 일반적 if문
```
if (조건) then          -- (조건)이 참이면
    {문장1};            -- {문장1}을 수행
    else               -- 그렇지 않으면
    {문장2};            -- {문장2}를 수행
end if;
```

② 다중 if문
```
if (조건1) then         -- (조건1)이 참이면
    {문장1};            -- {문장1}을 수행
elsif (조건2) then      -- (조건1)이 거짓이고 (조건2)가 참이면
    {문장2};            -- {문장2}를 수행
```

(계속)

```
              :
              :
  else                        -- 모두가 참이 아니면
      {문장 n};               -- {문장n}을 수행
  end if;
③ 기억소자가 내포된 if문
  if (조건) then               -- (조건)을 만족하면 {문장}을
      {문장};                  -- 수행하고 그렇지 않으면
  end if;                      -- 과거상태를 유지(기억), else가 없음
```

일반적인 if문에 대한 사용 예를 예문 6-5에서 보여주고 있다. if문은 멀티플렉서의 원리를 이용하여 등가적으로 표현하면 쉽게 이해할 수 있는데, 그림 6-2의 간단한 조합논리회로에서 그림의 우측에 있는 멀티플렉서의 선택단자 c에 if의 조건이 참('1')이면, OR 게이트의 출력 값이 MUX의 출력 y_out에 전달되고, if의 조건이 참이 아니면, MUX의 0 입력 단자인 AND 게이트의 값이 출력 y_out에 전달이 되는 것이다. 이것을 VHDL 구문으로 표현하여 보자. VHDL 구문의 3행에서 10행까지 감지신호가 a, b, c인 process문이 선언되었으며, 이 process문 내부 즉, 5행에서 9행까지 일반적인 if문이 순차 처리되도록 기술되어 있다. 우선, c의 조건이 '1'이면 a nand b의 값이 출력 y_out에 대입하고, '0'이면 a or b의 값을 출력 y_out에 대입하는 것이다.

예문 6-5  **일반적 if문의 활용**

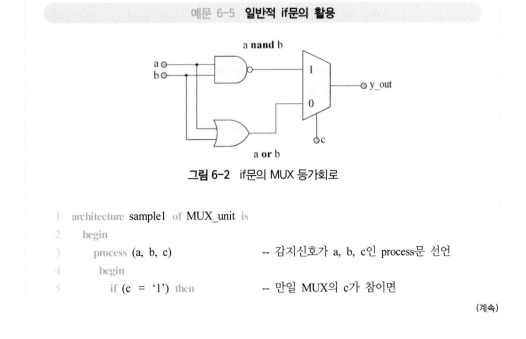

그림 6-2  if문의 MUX 등가회로

```
1   architecture sample1 of MUX_unit is
2     begin
3       process (a, b, c)            -- 감지신호가 a, b, c인 process문 선언
4         begin
5           if (c = '1') then        -- 만일 MUX의 c가 참이면
```

(계속)

```
6              y_out <= a nand b;           -- a nand b를 y_out에 대입
7          else                             -- 만일 c가 참이 아니면
8              y_out <= a or b;             -- a or b를 y_out에 대입
9          end if;
10      end process;
11  end sample1;
```

이제 조건이 여러 개인 경우를 살펴보자. 조건이 여러 개인 경우, 다중 if문으로 표현하여 시스템을 설계할 수 있다. 이러한 다중 if문의 경우에도 MUX의 원리를 적용하여 쉽게 이해할 수 있을 것이다. 예문 6-6의 그림 6-3에서는 두 개의 MUX를 포함한 간단한 조합논리회로와 VHDL 구문을 보여주고 있는데, 5행에서 11행까지는 여러 개의 조건에 따라 다중 if문이 순차 처리되고 있음을 보여주고 있다. if문의 조건을 조사하여 참이면 then 이하의 문장을 수행하고, 참이 아니면 elsif문의 조건을 다시 검사하여 참이면 then 이하의 문장을 차례로 수행하는 과정을 거치게 되는 것이다. 5행, 6행까지 MUX의 제어신호 s1이 참이면, a nand b를 출력 y_out에 전달하고, 7행, 8행과 같이 s1이 참이 아니고, s0가 참이면, a or b를 출력 y_out에 전달하며, 9행, 10행과 같이 위의 두 조건이 모두 아니면, a xor b를 출력 y_out에 대입하고 끝내는 것이다.

### 예문 6-6  다중 if문의 활용

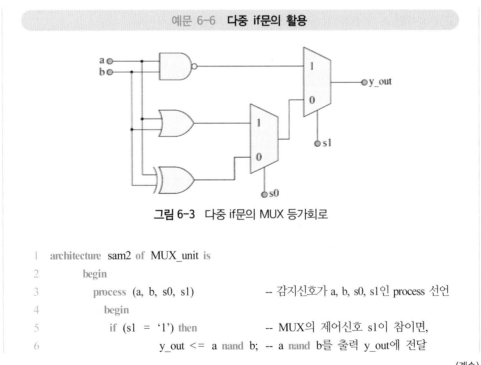

그림 6-3  다중 if문의 MUX 등가회로

```
1  architecture  sam2  of  MUX_unit  is
2      begin
3          process  (a, b, s0, s1)          -- 감지신호가 a, b, s0, s1인 process 선언
4              begin
5              if  (s1  =  '1')  then        -- MUX의 제어신호 s1이 참이면,
6                  y_out <= a nand b;  -- a nand b를 출력 y_out에 전달
```

(계속)

```
7              elsif (s0  =  '1')  then        -- s1이 참이 아니고, s0가 참이면,
8                     y_out <=  a  or b;        -- a or b를 출력 y_out에 전달
9              else                              -- 위의 두 조건이 모두 아니면,
10                    y_out <=  a  xor b ;      -- a xor b를 출력 y_out에 전달
11            end if;
12         end process;
13   end sam2;
```

이제 if문의 마지막으로 else문이 없는 if문에 대한 구문을 살펴보자. else문이 없는 if문에서는 조건이 거짓일 경우에 수행되어야 하는 else가 없으므로 else에 해당하는 출력은 이전의 출력 값을 그대로 유지하게 된다.

따라서 출력은 조건이 거짓일 때, 이전의 출력 값을 가져야 하므로 VHDL 합성시에는 기억소자의 역할을 하게 되는 것이다.

예문 6-7의 그림 6-4에서는 clk의 상승 영역에서 동작하는 D flip-flop과 MUX 등 가회로, VHDL 구문을 보여주고 있는데, 등가 표현의 MUX 회로에서 clk의 상승 영역의 짧은 순간에서 MUX의 '1' 입력 단자인 신호 d가 출력 q로 연결되며, 그 외의 기간에는 출력 q가 유지되기 위해서 출력은 MUX의 '0' 입력 단자로 귀환되어 전 상태가 유지되는 것이다. 그림 밑에는 이 회로를 VHDL 구문으로 설계한 것을 나타내고 있는데, 3행에서는 감지신호인 clk의 변화가 있을 때, 동작하는 process문이 선언되어 있다. 이 process문에서 감지신호가 clk만 표시되어 있는 것은 clk이 상승하는 순간에만 process가 동작하고, 이외는 동작이 정지되는 이유에서이다. 5행에서는 clk의 상승 영역의 조건을 제시하는 if문장을 보여주고 있는데, 여기서는 event 속성을 사용하였다.

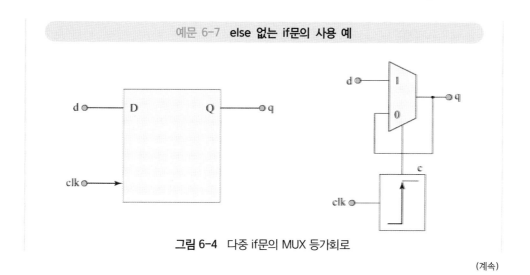

예문 6-7  **else 없는 if문의 사용 예**

그림 6-4  다중 if문의 MUX 등가회로

(계속)

```
1   architecture  sam3  of  MUX_unit is
2      begin
3         process (clk)                          -- clk의 변화가 있을 때, process
                                                     가 동작
4            begin
5               if clk´ event and clk = '1' then  -- event 속성이 참이면,
6                   q <= d;                        -- d를 q에 대입
7               end if;                            -- else문이 없으므로 기억상태
8            end process;
9   end sam3;
```

clk이 상승 영역일 때, 입력 d의 신호가 출력 q에 전달이 되며, 그렇지 않으면 과거의 값을 유지하게 되는 것이다.

**예제 6-1**

다음에 주어지는 2-입력 AND 게이트에 대한 등가의 아키텍처 구문을 완성하시오.

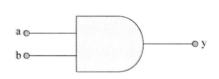

| a | b | y |
|---|---|---|
| 0 | 0 | 0 |
| 0 | 1 | 0 |
| 1 | 0 | 0 |
| 1 | 1 | 1 |

```
entity
library  IEEE;
use IEEE.std_logic_1164.all;
entity  AND2 is
   port (a, b : in std_logic;
           y : out std_logic);
end AND2;
```

(1) architecture 구문 1
```
architecture  data_flow of AND2 is
   begin
      y <= a and b;
end data_flow;
```

(계속)

(2) architecture 구문 2

```
architecture behav_flow of AND2 is
  begin
    process(a, b)
      begin
        if a = '1' and b = '1' then
          y <= '1';
        else
          y <= '0';
        end if;
    end process;
end behav_flow;
```

## 3) case~when문

case문(case statement)은 조건에 따라 문장을 선택하는 if문과는 달리, 수식의 값에 따라 문장을 선택하는 조건문인데, 이 case~when문에 쓰이는 수식의 값은 정수형, bit나 std_logic 등과 같은 열거형의 자료형이 주로 사용된다. 그림 6-5에서는 case~when문을 나타내기 위하여 MUX로 등가표현한 것, 즉 MUX의 제어단자인 sel의 수식 값에 따라 입력 d(0), d(1), d(2), d(3) 중 어느 하나가 출력 y에 전달되는 것이다. case~when문을 이용한 VHDL 구문을 살펴보면 수식의 값이 when의 값과 일치하면 그 문장을 수행하고, 그렇지 않으면 다음 when의 값을 비교하여 참이면 그 문장을 수행하도록 하는 것이다.

예문 6-8  **case~when문의 활용**

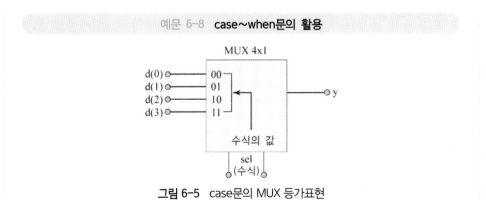

**그림 6-5**  case문의 MUX 등가표현

(계속)

```
case sel is                    -- sel값을 조사하여
    when "00"  =>              -- sel값이 "00"이면
        y <=  d(0);           -- y <=  d(0) 문장을 수행하고
    when "01"  =>             -- sel값이 "0"이면
        y <=  d(1);           -- y <=  d(1) 문장을 수행하고
    when "10"  =>             -- sel값이 "10"이면
        y <=  d(2);           -- y <=  d(2) 문장을 수행하고
    when others  =>           -- sel값이 기타이면
        y <=  d(3);           -- y <=  d(3) 문장을 수행
end case;
```

sel의 값이 "00"이면, d(0)의 값을 출력 y에 대입하는 문장을 수행하고, "01"이면 d(1)의 값을 y에 대입하는 문장을 수행하게 되는 것이다. case~when문도 조건이 나열된 순서에 의하여 순차적으로 처리하는 순차처리문의 일종이다.

### 예제 6-2

다음에 주어지는 2입력 OR 게이트에 대한 등가의 아키텍처 구문을 완성하시오.

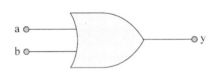

| a | b | y |
|---|---|---|
| 0 | 0 | 0 |
| 0 | 1 | 1 |
| 1 | 0 | 1 |
| 1 | 1 | 1 |

```
entity
library  IEEE;
use  IEEE.std_logic_1164.all;
entity  OR2 is
    port  (a, b : in  std_logic;
              y : out  std_logic);
end  OR2;
```

(1) architecture 구문 1
```
architecture  data_flow  of  OR2  is
    begin
        y <=  a  or  b;
end  data_flow;
```

(계속)

(2) architecture 구문 2

```
architecture behav_flow of OR2 is
  begin
    process(a, b)

    begin
      if a = '1' or b = '1' then
        y <= '1';
      else
        y <= '0';
      end if;

    end process;
end behav_flow;
```

계속해서 case문과 관련한 예문을 살펴보자. 그림 6-6에서는 case문을 활용하기 위한 등가의 MUX 회로를 나타내었으며, 예문 6-9에서는 그림 6-6의 간단한 조합논리회로를 VHDL로 설계한 것이다. 5행에서 10행까지는 case문이 선언된 것이다. 즉 s의 조건이 "00"이면, "a or b"를 y_out에 연결하고, 조건이 "01"이면 "a nand b"를 y_out에 대입하게 하는 문장을 수행하게 된다. 조건이 "10"이면 "a xor b"를 y_out에 연결하며, 기타 조건이면 "a and b"를 y_out에 대입하는 문장을 수행하게 된다.

예문 6-9  **case문을 이용한 조합논리회로 설계**

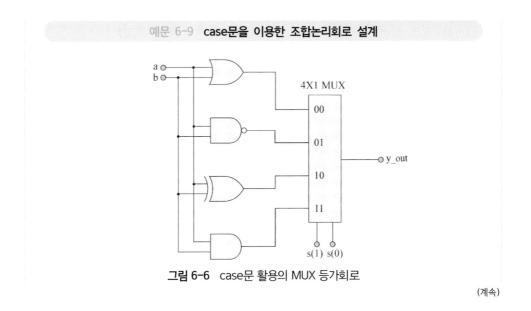

그림 6-6  case문 활용의 MUX 등가회로

(계속)

```
1   architecture sam4 of MUX_unit is
2     begin
3   process (s, a, b)                          -- 감지신호가 s, a, b인 process 선언
4     begin
5     case s is                                -- case문 선언
6       when "00" => y_out <= a or b;          -- 조건이 "00"이면 "a or b"를 y_out에 연결
7       when "01" => y_out <= a nand b;        -- 조건이 "01"이면 "a nand b"를 y_out에
                                                  연결
8       when "10" => y_out <= a xor b;         -- 조건이 "10"이면 "a xor b"를 y_out에 연결
9       when others => y_out <= a and b;       -- 기타 조건이면 "a and b"를 y_out에 연결
10      end case;
11    end process;
12  end sam4;
```

### 4) loop문

다음은 loop문이다. loop문(loop statement)은 어떤 조건이 만족할 때까지 반복 처리하기 위한 문장으로 종류로는 for~loop문, while~loop문 및 단순 loop문 등 세 가지의 종류가 쓰여지고 있다. 형식 6-4에서는 loop문의 형식을 보여주고 있는데, 먼저 for~loop문은 loop의 변수가 하나씩 증가하거나 감소하면서 최종 값에 도달할 때까지 loop문에 둘러싸인 순차처리문을 반복 수행하게 되는 것이다. 여기서 loop 변수는 어떠한 객체로도 선언되지 않아야 한다. 또 변수범위는 loop 변수가 하나씩 감소하는 경우는 downto를 사용하며, 1씩 증가하는 경우는 to를 사용하여 변수범위를 정의할 수 있다.

**형식 6-4**

loop문의 형식

① for~loop문
    [레이블] : for (루프변수) in (변수범위) loop
        {순차처리문};          -- (변수범위 : downto 혹은 to)만
                         큼 반복 수행
        end loop [레이블]
② while~loop문
    [레이블] : while (조건) loop
        {순차처리문};          -- (조건)이 참일 때까지 반복 수행
        end loop [레이블]
③ 단순 loop문
    [레이블] : loop
        {순차처리문};          -- 무한 반복 수행, loop을 나오기
                         위해
        end loop [레이블]     -- exit문이 필요

두 번째는 while~loop문이다. 이것은 조건이 참이면, loop에 둘러싸인 순차처리문을 반복 수행하게 하는 것이다. 여기서 조건이 명확하게 정의되어야 올바른 논리적 합성의 결과를 얻을 수 있다.

세 번째의 단순 loop문은 무한히 반복하는 경우에 쓰여진다. 이 경우는 loop문을 빠져 나오기 위해서 exit문이 필요하게 되는데, 이 경우도 반복횟수가 정의되지 않으면, VHDL의 논리합성이 되지 않기 때문에 주의가 필요하다. 이 loop문은 loop문 내의 여러 loop문을 포함하는 다중 loop문을 만들 수 있다.

이제 for~loop문을 이용하여 decoder 회로를 설계하여 보자. 디코더 회로는 n개의 입력으로 $2^n$개의 출력 조합을 만들어 내는 회로를 말하는데, 예문 6-10의 그림 6-7에서는 입력이 2개이고, 출력이 4개인 2×4 decoder와 그 진리표를 보여주고 있다.

VHDL 구문의 5행에서 7행까지가 loop1 레이블의 for~loop문 VHDL 구문으로 5행에서 변수가 k이고, 변수범위가 "3 downto 0" 즉, 4bit 내림차순의 반복 수행을 정의하고 있다. 6행의 의미는 "a = k"의 결과 논리 값 '0' 혹은 '1'을 y(k)에 대입하라는 것이다. 즉 변수 k가 2일 때 a가 2이면 "a = k"의 논리 값으로 y(2)가 논리 '1'이 되어야 한다는 것이다.

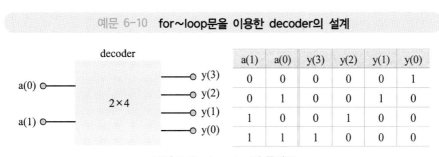

예문 6-10 **for~loop문을 이용한 decoder의 설계**

| a(1) | a(0) | y(3) | y(2) | y(1) | y(0) |
|------|------|------|------|------|------|
| 0 | 0 | 0 | 0 | 0 | 1 |
| 0 | 1 | 0 | 0 | 1 | 0 |
| 1 | 0 | 0 | 1 | 0 | 0 |
| 1 | 1 | 1 | 0 | 0 | 0 |

**그림 6-7** decoder 및 동작표

```
1   architecture  sam5  of  decoder  is
2     begin
3       process  (a)                    -- 감지신호 a인 프로세스 선언
4         begin
5   loop1 : for  k  in  3  downto  0  loop    -- 변수가 k, 변수범위(3 downto 0)만큼 반복
6                   y(k) <= (a = k);
7           end loop  loop1;
8       end process;
9   end  sam5;
```

**? 예제 6-3**

홀수 패리티 체크(odd parity check) 회로를 설계하시오.

패리티(parity)는 2진 정보를 전송할 때 발생하는 오류를 검사하기 위해서 사용된다. 홀수 패리티 검사기(odd parity check)는 전송된 8비트의 2진 자료 중에서 '1'의 개수를 세어서 홀수이면 '1'을 아니면 '0'을 출력하는 회로이다. 그림에서는 (a) 기호와 (b) 진리표를 보여주고 있다.

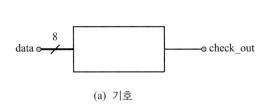

| data | check_out |
|------|-----------|
| 0 0 0 0 0 0 0 0 | 0 |
| 0 0 0 0 0 0 0 1 | 1 |
| 0 0 0 0 0 0 1 0 | 1 |
| 0 0 0 0 0 0 1 1 | 0 |
| ⋮ | |

(a) 기호            (b) 진리표

다음은 홀수 패리티 검사기의 entity 및 동작적 구문의 예이다.

```
entity parity_check is
   port ( data : in std_logic_vector(7 downto 0);
          check_out : out std_logic );
end parity_check;
architecture example of parity_check is
   begin
     process(data)
        variable odd : std_logic;
     begin
        odd := '0';
        for i in 0 to 7 loop
          odd := odd xor data(i)
        end loop;
        chect_out <= odd;
     end process;
end example;
```

예문 6-11에서는 loop2 레이블이 while~loop문을 활용하여 설계되는 예를 보여 주고 있다. 1행에서의 조건은 a가 20이거나 그보다 작은 경우를 나타내며, 이 조건이 만족되면 참이 되어 2행의 순차처리문에 대한 동작을 반복 처리하는 것이다.

예문 6-11  **while~loop문을 활용 예**

```
1   loop2 : while s <= 20 loop  -- "s <= 20" : s가 20이거나 그보다 작다는 의미
2       s := s+1; t := t+s;     -- s값에 1을 더하여 s에 즉시 대입, s+t값을 t에 대입
3           end loop loop2;
```

### 5) 기타 제어문 : exit문, next문, null문

이제 제어문으로 쓰이는 몇 가지의 문장을 살펴보자. loop문의 반복을 제어하기 위한 문장으로 exit문, 특정의 조건에서 연산을 건너뛰는 데 사용하는 next문, 아무것도 수행하지 않고 다음 문장으로 넘겨주기 위하여 사용되는 null문이 있다. 형식 6-5에서는 방금 살펴 본 exit문, next문 및 null문의 형식을 보여주고 있다.

exit문은 when의 조건이 만족할 때, 그 레이블의 loop를 빠져 나가라는 의미를 갖는데, 만일 다중 loop문의 경우, 레이블이 없는 loop문에서 exit를 만나면, 해당 exit문을 포함하는 가장 내부의 loop문을 빠져 나가게 되는 것이다. next문은 when의 조건이 만족되면, 해당 레이블의 loop를 수행하지 않고, 그 loop의 처음으로 돌아가 다시 시작하라고 정의하는 것이다. 이때 해당 레이블이 없으면, 그 next를 포함하고 있는 loop의 처음부터 다시 시작하게 된다. null문은 아무런 수행을 하지 않고 다음 문장으로 넘겨주기 위하여 사용되는 문장이다.

**형식 6-5**

기타 제어문의 형식

exit [레이블] when (조건);   -- 조건이 참이면 해당 레이블의 loop를 빠
                              져나감
next [레이블] when (조건);   -- 조건이 참이면 해당 loop의 처음을 수행
null                        -- 아무런 수행이 없는 문장

예문 6-12에서는 for~loop문 내의 exit문이 활용되는 예를 보여주고 있는데, 3행부터 9행까지가 exit문을 포함하는 loop문을 나타낸 것이다. 3행의 rst=1이 되는 조건에서 mem(0)에서 mem(add)까지 리셋(reset)을 시키는 동작을 VHDL 구문으로 표현한 것이며, 4행의 add는 외부에서 값을 선언하여 주는 부분으로, 5행과 같이 이 값이 40을 넘으면 if문이 수행된 후, 레이블 loop3를 빠져 나가 10행을 수행하게 되는 것이다. 만일 40보다 작으면, 7행을 수행하고 loop3를 빠져 나가게 된다.

예문 6-12  **for~loop문 내 exit문의 활용**

```
1   process (rst)
2     begin
3       if rst = '1' then              -- reset = 1이면 for~loop문 수행
4   loop3 : for x in add downto 0 loop  -- 변수x, 변수범위 "add downto 0"인 for
                                          ~loop문
5       if x > 40 then exit loop3;      -- x가 40 이상이면 if문 수행, loop3를 빠
                                          져나감
6           else
7             mem(x) <= (others => '0');  -- x가 40보다 작으면 수행
8           end if;
9       end loop loop3;
10  end process;
```

방금 살펴 본, for~loop문 내 exit문의 활용 예를 exit~when문으로 다시 표현한 것을 예문 6-13에서 보여주고 있다. 5행과 같이 x의 값이 40을 넘으면 loop3를 빠져 나가고, 40 이하이면 6행의 내용을 수행하므로 앞의 exit활용 예와 같은 결과를 얻게 되는 것이다.

예문 6-13  **for~loop문 내 exit~when문의 활용**

```
1   process (rst)
2     begin
3       if rst = '1' then              -- reset = 1이면 for~loop문 수행
4   loop3 : for x in add downto 0 loop  -- 변수x, 변수범위 "add downto 0"인 for
                                          ~loop문
5       exit loop3 when x > 40;         -- x가 40 이상이면 loop3를 빠져나감
6             mem(x) <= (others = > '0');  -- x가 40 이하이면 수행
7           end loop loop3;
8   end process;
```

이제 next문에 관한 활용 예를 공부하여 보자. 예문 6-14는 next문이 포함된 for~loop문을 보여주고 있는데, 3행부터 10행까지가 그것이다. 4행에서는 변수범위가 "8 downto 0"인 for~loop문을 보여주고 있으며, 5행에서 9행까지가 if문을 표현하고 있다. 6행에서 next문이 기술되어 있는데, 이것은 같이 x = 5이면 loop4를 다시 시작하라는 것으로 두 줄을 건너뛰라는 의미를 갖는다. 따라서 x = 5인 mem(5)를 제외하고 모두 reset 이 되는 것이다.

```
예문 6-14  for~loop문 내 next문의 활용

1    process (rst)
2      begin
3        if rst = '1' then              -- reset = 1이면 for~loop문 수행
4  loop4 : for x in 8 downto 0 loop    -- 변수x, 변수범위 "8 add downto 0"인
                                            for~loop문
5          if x = 5 then                -- x = 5이면,
6              next;                    -- loop4를 다시 시작, 5행, 6행을 건너뜀
7            else
8              mem(x) <= (others => '0');  -- x = 5가 아니면 수행
9          end if;
10         end loop loop4;
11   end process;
```

방금 살펴 본 예문 6-14의 것과 결과는 같으나 구조가 다른 구문을 살펴보자. 예문 6-15에서는 while~loop문 내 next문을 사용하였다. 여기서 6행은 while~loop를 썼기 때문에 2행에서 variable, 즉 변수 x가 필요하게 된 것이다. 6행의 while~loop문 조건에서 x가 9보다 작은 조건에서 loop5를 반복하되, 7행, 8행과 같이 x = 5이면 loop5를 다시 시작하여 7, 8행을 건너뛰라는 의미이고, 거짓이면 10행 이하의 순차문을 처리하게 하는 것이다.

```
예문 6-15  while~loop문 내 next문의 활용

1    process (rst)
2      variable x : integer
3    begin
4          x := '0' ;
5        if rst = '1' then              -- reset = 1이면 for~loop문 수행
6  loop5 : while x < 9 loop            -- while 조건 loop문
7          if x = 5 then                -- x = 5이면,
8              next;                    -- loop5를 다시 시작, 5행, 6행을 건너뜀
9            else
10             mem(x) <= (others => '0');  -- x = 5가 아니면 수행
11             x := x + 1;
12         end if;
13         end loop loop5;
14   end process
```

예문 6 – 16에서는 case~when문을 이용하여 null문이 쓰여지는 경우를 나타낸 것으로 1행에서 5행까지는 sel의 값이 "00"이면, 출력 y에 10ns 후 d(0)의 값을 대입하고, sel의 값이 "01" 혹은 "10"이면, 10ns 후 출력 y에 d(1)을 대입하라는 내용이며, 6행은 이 외의 조건에서는 아무런 동작도 하지 말라는 내용을 나타낸 것이다.

예문 6-16  **null문**

```
1   case sel is
2      when "00" =>              -- sel이 "00"이면,
3         y <= d(0) after 10ns;   -- 10ns 후, y에 d(0) 대입
4      when "01" "10" =>          -- sel이 "01" 혹은 "10"이면, ("1"은 "혹은"의 의미)
5         y <= d(1) after 10ns;   -- 10ns 후, y에 d(1) 대입
6      when others => null;       -- sel이 기타의 조건인 경우 아무런 동작이 없음
7   end case;
```

## 6) return문

이제 조건문의 마지막으로 return문을 살펴보자. 이 return문은 함수, 즉 function 혹은 프로시저 등의 부프로그램의 몸체에 쓸 수 있는데, 부프로그램을 수행한 후, 호출한 문장으로 되돌려 줄 경우에만 사용하게 되는 것이다.

예문 6 – 17에서는 부울 값에서 bit값으로 자료의 형태를 변환하는 예를 통하여 return 문이 활용되고 있음을 보여 주고 있는데, 1행에서 a가 부울형으로 선언되었고, 이것을 bit형으로 되돌리라는 함수가 선언되어 있다. 3행에서는 부울형인 a가 입력되었는데, 값을 판단하여 참이면, 4행과 같이 bit '1'을 출력으로 돌려주고, 6행과 같이 참이 아니면, bit '0'을 출력으로 돌려주도록 하는 것이다.

예문 6-17  **return문의 활용(boolean을 bit로 되돌려 주는 변환함수)**

```
1   function bool_bit (a : boolean) return bit is
                              -- 부울형 값 x를 bit로 되돌리라는 함수 선언
2      begin
3      if a then              -- a값을 판단하여 참이면
4         return '1';         -- 값 '1'을 출력으로 되돌려 주고
5      else                   -- 참이 아니면
6         return '0';         -- '0'을 출력으로 되돌려 줌
7      end if;
8   end bool_bit;
```

다음에 주어지는 2입력 NAND 게이트에 대한 등가의 아키텍처 구문을 완성하시오.

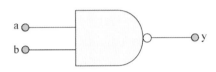

| a | b | y |
|---|---|---|
| 0 | 0 | 1 |
| 0 | 1 | 1 |
| 1 | 0 | 1 |
| 1 | 1 | 0 |

```
entity
library IEEE;
use IEEE.std_logic_1164.all;
entity NAND2 is
    port (a, b : in std_logic;
            y : out std_logic);
end NAND2;
```

(1) architecture 1(자료흐름적 표현)
```
architecture data_flow of NAND2 is
  begin
    y <= a nand b;
end data_flow;
```

(2) architecture 2(동작적 표현)
```
architecture behav_flow of NAND2 is
    signal x : std_logic;
  begin
    process(a, b)

    begin
      x <= a and b;
      y <= not (x);

    end process;
end behav_flow;
```

(3) architecture 3(동작적 표현)
```
architecture behav_flow of NAND2 is
  begin
```

(계속)

```
        process(a, b)

            begin
              if (a = '1') and (b = '1') then
                  y <= '0';
              else
                  y <= '1';
              end if;

            end process;
        end behav_flow;
```

(4) architecture 4(동작적 표현)

```
    architecture behav_flow of NAND2 is
      begin

        y <= '0' when (a = '1') and (b = '1')
                      else '1'

    end behav_flow;
```

예제 6-5

다음에 주어지는 2입력 NOR 게이트에 대한 등가의 아키텍처 구문을 완성하시오.

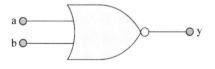

| a | b | y |
|---|---|---|
| 0 | 0 | 1 |
| 0 | 1 | 0 |
| 1 | 0 | 0 |
| 1 | 1 | 0 |

```
    entity
    library IEEE;
    use IEEE.std_logic_1164.all;
    entity NOR2 is
      port (a, b : in std_logic;
              y : out std_logic);
    end NOR2;
```

(계속)

(1) architecture 1(자료흐름적 표현)

```
architecture data_flow of NOR2 is
  begin
    y <= a nor b;
end data_flow;
```

(2) architecture 구문 2(자료흐름적 표현)

```
architecture behav_flow of NOR2 is
signal x : std_logic;
  begin
    process(a, b)

      begin
        x <= a or b;
        y <= not (x);

    end process;
end behav_flow;
```

(3) architecture 3(동작적 표현)

```
architecture behav_flow of NOR2 is
  begin
    process(a, b)

      begin
        if (a = '1') or (b = '1') then
          y <= '0';
        else
          y <= '1';
        end if;

    end process;
end behav_flow;
```

## 7) 다수의 프로세스(multiple process)

앞서서 살펴 본 바와 같이 process문은 감지신호의 변화가 있어야 수행하게 되는 문장이다. 하나의 병행처리문은 하나의 process문에 해당한다. 이러한 process문은 아키텍

처 문에 사용되는데, 하나의 아키텍처문에 여러 개의 병행처리문이 있듯이 하나의 아
키텍처문에 여러 개의 process문을 둘 수가 있다.

예문 6-18에서는 그림 6-8에서 나타낸 조합논리회로를 VHDL로 설계한 것이다. 그
림의 각 게이트를 하나의 process문으로 표현할 수 있는 것이다. 즉, VHDL 구문의 4행,
10행, 16행에서 표현한 레이블1, 레이블2, 레이블3의 각 process가 바로 그것이다. 레이
블1은 or게이트, 레이블2는 nand게이트, 레이블3은 xor게이트를 각각 표현한 것이며, 이
들 process문은 병행처리되면서 각 process문 내부는 if문에 의해 순차처리되고 있다.

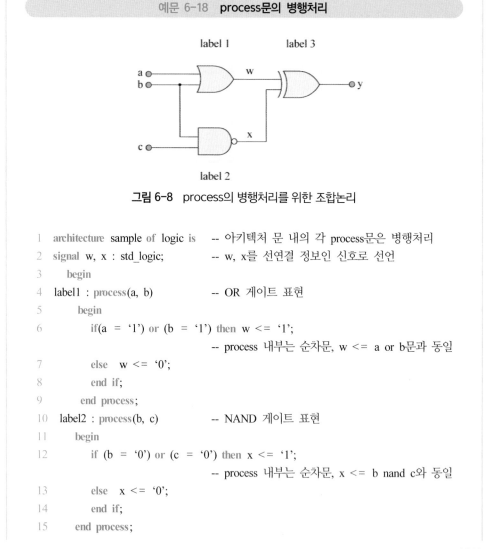

예문 6-18 process문의 병행처리

그림 6-8 process의 병행처리를 위한 조합논리

```
1   architecture sample of logic is     -- 아키텍처 문 내의 각 process문은 병행처리
2   signal  w, x : std_logic;           -- w, x를 선연결 정보인 신호로 선언
3       begin
4   label1 : process(a, b)              -- OR 게이트 표현
5       begin
6         if(a = '1') or (b = '1') then w <= '1';
                                         -- process 내부는 순차문, w <= a or b문과 동일
7           else   w <= '0';
8           end if;
9         end process;
10  label2 : process(b, c)              -- NAND 게이트 표현
11      begin
12        if (b = '0') or (c = '0') then x <= '1';
                                         -- process 내부는 순차문, x <= b nand c와 동일
13          else   x <= '0';
14          end if;
15        end process;
```

(계속)

```
16   label3 : process(w, x)              -- XOR 게이트 표현
17      begin
18         if (w = x)  then  y <=  '0';
                                    -- process 내부는 순차문, y <= w xor x와 동일
19         else   y <=  '1';
20         end if;
21      end process;
22   end sample;
```

# 동작적 표현

## 1 병행처리문

이제 VHDL의 동작적 표현방법에 관하여 살펴보자. 동작적 표현방법(behavioral representation)은 말 그대로 디지털시스템의 내용을 설명하듯이 표현하는 것을 말하는데, 이 VHDL의 동작적 기술방식은 크게 순차처리문과 병행처리문으로 분류하고 있다. 순차처리문은 process문 내에서 동작적 표현에 사용하고, 병행처리문은 자료흐름적 표현에 주로 사용하게 된다. 논리합성을 위한 VHDL의 문장은 기본적으로 하드웨어 표현에 기반을 두고 있다. 시스템의 하드웨어에서는 입력이 출력으로 전달되어 처리될 때, 순차처리가 아니고 병행처리가 되는 것이다. 따라서 디지털시스템의 하드웨어 구조를 기술하는 VHDL 문장은 병행처리에 기반을 두고 있다고 볼 수 있다. 아키텍처 몸체에 기술되는 모든 VHDL 구문은 순서에 무관하게 병행처리가 되는 것이다. 물론 앞절에서 살펴 본 process문 내부의 문장은 순차처리하도록 되어 있으나, process문들은 병행처리가 되는 것이다.

예문 6-19는 그림 6-9에서 나타낸 간단한 조합논리회로가 병행처리되고 있음을 보여주고 있다. 3행, 4행과 9행, 10행에서 보여주는 바와 같이 입력 a, b에 대하여 AND 게이트와 OR 게이트가 병행처리하여 출력 c, d에 전달하게 된다. 이때 입력에 대한 출력은 회로상에 설정된 위치에 무관할 뿐만 아니라, 특정 게이트가 우선적으로 처리되지 않고 동시에 처리되는 것이다.

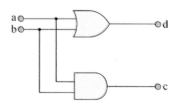

**그림 6-9**  병행처리의 조합회로

```
1   architecture sample1 of comb_logic is    -- sample2와 등가 아키텍처 구문
2     begin
3       c <= a and b;                         -- 병행처리 대입문에서는 순서와 무관
4       d <= a or b;
5   end sample1;
6   -- 병행처리 비교 아키텍처 구문
7   architecture sample2 of comb_logic is    -- sample1과 등가 아키텍처 구문
8     begin
9       d <= a or b;                          -- 병행처리 대입문에서는 순서와 무관
10      c <= a and b;
11  end sample2;
```

## 2 신호의 대입

### 1) 신호의 대입문

신호의 대입(signal assignment)은 화살표 모양의 기호를 사용하며, 그 기호의 오른쪽에서 왼쪽으로 신호를 대입하게 된다. 신호 대입문에서 순차처리 대입문은 process문 내에서 signal의 대입을 말하며, 병행신호 대입문은 아키텍처 내에 process문을 사용하지 않을 때의 신호대입을 나타내는 것이다. 예문 6-20에서는 w, x, y에 a, '0', "a and b"의 값이 각각 대입되는 것을 보여 주고 있다. 대입기호를 중심으로 오른쪽에는 값, 왼쪽에는 신호의 이름이 위치하게 된다.

예문 6-20  **신호의 대입문**

```
w <= a;                    -- w에 a의 값이 하드웨어적으로 연결
x <= '0';                  -- x가 상수 '0'으로 연결
y <= a and b;              -- y에 "a and b"의 값을 연결
   ↑       ↑
signal이름  값
```

## 2) 병행신호 대입문

예문 6-21은 병행신호 대입문, 즉 아키텍처 내의 문장이 서로 병행적으로 처리되는 대입문을 보여 주고 있는데 4행, 5행, 6행의 대입문은 서로 순서가 바뀌어도 동작에는 전혀 영향을 주지 않는다. 여기서는 신호를 대입할 때, 지연시간을 명시하지 않았으나, VHDL 공급자에 의해 발생하는 매우 작은 단위의 지연시간이 있는 것으로 간주하여 처리하게 된다. 이를 delta 지연시간이라 하며, 이들 지연시간에 대하여는 다음에 자세히 살펴 볼 기회가 있을 것이다.

예문 6-21  **병행신호 대입문**

```
1   architecture con of assign is
2       signal in1, in2 : std_logic;      -- in1, in2가 signal이라고 선언
3     begin
4       in1 <= a or b;                    -- in1에 "a or b"의 값이 연결
5       in2 <= a or c;                    -- in2에 "b or c"의 값이 연결
6       out <= in1 and in2;               -- out에 "(a or b) and (b or c)"의 값이 연결
7   end con;
```

예문 6-22에서는 그림 6-10과 같이 2×1 MUX를 통하여 하드웨어의 병행성을 설계한 예를 보여주고 있다. 이 예문에서는 어떤 순서를 가지고 하나씩 진행하는 것이 아니고, 입력 값의 대입에 의해 AND 게이트, OR 게이트, NOT 게이트 등이 동시에 처리되어 출력 y_out에 연결되는 병행처리 대입문을 나타낸 것이다. 그림에서 입력 s가 변하면 nand1과 inv1이 동작하고, inv1의 값이 변하면 nand2와 nand1의 동작이 수행되어 결국 y_out에 최종 값을 대입하게 되는 것이다. VHDL 구문의 4, 5, 6, 7행의 대입문이 병행처리되는 것이다.

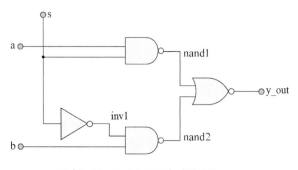

예문 6-22 **2×1 MUX를 통한 하드웨어의 병행처리**

**그림 6-10** 2×1 MUX의 병행처리

```
1  architecture comb of mux21 is
2    signal nand1, nand2, inv1 : std_logic;      -- nand1, nand2, inv1을 signal로 선언
3      begin
4        nand1 <= a nand s;                        -- 병행처리 대입문
5        nand2 <= b nand inv1;                     -- 병행처리 대입문
6        inv1 <= not s;                            -- 병행처리 대입문
7          y_out <= nand1 nor nand2;               -- 병행처리 대입문
8      end comb;
```

### 3) 신호 대입문의 지연시간

변수에서와는 달리 신호의 대입문에는 지연시간이 존재하게 된다. 즉 delta지연, 전달지연, 관성지연이 그것인데, delta지연은 개념적으로 0이 아니면서 0에 가까운 매우 작은 지연시간을 말한다. 전달지연은 도선의 지연과 같이 입력의 변화가 after문에서 지정한 시간 뒤에 출력이 나타나는 것을 말한다. 한편, 관성지연은 전달지연과 유사하나, 소자 자체가 가지고 있는 특성의 지연시간으로 잡음 등과 같이 그 소자가 갖고 있는 지연시간보다 작은 입력 변화에 대하여는 그것을 출력에 포함하지 않는 지연시간을 말한다. 따라서 하드웨어 설계에서 지연시간을 고려할 때, 잡음의 영향을 받지 않는 관성지연이 주로 사용되고 있다.

예문 6-23에서는 신호 대입문에 대한 지연시간의 종류를 보여주고 있다. delta지연은 VHDL 공급자에 의해 발생하는 매우 작은 단위의 지연시간으로 개념상 측정이 어려운 시간이나 하드웨어의 설계 관점에서 측정 가능한 작은 시간이라고 가정할 수 있는 것이다. 예문에서와 같이 a의 값이 바로 b에 대입되는 것으로 나타낼 수 있다. 전달지연은 예약어 transport를 사용하여 표현하며, 입력 값이 주어진 지연시간 10 ns 후에

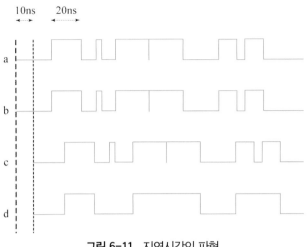

**그림 6-11** 지연시간의 파형

항상 출력으로 나타나게 하는 것이다.

이러한 세 가지 지연시간에 대한 출력파형을 그림 6-11에서 보여주고 있다. b의 출력신호는 delta 지연을 나타낸 것으로 시간지연이 거의 없으나, 잡음이 포함되어 나타나고 있음을 보여주고 있다. c의 출력 결과는 전달지연을 나타낸 것이나, 지연시간 10ns 후에 매우 작은 잡음도 거르지 않고 출력이 되는 경우를 나타낸 것이다. 한편 관성지연은 after문 뒤에 제시된 10ns 후에 출력이 나타나고 있으나, 입력신호 내의 모든 잡음은 무시하여 출력으로 대입되고 있음을 보여주고 있다.

| 예문 6-23 **신호 대입문의 지연시간** |
| --- |

```
b <= a;                        -- delta지연
c <= transport a after 10ns;   -- 전달지연
d <= a after 10ns;             -- 관성지연
```

앞에서 살펴본 지연모델에 관하여 좀더 자세히 살펴보자. VHDL은 전달지연모델을 제공하고 있다. 이 전달지연 모델에서 모든 입력신호의 변화는 신호변화가 얼마나 오래 유지하는가에 관계없이 출력에 반영하는 것이다. 예문 6-24의 그림 6-12와 같이 간단한 인버터의 동작을 전달지연 모델로 예약어 transport를 위치시켜 나타낼 수 있는데, 입력신호 sig_in은 반전되어 출력인 sig_out에 응답하게 되는데, 출력에 나타나는 파형의 결과는 입력신호에서 7ns 후에 출력이 응답하고 있다. 여기서는 3ns의 입력신호의 짧은 파형을 포함한 모든 입력신호가 그대로 출력에 반영되는 특징을 갖고 있다.

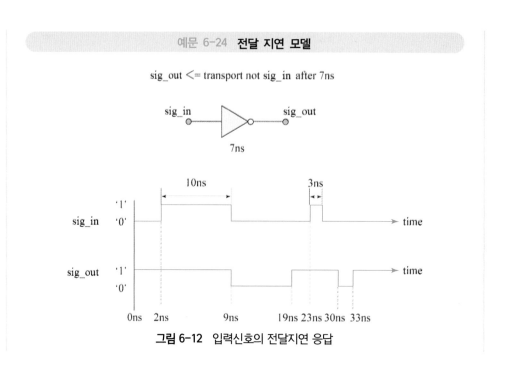

**그림 6-12** 입력신호의 전달지연 응답

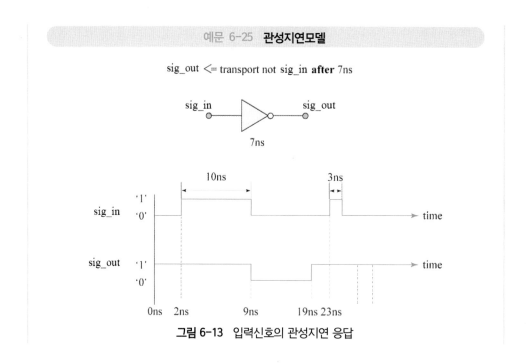

**그림 6-13** 입력신호의 관성지연 응답

이제 예문 6-25의 관성지연모델에 관하여 살펴보자. VHDL의 관성지연모델에서는 최소한의 전파지연을 만족시키지 못하는 모든 입력신호 변화에 대해 출력에 반영시키지 않는 특징이 있다. 그림 6-13에서는 인버터에 대한 관성지연모델의 특성을 보여주고 있는데, 예약어 after를 이용하여 인버터의 전파 지연을 7ns로 설정한 예를 보여주고 있다. 여기서 10ns의 입력파형은 7ns의 인버터 전파지연보다 오래 지속되기 때문에 출력에 응답을 하고 있다. 그러나 3ns의 입력의 짧은 파형은 7ns보다 짧아 유지하지 못하므로 인버터의 출력에 반영되지 않는 결과로 나타나게 되는 것이다.

 예제 6-6

다음과 같은 버퍼(buffer)에 입력파형이 공급될 때 그 출력파형을 그리시오.

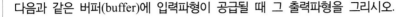

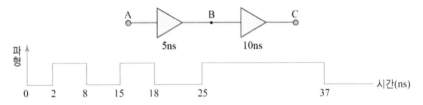

(1) 버퍼가 5ns, 10ns의 관성지연을 갖는 경우, 입력 A의 파형이 입력될 때, B와 C 지점에서의 파형을 그리시오.

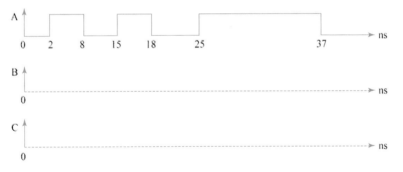

(2) 버퍼가 5ns, 10ns의 전달지연을 갖는 경우, 입력 A의 파형이 입력될 때, B와 C 지점에서의 파형을 그리시오.

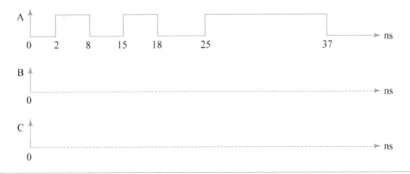

## 3 조건적 병행 신호처리문

병행처리의 제어문에는 조건적 병행처리와 선택적 병행처리가 있다. 여기서는 먼저, when else문을 이용한 조건적 병행처리문(conditional concurrent signal assignment)에 관하여 살펴보자. 형식 6-6에서는 when else문의 형식을 보여 주고 있다. when의 (조건 1)이 참이면, 신호에 값 1을 대입하고, 그렇지 않고 (조건 2)가 참이면 값 2를 대입한다. 앞의 모든 조건이 거짓이면 신호에 값 n을 대입하게 하는 것이다.

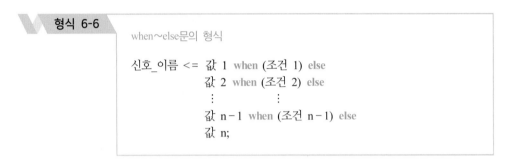

**형식 6-6**

when~else문의 형식

```
신호_이름 <= 값 1 when (조건 1) else
            값 2 when (조건 2) else
              ⋮              ⋮
            값 n-1 when (조건 n-1) else
            값 n;
```

예문 6-26에서는 when else문을 활용한 4×1 MUX의 설계를 보여주고 있다. VHDL 구문의 10행부터 13행까지를 보면, "00"이면 출력 y_out에 d(0), "01"이면 d(1), "10"이면 d(2)를 대입하게 되며, 기타 즉 "11"의 경우는 d(3)를 출력 y_out에 대입하도록 하고 있다.

**예문 6-26  when~else문 활용**

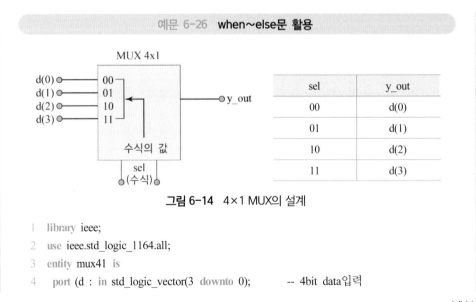

**그림 6-14**  4×1 MUX의 설계

```
1  library ieee;
2  use ieee.std_logic_1164.all;
3  entity mux41 is
4    port (d : in std_logic_vector(3 downto 0);        -- 4bit data입력
```

(계속)

```
5          sel : in std_logic_vector(1 downto 0);    -- 2bit 제어입력
6          y_out : out std_logic_vector(3 downto 0);  -- 4bit data출력
7   end mux41;
8   architecture sample of mux41 is
9     begin
10        y_out <= d(0) when sel = "00" else
11                 d(1) when sel = "01" else
12                 d(2) when sel = "10" else
13                 d(3);
14   end sample;
```

**예제 6-7**

다음에 주어지는 2입력 XOR 게이트에 대한 등가의 아키텍처 구문을 완성하시오.

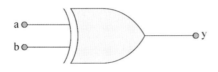

| a | b | y |
|---|---|---|
| 0 | 0 | 0 |
| 0 | 1 | 1 |
| 1 | 0 | 1 |
| 1 | 1 | 0 |

```
entity
library IEEE;
use IEEE.std_logic_1164.all;
entity XOR2 is
    port (a, b : in std_logic;
             y : out std_logic);
end XOR2;
```

(1) architecture 1(자료흐름적 표현)
```
architecture data_flow of XOR2 is
  begin
     y <= a xor b;
end data_flow;
```

(2) architecture 2(동작적 표현)
```
architecture behav_flow of XOR2 is
  begin
     process(a, b)
```

(계속)

```
    begin
      if (a = '1' and b = '0') or (a = '0' and b = '1') then
         y <= '1';
      else
         y <= '0';
      end if;

    end process;
  end behav_flow;
```

(3) architecture 3(동작적 표현)

  architecture behav_flow of XOR2 is

   begin

```
  y <= '1' when (a = '1' and b = '0') or (a = '0' and b = '1')
      else '0';
```

  end behav_flow;

## 4 선택적 병행 신호처리문

앞서의 조건적 병행처리문에서는 when의 조건에 의해서 수행여부를 판단하는 기능을 갖지만, 선택적 병행처리문에서는 with 이하의 수식의 값에 의하여 판단하게 된다. 선택적 병행처리문(selected concurrent signal assignment)은 case when문과 유사하여 등가문장으로 바꾸어 쓸 수 있다. 형식 6 – 7에서는 with의 수식 값을 판단하여 선택 신호값 1과 같으면 신호에 값 1을 대입하고, 선택 신호값 2와 같으면 값 2를 대입하게 된다. 기타의 경우, 즉 모든 선택 신호값과 같지 않은 경우 값 n을 대입하면 되는 것이다.

예문 6 – 27에서는 그림 6 – 15의 2×4 decoder를 with select문을 활용하여 설계한 것인데, VHDL 구문의 2행에서 수식 값 a가 "00"이면 출력 y에 "0001"을 대입하고, 3행의 "01"이면 "0010", 4행의 "10"이면 "0100", 5행과 같이 기타의 경우는 "1000"을 각각 대입하게 된다.

with~select문의 형식

신호_이름 <= 값 1 when 선택 신호값 1
　　　　　　 값 2 when 선책 신호값 2
　　　　　　　　⋮　　　　　⋮
　　　　　　 값 n−1 when 선택 신호값 n−1
　　　　　　 값 n when others;

예문 6-27 **when~else문 활용**

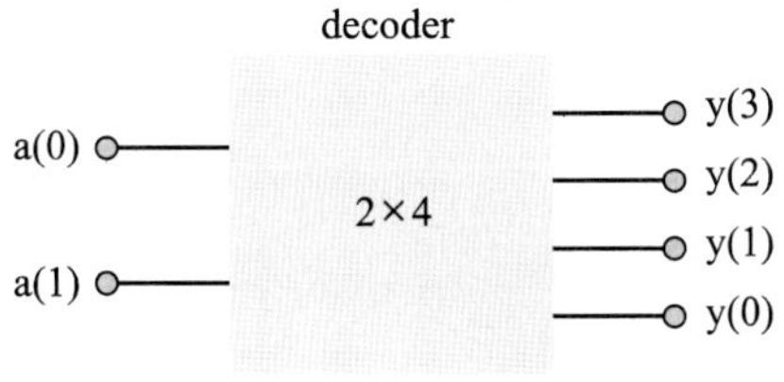

decoder

| 입력 | | 출력 | | | |
|---|---|---|---|---|---|
| a(1) | a(0) | y(3) | y(2) | y(1) | y(0) |
| 0 | 0 | 0 | 0 | 0 | 1 |
| 0 | 1 | 0 | 0 | 1 | 0 |
| 0 | 0 | 0 | 1 | 0 | 0 |
| 0 | 1 | 1 | 0 | 0 | 0 |

a(0)

2×4

a(1)

y(3)
y(2)
y(1)
y(0)

그림 6-15  2×4 decoder 설계

```
1   with a select
2     y <= "0001" when "00"
3            "0010" when "01"
4            "0100" when "10"
5            "1000" when others;
```

## 자료흐름적 표현

이 절에서는 VHDL의 표현방법 중 자료흐름적 표현(dataflow description)과 관련한 내용을 공부하여 보자. 앞의 여러 예문에서 살펴 본 바와 같이 자료흐름이란 정보가 입력에서 신호, 신호에서 신호, 신호에서 출력으로의 흐름을 나타내며 동작을 표현하는 것이다. 자료흐름표현은 동작적 표현과 구조적 표현의 중간 단계로서 자료가 흘러가듯이 시스템의 기능을 나타내는 것이다. 자료흐름표현은 부울대수, 연산자 및 함수 등으로 표현하며, VHDL 구문에서는 병행신호 처리문으로 기술하는 것이다.

예문 6-28에서는 그림 6-16의 패리티 생성기의 설계를 통하여 자료흐름표현을 나타낸 것으로 VHDL 구문은 xor논리를 사용하여 구현한 것이며, 7행에서 논리연산자를 이용하여 입력에서 출력으로의 경로로 자료가 흘러가 패리티가 생성이 되는 결과를 보여주고 있다. 이러한 패리티 생성기를 통하여 자료흐름방식으로 VHDL 구문을 기술할 수 있는 것이다.

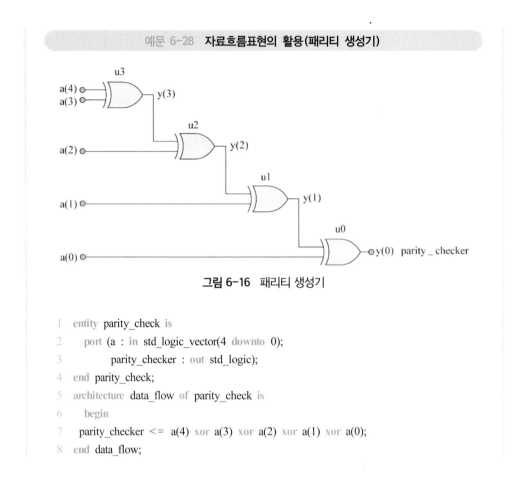

예문 6-28 **자료흐름표현의 활용(패리티 생성기)**

그림 6-16 패리티 생성기

```
1  entity parity_check is
2    port (a : in std_logic_vector(4 downto 0);
3          parity_checker : out std_logic);
4  end parity_check;
5  architecture data_flow of parity_check is
6    begin
7    parity_checker <= a(4) xor a(3) xor a(2) xor a(1) xor a(0);
8  end data_flow;
```

예제 6-8

다음에 주어지는 3상태 버퍼(tri-state buffer)에 대한 등가의 아키텍처 구문을 완성하시오.

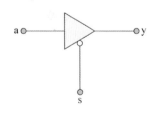

| s | a | y |
|---|---|---|
| 0 | 0 | 0 |
|   | 1 | 1 |
| 1 | 0 | z |
|   | 1 | z |

(계속)

```
entity
library  IEEE;
use  IEEE.std_logic_1164.all;
entity  tri_buffer  is
   port  (a, s : in  std_logic;
               y : out  std_logic);
end  tri_buffer;
```

(1) architecture 1(동작적 표현)

```
architecture  behav_flow  of  tri_buffer  is
   begin
     process(a, s)
         begin
           if  s = '0'  then
             if  a = '0'  then
                y <= '1';
             else
                y <= '0';
             end  if;
           else
                y <= 'z';
           end  if;
     end  process;
end  behav_flow;
```

(2) architecture 2(동작적 표현)

```
architecture  behav_flow  of  tri_buffer  is
   begin
     process(a, s)
         begin
           y <= 'z';
             if  (s = '0')  then
                y <= 'a';
             end  if;
     end  process;
end  behav_flow;
```

# 구조적 표현

## 1 직접 개체화

이제 구조적 표현방법에 관하여 공부하여 보자. 구조적 표현(structural description)은 디지털시스템의 구성과 그 구성요소의 연결정보를 나타낸 것으로 하드웨어의 내부적 설계에 가장 가까운 표현이라고 할 수 있다. PCB기판에서 집적회로들을 서로 연결하여 시스템을 구성하듯이 VHDL의 구조적 표현은 이미 설계한 부품들을 이용하여 이들 상호간 연결을 통하여 시스템을 설계하는 것이다.

형식 6-8에서는 엔티티의 직접 개체화(direct instantiation) 혹은 사례화에 대한 형식을 보여주고 있다. 이런 엔티티의 개체화의 활용 예를 예문 6-29에서 나타내었다. 이 예문에서는 그림 6-17의 논리도에 대한 각 엔티티를 개체화하는 예를 보여주고 있다. 이들 부품들은 그 내부가 동작적이든 구조적이든 관계없으며, 단지 부품을 사용하기 전에 그 부품이 개체화되어 있어야 하는 것이다. 즉 예문의 부품인 gate는 8행에서 10행, latch는 11행에서 13행까지 사례화하고, port map으로 단자를 연결하고 있음을 보여주고 있다.

---

**형식 6-8**

엔티티 개체의 표현

개체_이름 : entity work. 엔티티_이름(아키텍처_이름)

---

예문 6-29 **엔티티 개체화**

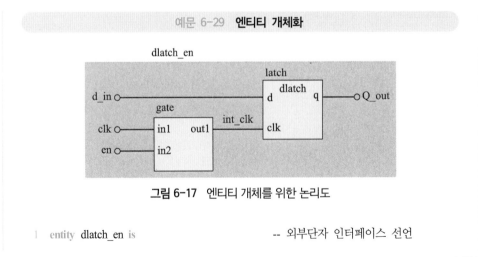

그림 6-17 엔티티 개체를 위한 논리도

| entity dlatch_en is                    -- 외부단자 인터페이스 선언

(계속)

```
2        port(d_in, clk, en : in std_logic;
3                    Q_out : out std_logic);          -- 내부연결정보 int_clk를 선언
4    end dlatch_en;
5    architecture structure of dlatch_en is
6       signal int_clk : std_logic;
7       begin
8       gate : entity work.and2(beh)                -- 부품 AND 게이트 and2 개체화
9          port map (in1 => clk, in2 => en,          -- 부품 and2 단자 연결
10                   out1 => int_clk);               -- 이름을 지정하여 결합
11      latch : entity work.dlatch(beh)             -- 부품 dlatch의 개체화
12          port map (d => d_in, clk => int_clk,     -- 부품 dlatch의 단자 연결
13                    q => Q_out);                    -- 이름 결합
14   end structure;
```

## 2 부품 개체화

구조적 표현에서는 직접 개체화 방법으로 어려울 때가 많아 부품 개체화(component instantiation) 방법을 많이 사용하게 된다. 이것은 부품을 아키텍처 내에 선언하여 활용하는 방법으로 디지털시스템을 구조적으로 표현하기 위하여 먼저 사용하고자 하는 부품을 선언하고 부품을 개체화해야 하는 것이다.

형식 6-9와 예문 6-30에서는 component, 즉 부품의 선언 형식과 활용 예를 각각 보여주고 있다. 예문 6-30에서 나타낸 것과 같이 부품 선언은 2행에서 5행 사이와 같이 아키텍처 구문에서 begin을 기술하기 전에 선언을 해주어야 한다. component문 자체는 엔티티 구문과 유사한 구조를 갖게 된다.

**형식 6-9**

component문의 선언 형식

```
component 부품_이름
   [generic(범용어_리스트);]              -- 일반화(generic)
   [port(포트_리스트);]
end component;
```

예문 6-30  component문의 활용

```
1   architecture structure of count is
2       component dff              -- 부품 dff를 사례화
3         port (rst, clk, d : in std_logic;
4                       q : out std_logic);
5       end component dff;
6     begin …
```

형식 6-10은 부품 개체화 또는 사례화의 형식을 보여주고 있는데, 그림 6-18에서
나타낸 port map은 단자를 서로 연결한다는 의미를 갖는 것이다. generic map은 다음에
자세히 살펴볼 기회가 있을 것이다. 여기서 결합 리스트는 위치결합과 이름결합의 방
법이 있는데, 위치결합은 component의 형식적 이름과 실제 이름을 port 신호가 나열된
순서대로 연결시키는 방법을 말하며, 이름결합은 component의 형식적 이름과 실제 이름
의 결합을 직접 지정하여 연결하는 것이다.

형식 6-10    부품 개체화 형식

레이블 : 부품_이름 [port map(결합_리스트);
                    generic map(결합_리스트);]

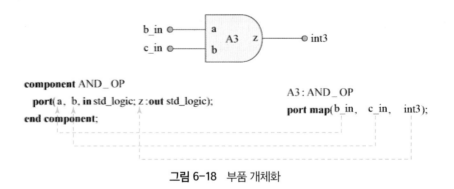

그림 6-18  부품 개체화

계속해서 component문의 사례화 방법에 관하여 공부하여 보자. 예문 6-31에서는 그
림 6-19의 NAND gate를 VHDL로 설계하려면 아키텍처문의 begin 앞의 선언부에
component nand2를 선언하고, port map을 이용하여 사례화시키면 되는 것이다. 사례화
란 선언된 component의 port signal에 실제 signal을 연결시키는 과정을 말한다.

VHDL 구문의 6행에서 8행까지 component를 선언한 것이며, 10행과 11행에서는 이를 사례화 또는 개체화한 것이다. 10행의 component_u1의 port signal인 a, b, y는 외부 단자인 in1, in2, out1에 순서대로 연결되는 것이다. 이것이 방금 살펴본 위치결합인 것이다. 11행의 component_u2는 a, b, y를 in3, in4, out2로 직접 연결시키는 것으로 이를 이름결합이라 한다.

---

**예문 6-31  component문 선언과 부품 사례화**

```
1   entity nand_gate is
2     port(in1, in2, in3, in4 : in std_logic;
3              out1, out2 : out std_logic);
4   end nand_gate;
5   architecture example of nand_gate is
6       component nand2                -- 아키텍처의 begin 앞에 부품 nand2 선언
7         port (a, b : in std_logic; y : out std_logic);
8       end component;
9     begin
10  u1 : nand2 port map (in1, in2, out1);          -- 단자의 위치결합
11  u2 : nand2 port map (a =>in3, b =>in4, y =>out2);   -- 단자의 이름결합
12  end example;
```

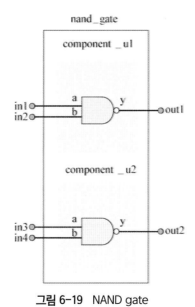

그림 6-19  NAND gate

다음의 VHDL 코드를 분석하여 논리회로도를 그리시오.

```vhdl
entity example is
    port (A, B, C, D : in std_logic;
                    Y : out std_logic);
end example;

architecture RTL of example is
    component XOR2_GATE
        port (A, B : in std_logic; Z : out std_logic);
    end component;
    component MUX
        port (I0, I1, I2, I3, SEL1, SEL0 : in std_logic;
                                        Z : out std_logic);
    end component;
        signal int1 : std_logic;
        signal tie_zero : std_logic : = '0';
    begin

    X : XOR2_GATE port map (C, D, int1);
    M : MUX port map (int1, tie_zero, C, tie_zero, A, B, Y);
end RTL;
```

## 3 생성문

디지털시스템의 설계에서 같은 회로를 여러 번 반복처리 해야 하는 경우가 있을 것이다. 이와 같이 VHDL의 병행처리문에서 component문을 반복적으로 사용하기 위하여

generate문, 즉 생성문(generate)을 사용하게 된다.

형식 6-11에서와 같이 이 생성문은 단순 반복 생성을 위한 것과 조건에 따라 여러 번 반복 생성할 수 있는 것 등, 두 가지가 있다. 단순반복 생성문은 병행처리문을 주어진 변수범위만큼 반복 처리하는 것이다.

---

**형식 6-11**

생성(generate)문의 형식

① 단순 반복 생성
　레이블 : for (변수) in (변수범위) generate
　　　　　　{병행처리문};　　　-- 병행처리문을 변수범위만큼 반복
　　　　　end generate [레이블];
② 조건 반복 생성
　레이블 : if (조건) generate　-- 조건을 만족할 때 반복
　　　　　　{병행처리문};
　　　　　end generate [레이블];

---

### 1) 단순 반복 생성문

예문 6-32에서는 그림 6-20의 nand_system을 통하여 단순 반복 생성을 활용하는 예를 나타낸 것으로 VHDL 구문의 2행에서 4행까지는 component nand2를 선언한 부분이며, 6행에서는 생성문을 사용한 경우를 보여주고 있는데, 변수 i가 변수범위인 "3 downto 0"의 내림차순 4bit만큼 반복처리하는 것이다. 7행에서는 port map으로 단자를 위치결합하고 있음을 기술하고 있다.

---

예문 6-32 **단순 반복 생성문의 활용**

```
1   entity nand_system is
2        port a, b : in std_logic_vector (3 downto 0) ;
3               y : out std_logic_vectro (3 downto 0) ;
4   end nand_system ;
5
6   architecture sample of nand_system is
7        component nand2
8            port (x, y : in std_logic ;
9                   z : out std_logic) ;
10           end component ;
```

(계속)

```
11          begin
12              g1 : for i in 3 downto 0 generate    -- 4개의 게이트를 반복 생성
13              ux : nand2 port map (a(i), b(i), y(i)) ; -- 위치결합으로 단자 연결
14                  end generate g1 ;
15   end sample ;
```

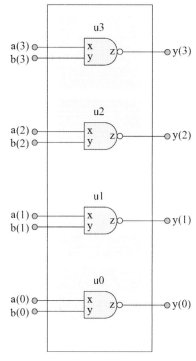

그림 6-20   nand_system

## 2) 조건 반복 생성문

예문 6-33에서는 그림 6-21의 패리티 검사회로를 통하여 조건적 생성문의 활용을
보여주고 있다. VHDL 구문의 2행에서는 y(3), y(2), y(1), y(0)가 패리티 검사회로의 각
XOR가 상호 연결되었음을 나타내는 객체 signal로 선언하였으며, 아키텍처 몸체의 4행
부터 11행까지 조건 반복생성에 대한 generate문을 나타낸 것이다. VHDL 구문의 4행에
서 변수범위로 4개의 게이트를 반복 생성하되 5행과 같이 i=3의 조건이 참이면 레이블
u3의 포트결합을 수행하고, 8행에서와 같이 i가 3보다 작다는 조건이 참이면 ux의 포트
결합을 수행하게 되는 것이다. 결국 12행에서 XOR의 마지막 출력인 y(0)의 값이 최종
출력인 parity_out에 대입하게 하는 것이다.

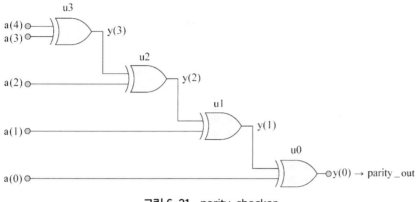

**그림 6-21** parity_checker

```
1   architecture example of xor_system is
2   signal  y : std_logic_vector(3 downto 0);   -- 내부의 선연결 정보를 신호로 선언
3     begin
4       g1 : for i in 3 downto 0 generate       -- 4번의 단순반복을 하되,
5       g2 : if i = 3 generate                   -- i=3의 조건을 만족하면 u3을 수행
6               u3 : xor2 port map (a(i+1), a(i), y(i));
7               end generate g2;
8       g3 : if i < 3 generate                   -- i<3의 조건을 만족하면 ux를 수행
9               ux : xor2 port map (y(i+1), a(i), y(i));
10              end generate g3;
11              end generate g1;
12                 parity_out <= y(0);
13    end example;
```

## 4 일반화문

이제 구조적 표현에 쓰이는 문장 중 일반화(generic)문에 관하여 살펴보자. generic은 일반화란 뜻으로 entity나 component 내에 기술하는 문장인데, 이것은 generic의 매개변수를 entity에 전달함으로서 디지털회로의 개수나 입·출력 단자의 개수가 매개변수에 의해 결정되게 하는 것을 말한다. generic의 매개변수로 사용되는 객체는 상수를 쓰게 되며, 이 상수를 사용하는 경우는 두 가지가 있다. 첫째, 반복생성의 개수를 위한 매개 상수로 쓰는 경우와 입출력의 크기를 매개상수로 사용하는 경우가 그것이다.

먼저 반복 생성의 개수를 위한 매개상수를 사용하는 경우를 살펴보자. 예문 3-34의 VHDL 문장은 entity and_gate에서 generic을 선언하고, AND gate의 반복 생성 개수를 매개상수로 하여 AND gate의 개수를 일반화한 것이다. 이의 예를 위하여 VHDL 구문의 2행에서 상수 size의 초기값을 8로 지정하였다. 따라서 entity and_gate에서 합성되는 AND gate의 수는 8개로 논리 게이트가 만들어지는 것이다.

예문 6-34  **반복 생성의 개수를 위한 매개상수의 사용**

```
1  entity  and_gate  is
2    generic(size : integer := 8);
3    port(a, b : in std_logic_vector(size-1 downto 0);
4          y : out std_logic_vector(size-1 downto 0);
5  end and_gate;
6  architecture combi_logic of and_gate is
7    begin
8        y <= a and b;
9  end combi_logic;
```

예문 6-35는 예문 6-34에서 설계한 and_gate에서 component문의 사용으로 다시 설계한 것을 나타낸 것이다. 7행에서 11행까지가 generic을 포함한 component문을 표현한 것인데, 여기서 8행의 generic문에서 size의 크기를 지정하지 않는 대신 13행에서 generic map(4) port map(a, b, c)로 개체화하고 있다. 즉 generic map을 통하여 매개상수 4를 전달하고 있는 것으로 4개의 AND 게이트가 생성되는 것이다. 이것은 앞서의 상수 8를 지정하여 반복 생성을 선언하여도 4개로 제한할 수 있음을 나타내는 것이다.

예문 6-35  **component문을 이용한 매개상수의 사용**

```
6  architecture combi_logic of and_gate is
7    component and_gate
8    generic(size : integer);
9    port(x, y : in std_logic_vector(size-1 downto 0);
10          z : out std_logic_vector(size-1 downto 0);
11    end component;
12    begin
13        ux : and_gate generic map(4) port map(a, b, y);
14  end combi_logic;
```

이제 generic문의 두 번째 기능인 입·출력의 개수를 매개상수로 선언하여 활용하는 경우를 살펴보자. 이를 예문 6-36에서 보여주고 있는데, VHDL 구문의 2행에서 entity nandx의 generic을 선언하고, NAND 게이트의 입력수를 매개상수로 하여 입력 개수의 크기를 일반화한 것이다. 이를 위하여 초기값이 8인 상수 size를 선언하였다. 그리고 12행에서 for loop문을 통하여 반복처리하도록 하였다.

따라서 그림 6-22와 같이 NAND 게이트의 입력수가 8개로 합성이 된 결과를 보여 줄 수 있게 되는 것이다.

예문 6-36 **입·출력의 개수를 위한 매개 상수의 활용**

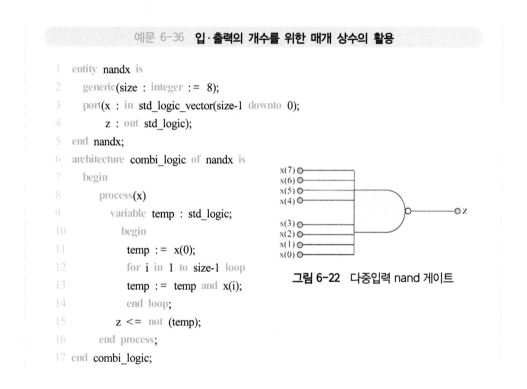

```
1   entity  nandx  is
2      generic(size : integer :=  8);
3      port(x : in  std_logic_vector(size-1  downto  0);
4          z :  out  std_logic);
5   end  nandx;
6   architecture  combi_logic  of  nandx  is
7      begin
8          process(x)
9              variable  temp : std_logic;
10                begin
11                  temp :=  x(0);
12                  for  i  in  1  to  size-1  loop
13                  temp :=  temp  and  x(i);
14                  end  loop;
15              z <=  not  (temp);
16          end process;
17  end  combi_logic;
```

그림 6-22 다중입력 nand 게이트

## 자기학습문제

다음 물음에 적절한 답을 고르시오.

**01** 다음 VHDL 구문에서 쓰이는 문장 중 순차문이 아닌 것은?

① if문      ② case문      ③ process문      ④ loop문

**02** 다음 중 대기(wait)문이 아닌 것은?

① wait for      ② wait with      ③ wait until      ④ wait on

**03** 다음 중 loop문이 아닌 것은?

① for~loop      ② wait~loop      ③ while~loop      ④ loop

**04** 다음 중 조건이 참이면 해당 레이블의 loop을 빠져 나가는 기능의 제어문은?

① exit[레이블]when(조건)      ② next[레이블]when(조건)
③ [레이블]when(조건)      ④ wait[레이블]on

**05** 다음은 loop1에서 변수 a를 설정하여 a값이 1부터 10까지 b := b+a의 동작을 수행하는 반복 제어문이다. ( ) 속에 적당한 문장은?

```
loop2 : while (      ) loop
a := a+1; b := b+a;
end loop loop2;
```

① a in 1 downto 10      ② a in 10 to 1
③ a in 10 downto 1      ④ a in 1 to 10

**06** 다음은 loop2에서 while의 조건 a가 20보다 작거나 같은 경우, "a := a + 1; b := b + a;" 의 동작을 반복 수행하는 문장이다. (    ) 속에 알맞은 문장은?

```
loop1 : for (          ) loop
        b := b + a;
        end loop loop1;
```

① a <= 20          ② a >= 20          ③ a /= 20          ④ a + 10

**07** 다음은 a, b의 변화가 있고, clk이 '1'이 될 때까지 기다리되 10ns 동안만 대기하는 문장을 기술한 것이다. (    ) 속에 알맞은 문장은?

```
wait (          ) clk = '1' for 10ns;
```

① in a, b with                    ② in a, b to 1
③ on a, b until                   ④ on a, b while

**08** 수식 값에 의해 수행여부의 판단을 결정하는 구문으로 선택적 병행신호 처리문에 쓰이는 문장은?

① with~downto     ② with~to 1     ③ when~else 1     ④ with~select

**09** 구조적 표현으로 NAND 게이트 4개를 반복 생성하고자 할 때, ⓐ와 ⓑ에 알맞은 문장은?

```
g1 : for i in 3 downto 0 ____ⓐ____
u1 : nand2 ____ⓑ____ (a(i), b(i), y(i));
```

① ⓐ generate, ⓑ port map              ② ⓐ generate, ⓑ generic map 1
③ ⓐ loop, ⓑ port map 1                 ④ ⓐ loop, ⓑ generic map

**10** 조건이 참이면 해당 loop의 처음으로 돌아가 수행하는 기능의 VHDL 문장은?

① when~next(조건)                  ② next~when(조건)
③ exit~when(조건)                  ④ null(조건)

11  다음 중 부프로그램을 수행한 후, 호출한 문장으로 되돌아 갈 경우 사용하는 문장은?

① exit문                          ② for문
③ case문                          ④ return문


12  다음 문장은 조건 i의 값이 30을 넘으면 loop1을 탈출하라는 구문을 기술한 것이다.
    (     ) 속에 적당한 문장은?

> loop 1 : for i in address downto 0 loop
>         (        ) loop1 when i > 30;

① exit            ② next            ③ for            ④ while


13  수식의 조건이 "00"과 "01"일 때, 각각 in1, in2를 out에 대입하고 그 외의 조건인 경우는
    아무 동작도 하지 말라는 기능의 문장을 (     ) 속에 넣으면?

> case sel is
>     when "00" => out <= in1;
>     when "01" => otu <= in2;
>     when others => (        );
> end case;

① null            ② next            ③ for            ④ exit


14  다음은 VHDL의 구조적 표현으로 NAND 게이트를 설계하기 위하여 부품을 사례화하기
    위한 구문의 일부를 나타낸 것이다. _____ 속의 문장은?

> component NAND2
>     port(A, B : in bit; Y : out bit);
> end component;
>     N1 : NAND2_____(s1, s2, s3);

① null map                        ② generic map
③ port map                        ④ exit map

15 다음은 "The counter is over 50"을 보여 주기 위한 구문의 일부를 나타낸 것이다. ☐ 내에 알맞은 문장은?

```
                        if cnt > 50 then
            _____   "The counter is over 50";
                        end if;
```

① null                              ② report
③ port                              ④ exit


16 다음은 D 래치(latch)의 포트연결을 위한 표현이다. 여기서 엔티티 이름을 나타낸 것은?

```
        latch : entity work. Dlatch (Behavioral) port map(in, clk, q_out)
                   ①      ②        ③                ④
```


17 다음은 구성명세의 형식을 나타낸 것이다. 아키텍처 이름을 나타낸 것은?

```
            for c1, c2 : INV use entity work. inverter(inverter_body)
                          ①            ②       ③       ④
```


18 다음 VHDL 구문은 nand 게이트의 반복 생성 개수를 매개상수로 하여 nand 게이트의 개수를 8개로 일반화하기 위한 것이다. _____ 속에 알맞은 문장은?

```
                entity nandg is
                    _____(size : integer := 8);
                    port(x, y : in bit_vector(size-1 downto 0);
                            z : out bit_vector(size-1 downto 0);
                end nandg;
```

① component                        ② generic
③ generate                         ④ configuration

19  다음 VHDL 구문은 신호의 대입시 지연시간을 고려한 것이다. 지연시간의 종류는?

$$c <= \text{transport a after 20ns;}$$

① 관성지연　　　② delta지연　　　③ 전달지연　　　④ 하강지연


20  다음 그림을 VHDL로 설계한 것이다. 구문의 __ⓐ__ , __ⓑ__ 속에 알맞은 문장은?

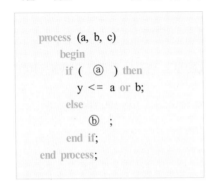
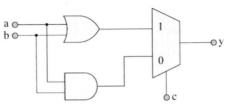

```
process (a, b, c)
    begin
    if (  ⓐ  ) then
      y <= a or b;
    else
         ⓑ  ;
    end if;
end process;
```

① ⓐ c = '0', ⓑ y <= a and b　　② ⓐ c = '1', ⓑ y <= a and b
③ ⓐ c = '0', ⓑ y <= a or b　　④ ⓐ c = '1', ⓑ y <= a or b


## 연 구 문 제

01  다음의 구문을 if문으로 바꾸어 기술하시오.

```
with xin select
    y_out <= "0001" when "00",
             "0010" when "01",
             "0100" when "10",
             "1000" when others;
```

02 다음 구문을 사용하여 4×1 MUX의 VHDL 구문을 기술하시오.

(1) if~then~else문

(2) when~else문

(3) case~when문

(4) with~select~when문

03　다음 구문을 case문으로 바꾸어 기술하시오.

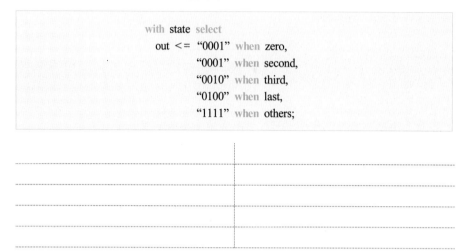

```
                  with state select
                  out <= "0001" when zero,
                         "0001" when second,
                         "0010" when third,
                         "0100" when last,
                         "1111" when others;
```

04　**when~else**문을 이용하어 8×3 인코더(encoder)의 VHDL 구문을 기술하시오.

05　다음 전가산기를 component문을 이용하여 VHDL 구문을 기술하시오.

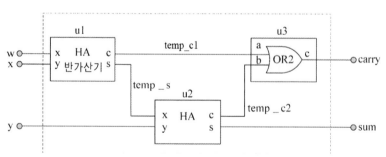

**06** **for~loop**문의 반복처리를 통하여 4개의 and 게이트를 설계하는 VHDL 구문을 기술하시오.

a(3) ──┐
b(3) ──┴── y(3)
a(2) ──┐
b(2) ──┴── y(2)
a(1) ──┐
b(1) ──┴── y(1)
a(0) ──┐
b(0) ──┴── y(0)

**07** **with~select**문을 이용하여 7-segment 디코더를 기술하시오.

**08** VHDL의 표현방법에서 (1) 동작적 표현방법, (2) 자료 흐름적 표현, (3) 구조적 표현방법에 관하여 설명하시오.

(1)

(2)

(3)

**09** 다음 VHDL 구문으로 얻을 수 있는 논리 블록도를 그리고 진리표를 작성하시오.

```
architecture  sam  of  combi_logic  is
begin
    process  (a)
    begin
        for  x  in  3  downto  0  loop
            y(x)  <=  (a = x);
        end  loop;
    end  process;
end  sam;
```

10    다음 VHDL 구문에서 얻을 수 있는 논리 블록도를 그리고 진리표를 작성하시오.

```
out <= a when state = zero else
       b when state = first else
       c when state = second else
       d when state = third else
       e;
```

Digital System Design using VHDL

# 7 패키지와 부프로그램

## 라이브러리의 구조

### 1 설계 라이브러리

이제 패키지(package)와 부프로그램에 관한 내용을 살펴보자. 보통 컴퓨터 프로그램을 사용할 때와 같이 VHDL에서도 많이 사용하는 부분을 하나의 장소에 모아 놓고 여러 설계자들이 공유할 수 있도록 하고 있다. 이러한 관점에서 먼저 설계 라이브러리(design library)에 관하여 살펴보자. 설계 라이브러리란 VHDL로 기술한 설계파일이 컴파일되어 생성된 설계단위, 즉 엔티티 선언, 구성선언, 패키지 선언 등의 1차 단위와 아키텍처 몸체, 패키지 몸체 등의 2차 단위를 저장하여 놓고 필요할 때, 공유할 수 있도록 하여 설계자로 하여금 효율적 설계가 되도록 VHDL을 지원하는 일종의 저장장소를 말한다.

그림 7－1에서는 VHDL의 설계단위가 라이브러리에 저장되는 과정을 보여주고 있다. 그림 좌측에서 보여주는 VHDL 설계구문을 작성하여 VHDL 해석기에 의해 우측의 라이브러리에 저장하게 될 것이다. VHDL에서 가장 많이 사용하는 라이브러리는 work library와 IEEE library인데, 여기서 IEEE library는 std_logic_1164, std_logic_arith, std_logic_unsigned 등과 같은 package들이 저장되어 있는 곳이다. 그리고 사용자가 직접 정의하여 사용할 수 있는 사용자 정의 library가 있다.

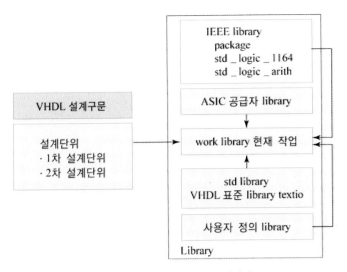

**그림 7-1** 라이브러리의 저장과정

## 2 라이브러리의 종류

방금 살펴본 설계 라이브러리의 저장과정을 그림 7-2에서 다시 나타내었다. 먼저 work 라이브러리는 현재 작업 중인 라이브러리를 의미하며, 사용자가 설계한 내용은 라이브러리를 설정하지 않아도 자동적으로 work 라이브러리로 저장된다. 따라서 "work"는 라이브러리를 선언할 필요가 없다.

두 번째는 std, 즉 standard 라이브러리로써 standard라 하는 패키지가 포함되어 있는

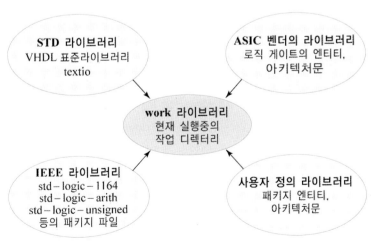

**그림 7-2** library의 종류

것이다. 이 외에 "TEXTIO"라 하는 패키지를 포함하고 있는데, 이 경우 형식 7-1과 같이 라이브러리를 선언해서 불러와야 한다.

세 번째는 IEEE 라이브러리로서 이것은 IEEE에서 승인된 "std_logic_1164"를 포함하고 있다. 이 패키지는 표준 사양이나 외부에서 첨부된 것이므로 라이브러리 선언, 패키지 선언 등을 기술해야 하는 특징이 있다. 그 외에 "std_logic_arith", std_logic_unsigned 등의 패키지가 저장되어 있다.

네 번째의 ASIC 공급자 라이브러리는 ASIC 공급자가 로직 게이트에 대한 라이브러리를 공급하는 것으로 library 및 use 구문을 이용한 라이브러리의 선언이 필요하게 된다.

마지막으로 사용자 정의 라이브러리인데, 이것은 사용자 자신이 만든 패키지와 엔티티 등을 공유하기 위하여 새로운 라이브러리를 정의하는 곳으로 이 라이브러리의 정보를 호출하기 위해서는 library 및 use 구문으로 라이브러리를 사용하겠다는 선언이 필요하게 되는 것이다.

---

**형식 7-1**

TEXTIO 선언 형식

```
library std;
use std.textio.all;
```

---

이제 디지털 시스템의 설계에 자주 사용하는 라이브러리와 패키지에 관한 종류 및 특징을 살펴보자. 표 7-1에서 보여주고 있는 바와 같이 라이브러리의 종류로서 첫째, std_ 라이브러리가 있는데, 이것은 bit, bit_vector가 포함된 기본적인 자료와 그 형태를 정의한 것이다. 둘째는 std_textio로써 이것은 패키지의 내용을 읽거나 저장하는 데 사용하게 되는 것이다. 셋째, ieee.numeric_std 라이브러리인데, 이것은 std_logic_1164에 정의된 자료 및 그 형태에 대한 산술연산을 정의한 것을 말한다.

다음은 자주 사용하는 패키지의 종류를 살펴보자. 우선 가장 많이 사용하고 있는 std_logic_1164 패키지로써 이것은 std_logic, std_logic_vector에 대한 자료 및 그 형태가 선언되어 있는 것이다. 둘째의 패키지는 IEEE. std_logic_unsigned로서 이것은 std_logic, std_logic_vector에 대한 부호 없는 산술연산의 함수 및 그 연산자를 정의한 것이다. IEEE. std_logic_signed는 std_logic, std_logic_vector에 대한 부호가 있는 산술연산의 함수와 그 연산자를 정의한 것이다. 마지막으로 IEEE.std_logic_arith가 있는데, 이것은 부호가 있는 것과 없는 것의 자료와 그 형태에 대한 산술연산을 정의한 것이다. 표 7-1에서는 라이브러리와 패키지의 종류와 기능을 기술하고 있다.

**표 7-1** VHDL에서 사용하는 라이브러리 및 패키지

| 구분 | 이름 | 기능 |
|---|---|---|
| 라이브러리 | std_ | bit, bit_vector 등 기본 자료 및 그 형태를 정의 |
| | std_texio | 패키지의 문장을 읽거나 저장, 시뮬레이션에 사용 |
| | IEEE.numeric_std | std_logic_1164에 정의된 자료 및 그 형태의 산술연산 정의 |
| 패키지 | IEEE.std_logic_1164 | std_logic, std_logic_vector의 자료 및 그 형태 선언 |
| | IEEE.std_logic_unsigned | std_logic, std_logic_vector의 부호 없는 산술연산 정의 |
| | IEEE.std_logic_signed | std_logic, std_logic_vector의 부호 있는 산술연산 정의 |
| | IEEE.std_logic_arith | signed, unsigned의 자료와 그 형태 및 산술연산 정의 |

방금 살펴본 library 내에 있는 패키지를 사용하는 경우, 가시성을 부여해야 한다. 가시성이란 패키지나 라이브러리에 선언되어 있거나 정의된 것을 사용할 수 있도록 경로를 설정하는 것을 말하는데, 이 가시성에는 암시적 가시성과 명시적 가시성이 있다. 암시적 가시성은 가시성을 명시하지 않아도 자동적으로 가시화되는 것이며, 명시적 가시화는 library구문을 사용하여 가시화하고, use구문으로 package를 가시화시키는 것이다.

예문 7-1에서는 암시적 가시성에 대한 예를 보여주고 있는데, 1행과 같이 아키텍처 몸체에서는 엔티티 이름으로 묶여 있기 때문에 그 엔티티의 모든 선언이 아키텍처 몸체에 암시적으로 가시화된 것으로 볼 수 있는 것이다.

비슷하게 2행과 같이 패키지 몸체에서도 패키지 이름으로 모든 선언이 암시적으로 가시화할 수 있는 것이다.

---

예문 7-1 **암시적 가시성**

```
1   architecture 아키텍처_이름 of 엔티티 이름 is …
2   package body 패키지_이름 is …
```

---

Library는 자동으로 가시화되지 않으므로 library구문과 use구문을 이용하여 가시화해야 한다. 예문 7-2의 1행과 같이 test_logic이라고 하는 library를 가시화한 후, 2행에서 보여주는 바와 같이 라이브러리의 이름인 test_logic 내의 패키지 이름인 example의 모든 내용을 사용하겠다고 가시화하는 과정을 보여주고 있으며, 3행은 work library에 패키지가 있을 경우, work library가 현재의 작업 공간이므로 별도의 가시화 없이 use구문만으로 관련 패키지를 가시화할 수 있음을 보여주고 있다. 예문 7-3에서는 자주 쓰이는 패키지에 대한 가시화의 활용을 나타낸 것이다.

```
1  library test_logic;
2  use test_logic. example. all;
3  use work. example. all;
```

예문 7-3  **가시성의 활용**

```
library IEEE;
use IEEE.std_logic_1164.all;
library IEEE;
use IEEE.std_logic_arith.all;
```

예문 7-4에서는 동등 비교기를 통하여 명시적 가시화의 활용을 나타낸 것으로 여기서 1행, 2행과 같이 자료형 std_logic을 사용하고, std_logic이 선언되어 있는 패키지를 가져다 쓰기 위해서 라이브러리 IEEE와 그 속에 있는 std_logic_1164라는 패키지를 사용하였고, 패키지 내에 있는 내용 모두를 참조하겠다고 선언한 것이다.

예문 7-4  **명시적 가시화의 활용(동등 비교기)**

```
1  library IEEE;                              -- 이름이 IEEE인 라이브러리 가시화
2  use IEEE.std_logic_1164.all;               -- IEEE라이브러리에서 std_logic_1164라는
3  -- entity 부분                             -- 패키지의 모든 내용을 쓰겠다고 가시화
4  entity equal_comparator is
5    port(a, b : in std_logic;                -- 자료형이 std_logic으로 기술, 이것은
6         y : out std_logic);                 -- std_logic_1164에서 선언되어 있음
7  end equal_comparator;
8  -- architecture 부분
9  architecture combi_logic of equal_comparator is
10   begin
11   y <= '1' when (a = b) else '0'; -- a = b이면 출력 '1', 아니면 '0'
12 end combi_logic;
```

예문 7-5에서는 카운터를 통하여 패키지가 work library에 있는 경우를 나타낸 것인데, 선언된 패키지가 현재의 디렉터리에 컴파일되기 때문에 라이브러리가 필요 없이 use구문만을 사용한 경우이다. 패키지의 내용은 2행과 같이 subtype에서 선언한 very_short를 선언하였고, 4행에서 이 부 subtype을 불러다 쓰기 위하여 use구문을 사용하여 현재의 디렉터리에 있는 패키지 type_count를 불러오는 것이다.

```
1   package type_count is              -- type_count라는 패키지 선언
2   subtype very_short is integer range 0 to 3;  -- very_short라는 subtype 선언
3   end type_count;
4   use work.type_count.all;      -- work library로서 use구문만 사용, work library에
5   entity counter is             -- 있는 type_count의 모든 내용을 참고하겠다고 선언
6     port(clk : in boolean;      -- 자료형이 boolean형
7           y : inout very_short);-- 자료형이 subtype에서 선언한 very_short
8   end counter;
9   architecture behavior of counter is
10    begin
11      process(clk)
12        if clk' event and clk = '1' then cnt <= cnt + 1;
13        end if;
14    end process;
15  end behavior;
```

## 패키지의 구조

패키지를 기술하기 위하여는 형식 7-2와 같은 형태의 VHDL구문으로 선언해야 하는데, 이 구조에서는 패키지 선언부와 패키지 몸체부로 이루어져 있다. 패키지 선언의 역할은 외부에서 사용할 수 있도록 인터페이스를 담당하는 것으로 자료형이나 부프로그램을 선언하는 곳이다. 패키지 몸체는 패키지 선언에서 선언된 부프로그램의 구체적인 내용이 기술되는 것인데, 이러한 기술은 entity와 architecture의 구조와 유사하게 생각할 수 있다. 즉 entity는 package선언에 해당하고, package 몸체는 아키텍처 몸체에 해당한다고 보면 될 것이다. 예문 7-6에서는 패키지 선언의 간단한 활용 예를 보여주고 있다.

**형식 7-2**

패키지의 선언형식

```
package 패키지_이름 is        -- 패키지 선언부
      {자료형 선언};
      {부프로그램 선언};
end 패키지_이름;
```

(계속)

```
package 몸체부

package body 패키지_이름 is    -- 패키지 몸체부
     {몸체부 VHDL 구문}
end 패키지_이름;
```

**예문 7-6  패키지 선언의 활용**

```
package tri_state is                    -- tri_state 패키지 선언
    type trivalue is ('0', '1', 'z', 'x');
    constant tphl : time := 10ns;
    constant tplh : time := 10ns;
end tri_state;
```

예문 7-7에서는 패키지 선언과 몸체부의 활용 예를 보여주고 있다. 이 예제에서 example이라는 이름의 패키지에 대한 내용으로 패키지 선언에서 2행은 자료형 three_level_logic이 선언되었으며, 3행에서는 함수 "and"가 선언된 것이다. 함수 "and"가 선언되었으므로 함수 "and"에 대한 정의를 나타내기 위하여 패키지 몸체가 필요한 것으로 패키지 선언과 패키지 몸체의 이름은 동일하게 표현되어 있다. 여기서 부프로그램, 즉 함수나 프로시저를 선언하지 않은 패키지는 관련 패키지 몸체를 기술하지 않아도 되는 것이다.

**예문 7-7  package의 활용**

```
1   package example is                          -- package 선언부
2      type three_level_logic is ('0', '1', 'X');
3      function "and" (a, b : three_level_logic) return three_level_logic;
4   end example;
5   package body example is                     -- package 몸체
6     function "and" (a, b : three_level_logic) return three_level_logic is
7      begin
8        if a = '1' and b = '1' then return '1';
9        elsif a = 'X' or b = 'X' then return 'X';
10         else return '0';
11        end if;
12    end "and";
13  end body example;
```

다음과 같은 패키지(package) 선언과 패키지 몸체(package body)가 연결되도록 공란을 채우시오.

```
package example is
type three_level_logic is ('0', '1', 'X')
function "and"(A, B : three_level_logic) return three_level_logic;
end example;
```

```
package body example is
    function "and"(A, B : three_level_logic)
            return three_level_logic is
```

```
begin
  if A = '1' and B = '1' then return '1';
  elsif A = 'X' or B = 'X' then return 'X';
  else return '0';
  end if;
end "and";
end example;
```

## 부프로그램

nand2_system

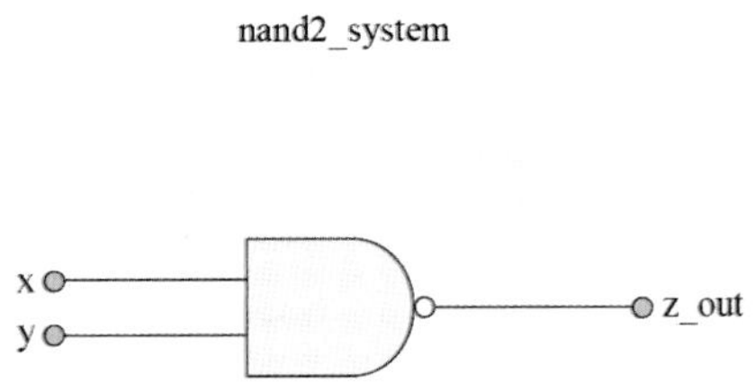

그림 7-3  부프로그램 활용을 위한 2_입력 nand 게이트

(계속)

```
1    package my_logic is                                              -- package 선언부
2      function f_nand2(signal x, y : in bit) return bit;             -- 함수 선언
3      procedure p_nand2(signal x, y : in bit; signal z_out : out bit) -- procedure 선언
4    end my_logic;

5    package body my_logic is                                         -- package 몸체부
6      function f_nand2 (signal x, y : in bit) return bit is          -- function 작성
7           begin
8                return(x nand y);
9    end f_nand2;
10   procedure p_nand2(signal x, y : in bit; signal z_out : out bit)  -- procedure 작성
11     begin
12               z_out <= x nand y;
13    end p_nand2;
14   end my_logic;
```

부프로그램(sub_program)에 관한 내용을 살펴보자. VHDL 구문에서도 고급언어와 같이 부프로그램을 정의할 수 있다. 이 부프로그램은 함수(function)와 프로시저 (procedure)로 나눌 수 있다. 이것은 설계의 일부분을 따로 작성하거나, 기능적으로 분해 가능한 프로그램의 일부를 분리하여 작성할 수 있으므로 VHDL 구문을 이용하여 시스템을 설계할 때 편리성을 제공하게 된다.

예문 7-8에서는 그림 7-3의 nand 게이트를 통하여 패키지 내에 함수와 프로시저가 쓰여 지는 경우를 나타낸 것으로 1행에서 4행까지가 package를 선언한 것이며, 2행, 3행은 함수와 프로시저를 각각 선언한 것이다. 5행에서 14행까지가 package 몸체를 기술한 것으로 6행에서 9행은 함수의 구체적인 수행 내용을 기술하고 있으며, 10행부터 13행까지는 프로시저의 내용을 수행하라고 기술하고 있다.

이제 package와 부프로그램을 사용자가 구성하여 이를 불러다 쓰는 경우를 예문 7-9에서 보여주고 있다. 이것은 그림 7-4의 nand_nor회로를 package화한 것으로 우선 package 구성에서 package 선언과 package 몸체를 기술해야 한다. 1행에서 4행까지는 logic_package라는 이름의 package를 선언한 것이고, 2행, 3행에서 프로시저와 함수가 각각 선언되어 있으며, 5행부터 14행까지가 package몸체 부분을 기술한 것이다. 6행에서 9행은 nand_p라는 프로시저를 기술한 것이고, 10행에서 13행까지는 nor_f라는 함수를 기술한 것으로 이들은 각각 process문을 사용하지 않고 기술한 것이 특징이다.

예문 7-9  **부프로그램을 위한 nand_nor회로**

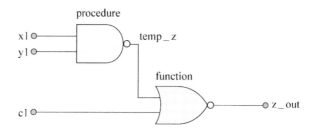

**그림 7-4** 부프로그램 활용 회로

```
1  package logic_package is                    -- logic_package라는 package 선언
2    procedure nand_p(x, y : in bit; c : out bit);  -- nand_p라는 procedure 선언
3    function nor_f (x, y : in bit) return bit;     -- nor_f라는 function 선언
4  end logic_package;
5  package body logic_package is                -- 패키지 몸체 기술
6    procedure nand_p(x, y : in bit; c : out bit) is  -- nand_p라는 procedure 내용
7    begin                                      -- process문을 사용하지 않음
8      c := x nand y                            -- c는 variable
9    end nand_p;

10   function nor_f (x, y : in bit) return bit is  -- nor_f라는 function 내용
11     begin                                    -- process문을 사용하지 않음
12       return(x or y);
13     end nor_f;
14 end logic_package;
```

이제 방금 설계한 package와 부프로그램을 이용하여 그림 7-4의 nand_nor회로를 설계한 경우를 예문 7-10에서 보여주고 있다. 1행, 2행은 work 라이브러리에 있는 logic_package에 있는 모든 내용을 불러다 쓰겠다고 선언한 것이며, 12행과 13행에서는 앞서 선언한 nand_p와 nor_f를 순차적으로 호출하는 구문이 기술되어 있다.

예문 7-10  **package를 이용한 VHDL구문 설계**

```
1  library work;               -- library work 경우는 생략 가능
2  use work.logic_package.all; -- library work 내의 package logic_package의
                               -- 모든 것을 사용한다고 선언
```

(계속)

```
3  entity  nand_nor  is
4      port(x1,  y1,  c1  :  in  bit;
5                  z_out  :  out  bit);
6  end  nand_nor;
7  architecture  example  of  nand_nor  is
8    begin
9     process  (x1,  y1,  c1)
10        variable  temp_z  :  bit;
11        begin
12          nand_p  (x1,  y1,  temp_z);        -- procedure  nand_p를  순차호출
13          z_out  <=  nor_f  (temp_z,  c1);   -- function  nor_f를  순차호출
14    end  process;
15  end  example;
```

다음 물음에 답하시오.

01 다음 중 현재 작업하고 있는 라이브러리(library)를 뜻하는 것은?

① IEEE 라이브러리      ② std 라이브러리

③ work 라이브러리      ④ ASIC vender 라이브러리

02 다음 중 "std_logic_1164", "std_logic_arith" 등이 포함되어 있는 라이브러리(library)는?

① work library      ② IEEE library

③ user library      ④ ASIC vender library

03 다음 함수문에서 (     ) 내의 적당한 예약어는?

```
architecture behavior of example is
    function ADD (a, b : std_logic_vector) (        ) std_logic_vector is
        begin
            return (a + b)
        end ADD;
```

① return      ② procedure

③ for      ④ process

04 패키지에 있는 문장을 읽거나 저장하는 데 사용하는 라이브러리는?

① std_standard      ② std_textio

③ IEEE.numeric_std      ④ user_std

05 부호 없는 산술연산의 함수와 연산자를 정의하는 라이브러리는?

① IEEE.std_logic_1164            ② IEEE.std_logic_unsigned
③ IEEE.std_logic_signed           ④ IEEE.std_logic

연구문제

01 "function문"과 "procedure문"의 차이점을 기술하시오.

(1)

(2)

(3)

(4)

02 현재 사용 가능한 라이브러리의 종류와 그 특징을 기술하시오.

(1)

(2)

(3)

(4)

(5)

03    package와 package body의 구문 형식을 기술하시오.

(1) package 선언부

(2) 패키지 몸체부

04    function문과 procedure문의 표현형식을 기술하시오.

(1) function문

(2) procedure문

05    package와 부프로그램의 function문을 이용하여 4bit 덧셈기를 설계하시오.

(1) 4bit 덧셈기 설계에서 함수(function)를 패키지로 선언하여 파일로 만듦
• 라이브러리 선언

• 패키지 선언

• 패키지 선언 내의 부프로그램 4bit_function에 대한 패키지 보디 선언

• 입력되는 a, b vector를 더하여 되돌림

(2) 주 VHDL 파일을 만듦
• 사용할 라이브러리와 패키지 선언

• 엔티티 선언

• 아키텍처 선언

Part

03

디지털
회로의
설계 및 응용

# 8 조합논리회로의 설계

## 연산자 활용 조합논리회로

### 1 논리연산자의 이용

 이제 VHDL을 이용하여 간단한 조합논리회로의 설계에 관하여 살펴본다. 디지털회로는 크게 조합논리회로와 순서논리회로로 구분할 수 있는데, 여기서 조합논리회로는 현재의 입력에 의해서만 출력이 결정되는 회로를 말한다. 이 회로를 묘사하는 데는 많은 연산자들을 사용하게 되는데, 같은 동작의 회로라 할지라도 어떤 연산자를 사용하느냐에 따라 합성의 결과가 크게 차이가 날 수 있게 되는 것이다.

 먼저 논리연산자를 이용한 설계의 기법을 살펴보자. 이들 논리연산자는 기본적으로 패키지의 bit와 bit_vector, boolean형 등으로 정의되고 있다. 앞에서 살펴본 IEEE_1164 패키지를 사용하면 std_logic, std_logic_vector 및 std_ulogic 등을 설계에 이용할 수 있다. 이들 연산자를 이용하여 설계한 후, 그 합성결과는 and, or, xor 등의 논리연산자를 이용한 회로의 설계결과를 얻을 수 있게 되는 것이다. 그림 8-1의 간단한 조합논리회로를 설계하여 보자. VHDL 구문에서 8행, 9행에서 논리연산자가 쓰이고 있음을 보여주고 있다.

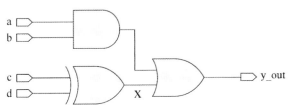

**그림 8-1  논리연산자를 활용한 조합논리회로**

예문 8-1  논리연산자 활용

```
1  entity logic_example is
2    port (a, b, c, d : in std_logic;
3            y_out : out std_logic);
4  end logic_example;
5  architecture combi_logic1 of logic_example is
6    signal x : std_logic;
7    begin
8    y_out <= (a and b) or x;
9        x <= c xor d;
10 end combi_logic1;
```

## 2 관계연산자의 이용

다음은 관계연산자를 이용한 조합논리회로의 설계이다. 관계연산자의 종류에는 동등
연산자, 크기연산자 등이 있는데, 동등연산자는 모든 자료형에 적용되며, 크기연산자는
숫자형, 열거형 그리고 간단한 배열형에 쓰인다. 이 연산자들은 결과의 값이 bit형의
부울형으로 나타난다.

그림 8-2는 동등연산의 결과를 얻기 위한 조합논리회로를 나타낸 것으로 VHDL 구
문의 7행에서 관계연산자가 쓰이고 있음을 보여준다.

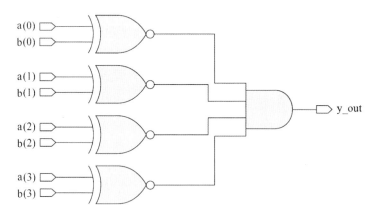

**그림 8-2** 관계연산자를 활용한 조합논리회로

예문 8-2 **관계연산자 활용**

```
1  entity relation_example is
2    port (a, b : in bit_vector(3 downto 0);
3          y_out : out bit);
4  end relation_example;
5  architecture combi_logic2 of relation_example is
6    begin
7      y_out <= (a = b);
8  end combi_logic2;
```

## 3 산술연산자의 이용

이제 산술연산자에 대하여 살펴보자. 산술연산자의 종류는 앞에서 살펴본 바와 같이 덧셈, 뺄셈, 곱셈, 나눗셈, 모듈러스, 나머지, 절대값 및 제곱 등 8가지가 이용되고 있다. 이 산술연산자는 정수와 실수인 숫자형에 쓰이며, 덧셈과 뺄셈 연산자는 비교적 큰 회로가 구현되고 곱셈, 나눗셈, 모듈러스, 나머지 연산자는 비교적 큰 회로의 생성에 이용되고 있다.

그림 8-3에서는 산술연산자가 활용되는 예를 보여주고 있다. 여기서는 패키지를 이용하여 입·출력의 범위를 제한하는 경우를 나타낸 것인데, VHDL 구문에서 1행에서 3행까지는 패키지를 선언한 부분이다. 2행에서 medium이라는 자료의 형태가 0부터 7까지의 범위를 갖겠다고 자료의 형을 선언하고 있는데, 자료형 선언은 type을 사용하면

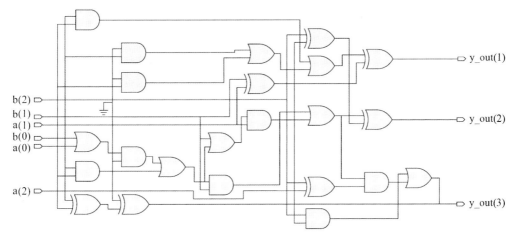

**그림 8-3** 산술연산자를 활용한 조합논리회로

된다. 그리고 4행은 앞서 선언한 패키지 arithmetic_exam_pkg의 모든 내용을 사용하겠다는 use 구문을 나타낸 것이다. 11행에서 산술연산자가 쓰여 그림 8-3과 같은 조합논리회로가 합성하게 되는 것이다.

---

예문 8-3  **산술연산자 활용**

```
 1  package arithmetic_exam_pkg is
 2    type medium is range 0 to 7;          -- medium이 자료형임을 선언
 3  end arithmetic_exam_pkg;
 4  use work.arithmetic_exam_pkg.all;
 5  entity arithmetic_example is
 6      port (a, b : in medium;
 7            y_out : out medium);
 8  end relation_example;
 9  architecture combi_logic3 of arithmetic_example is
10    begin
11      y_out <= a + b;
12  end combi_logic3;
```

## 조건적 논리기능의 조합논리회로

### 1 조건적 신호대입의 이용

이제 제2절 조건적 논리기능의 조합논리회로를 살펴보자. 조건적 기능을 구현하는 논리로서 병행문인 경우는 조건적 신호대입과 선택적 신호대입을 활용한다. 그리고 순차문에서는 if문과 case문 등이 있다. 먼저 조건적 신호대입에 대한 활용을 살펴보자. 그림 8-4에서는 when~else문을 이용한 조합논리회로를 합성한 것으로 여기서 else문을 사용하지 않으면, 원하지 않는 래치가 구현되므로 주의를 기울여야 한다. VHDL 구

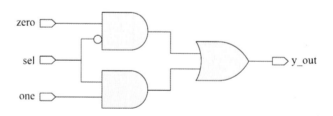

**그림 8-4**  조건적 신호대입의 조합논리회로

문에서 7행, 8행과 같이 기술할 때 else부분을 생략할 수도 있겠으나, 이때는 래치를 만들기 위한 것이므로 조건에 따라 활용할 필요가 있다.

예문 8-4　**조건적 신호대입문 활용**

```
1   entity condition_example is
2       port (zero, one, sel : in std_logic;
3                       y_out : out std_logic);
4   end condition_example;
5   architecture combi_logic4 of condition_example is
6     begin
7       y_out <= one when sel = '1'
8                   else zero;
9   end combi_logic4;
```

## 2 선택적 신호대입의 이용

선택적 신호대입과 관련한 조합논리회로를 구현하여 보자. 그림 8-5에서는 선택적 신호대입을 활용한 조합논리회로의 합성결과이며, VHDL 구문에서는 with~select문을 이용하고 있다. 선택적 신호대입에서는 모든 조건을 명기해야 한다. 9행, 10행, 11행, 12행, 13행까지가 이를 기술하고 있는데, 12행에서 사용된 others는 9행에서 11행까지 사용된 조건 "00", "01", "10"을 제외한 나머지 조건을 의미한다.

3행에서 sel은 bit형으로 선언되었으므로 others는 "11"의 조건을 의미하게 된다.

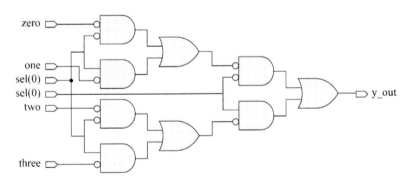

**그림 8-5**　선택적 신호대입의 조합논리회로

예문 8-5　선택적 신호대입문 활용

```
1  entity selective_example is
2    port (zero, one, two, three : in std_logic;
3             sel : in std_logic_vector(1 downto 0);
4          y_out : out std_logic);
5  end selective_example;
6  architecture combi_logic5 of selective_example is
7   begin
8     with sel select
9     y_out <= zero when "00",
10               one when "01",
11               two when "10",
12               three when others;
13 end combi_logic5;
```

## 3 if문의 이용

순차문을 활용한 조합논리회로 설계에서 if문이 쓰이는 경우를 살펴보자. 그림 8-6
에서는 if문을 사용한 경우를 보여주고 있는데, VHDL 구문의 9행부터 13행까지가 순
차문인 if문을 나타낸 것이다. 이 합성결과는 그림 8-4의 조건적 신호대입에서와 같은
결과를 얻을 수 있음을 보여주고 있다.

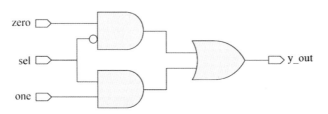

그림 8-6　if문을 활용한 조합논리회로

예문 8-6　if문 활용

```
1  entity conditional_example is
2    port (zero, one, sel : in boolean;
3          y_out : out boolean);
4  end conditional_example;
```

(계속)

```
 5   architecture combi_logic6 of conditional_example is
 6    begin
 7      process(zero, one, sel)
 8        begin
 9          if sel = '1' then
10              y_out <= one;
11          else
12              y_out <= zero;
13          end if;
14        end process;
15   end combi_logic6;
```

## 4 case~when문의 이용

마지막 활용으로 case~when문을 살펴보자. 여기서 사용된 case~when문은 조합논리
회로에서 사용되는 순차문으로 선택적 신호대입에서와 같이 모든 조건을 명시해야 한다.

그림 8 – 7에서는 case~when문을 활용한 논리회로의 합성결과를 보여주고 있는데,
VHDL 구문에서 case~when문은 12행부터 13행, 14행, 15행, 16행, 17행까지 기술하고
있다. 16행에서 others가 사용되었으나, 이것은 의미상으로 신호 sel의 조건, "00", "01",
"10"을 제외한 나머지 조건인 "11"을 의미하나, 이 입력 sel이 std_logic형으로 선언되었
기 때문에 엄밀히 말하면 이들 조건 이외의 다른 조건을 의미할 수도 있음을 고려해야
할 것이다.

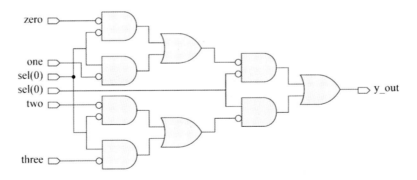

**그림 8-7** case~when문을 활용한 조합논리회로

```
1   library ieee;
2   use ieee.std_logic_1164.all;
3   entity conditional_example is
4       port (zero, one, two, three : in std_logic;
5               sel : in std_logic_vector(1 downto 0);
6               y_out : out std_logic);
7   end conditional_example;
8   architecture combi_logic7 of conditional_example is
9     begin
10      process(zero, one, two, three, sel)
11        begin
12          case sel is
13            when "00" => y_out <= zero;
14            when "01" => y_out <= one;
15            when "10" => y_out <= two;
16            when others => y_out <= three;
17          end case;
18      end process;
19  end combi_logic7;
```

## 반복논리기능의 조합논리회로

### 1 함수와 프로시저문의 이용

#### 1) 함수문

이제 반복논리기능을 활용한 조합논리회로의 설계와 관련한 내용을 살펴보자. 앞에서 살펴본 바와 같이 필요할 때마다 같은 논리를 반복 생성하는 구문은 부프로그램(sub_ program)인 함수와 프로시저, loop문, 생성문 등이 있다. 우선 함수를 이용한 조합논리회로의 설계 예를 살펴보자. 함수는 값을 항상 되돌려주는 return문으로 끝나게 되는데, 그림 8-8에서는 함수를 사용하여 gate동작을 설계한 후, 같은 논리를 세 번 반복하여 합성한 결과를 나타낸 것이다. VHDL 구문에서 6행에서 9행까지 함수를 선언한 부분이고, 12행부터 14행까지 선언한 함수를 불러다 사용한 것이다.

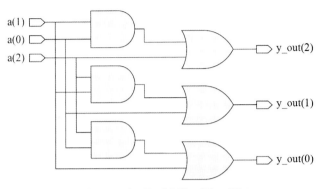

**그림 8-8**  함수를 이용한 조합논리회로

예문 8-8  **함수 활용**

```
 1   entity  function_example  is
 2      port (a : in bit_vector(2 downto 0);
 3            y_out : out bit_vector(2 downto 0);
 4   end function_example;
 5   architecture combi_logic8 of function_example is
 6     function gate (in1, in2, in3 : bit) return bit is
 7     begin
 8        return (in1 and in2) or in3;
 9     end;
10      process(a)
11       begin
12        y_out(2) <= gate(a(0), a(1), a(2));
13        y_out(1) <= gate(a(1), a(2), a(0));
14        y_out(0) <= gate(a(2), a(0), a(1));
15      end process;
16   end combi_logic8;
```

## 2) 프로시저문

반복논리기능의 조합논리회로 설계에서 프로시저(procedure)문을 이용한 경우를 살펴보자. 그림 8-9에서는 procedure를 활용한 조합논리회로의 설계 예를 보여주고 있다. VHDL 구문의 6행부터 9행까지가 procedure를 선언한 부분이고, 10행부터 15행은 선언한 procedure를 호출하여 사용한 부분을 나타내고 있으며, 12행에서 프로시저 gate는 바로 문장으로 사용되어 값이 반환되고 있다. 또 8행의 출력 x에 대한 신호 선언은 6행에서 signal로 선언되어 사용하고 있음을 알 수 있다.

```
1  entity procedure_example is
2    port (a : in bit_vector(2 downto 0);
3          y_out : out bit_vector(2 downto 0));
4  end procedure_example;
5  architecture combi_logic9 of procedure_example is
6   procedure gate (in1, in2, in3 : in bit; signal x : out bit) is
7    begin
8        x <= (in1 and in2) or in3;
9    end;
10   process(a)
11     begin
12        gate(a(0), a(1), a(2), y_out(2));
13        gate(a(1), a(2), a(0), y_out(1));
14        gate(a(2), a(0), a(1), y_out(0));
15     end process;
16  end combi_logic9;
```

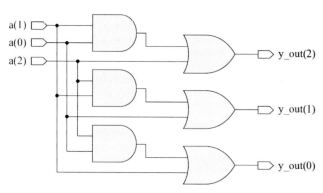

그림 8-9  procedure를 이용한 조합논리회로

## 2 loop문의 이용

### 1) for~loop문

반복기능 중 loop문을 사용한 조합논리회로의 설계 예를 살펴보자. 앞에서도 살펴본 바와 같이 loop문을 사용할 때는 loop의 범위를 기술해야만 한다. 그림 8-10에서는 for ~loop문을 이용한 논리합성의 결과를 나타낸 것인데, VHDL 구문의 12행에서 15행까지가 for~loop문을 사용하였으며, 12행에서는 0에서 3번까지 반복동작으로 이루어지도록 하고 있다.

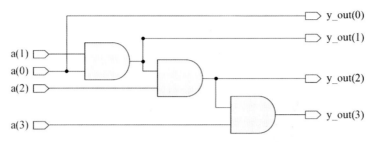

**그림 8-10** for~loop문을 이용한 조합논리회로

예문 8-10 **loop문 활용**

```
1    entity  forloop_example  is
2        port  (a : in  bit_vector(3 downto 0);
3               y_out : out bit_vector(3 downto 0);
4    end  forloop_example;
5    architecture  combi_logic10  of  forloop_example  is
6    -- process  statement
7      begin
8        process(a)
9          variable  s : bit;
10       begin
11           s : = '1';
12         for  i  in  0  to  3  loop
13           s : = a(i) and  s;
14           y_out(i) <= s;
15         end  loop;
16       end  process;
17   end  combi_logic10;
```

## 2) while~loop문

앞 항의 예에 이어 while~loop문을 사용한 경우를 살펴보자. VHDL 구문의 12행부터

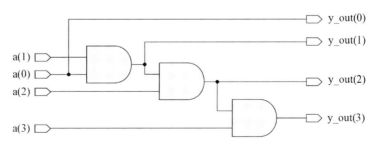

**그림 8-11** while~loop문을 이용한 조합논리회로

16행까지 while~loop문을 선언한 경우인데, 12행에서 0, 1, 2, 3의 네 번이 반복 수행되어 그림 8-11의 논리적 합성결과를 얻을 수 있게 되는 것이다.

예문 8-11  **while~loop문 활용**

```
1   entity whileloop_example is
2     port (a : in bit_vector(3 downto 0);
3           y_out : out bit_vector(3 downto 0));
4   end whileloop_example;
5   architecture combi_logic11 of whileloop_example is
6     begin
7     process(a)
8       variable s : bit;
9       variable i : integer;
10     begin
11        i := '0';
12        while i < 4 loop
13         s := a(i) and s;
14         y_out(i) <= s;
15         i := i + 1;
16        end loop;
17     end process;
18  end combi_logic11;
```

## 3 생성문의 이용

반복논리기능 중 생성(generate)문을 이용한 설계의 예를 살펴보자. 그림 8-12는 generate문을 이용하여 합성한 결과를 보여주고 있는데, 이것은 3상태 버퍼에 대한 4개를 반복 생성한 예를 나타낸 것이다. VHDL 구문의 10행부터 12행까지는 하나의 버퍼를 component문을 이용하여 선언한 후, 14행에서 16행까지 4개의 버퍼가 만들어지도록 생성문을 선언하고, 여기서 15행의 port map으로 각각을 연결하여 합성이 되도록 하고 있다.

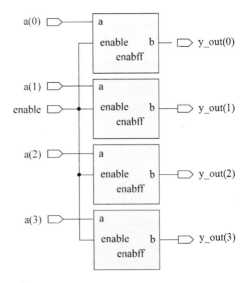

그림 8-12  generate문을 이용한 조합논리회로

```
1  library  ieee;
2  use  ieee.std_logic_1164.all;
3    entity  generate_example  is
4        port  (enable :  in  std_logic;
5                  a :  in  std_logic_vector(3  downto  0);
6              y_out :  out  std_logic_vector(3  downto  0);
7    end  generate_example;
8    architecture  combi_logic12  of  generate_example  is
9    component  enabff
10   port(enable  a :  in  std_logic;
11              b :  out  std_logic);
12     end  component;
13        begin
14     g1 :  for  i  in  3  downto  0  generate
15        u :  enable  port  map(enable, a(i)  y_out(i));
16     end  generate  g1;
17   end  process;
18 end  combi_logic12;
```

# 멀티플렉서의 설계

## 1 다중 if문의 이용

멀티플렉서(multiplexer)는 여러 개의 입력신호 중 조건에 따라 어느 하나의 값을 출력으로 연결하여 정보를 내보내는 회로로써 그림 8-13에서는 4×1 MUX의 기본 개념도를 보여주고 있다.

MUX의 동작은, 제어단자 sel의 조건에 따라 입력 A, B, C, D 중 어느 하나의 값이 출력 Y에 전달되는 것이다.

if문을 이용한 VHDL 구문을 보면, 1행에서 12행까지 process문을 선언하고, 그 안의 3행에서 11행까지 다중 if문을 이용하여 4×1 멀티플렉서의 동작을 기술하고 있으며, 설계의 합성결과를 그림 8-14에서 보여주고 있다.

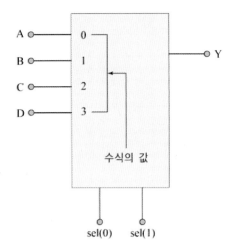

| sel | Y |
|---|---|
| 00 | A |
| 01 | B |
| 10 | C |
| 11 | D |

**그림 8-13** MUX의 개념회로

예문 8-13 **다중 if문 활용**

```
   library IEEE,
   use IEEE.STD_LOGIC_1164.all, IEEE.NUMERIC_STD.all;
   entity MUX4_1 is
    port (SEL        : in unsigned(1 downto 0);
         A, B, C, D : in std_logic;
         Y          : out std_logic);
   end MUX4_1;
   architecture DATAFLOW_example of MUX4_1 is
    begin
1    process(SEL, A, B, C, D)
2     begin
3      if(SEL = "00")then
4          Y <= A;
5      elsif(SEL = "01")then
6          Y <= B;
7      elsif(SEL = "10")then
8          Y <= C;
9      else
10         Y <= D;
11     end if;
12 end process;
     end DATAFLOW_example;
```

## 2 when~else문의 이용

when~else문을 이용한 VHDL 구문을 보여주고 있는데, 1행에서 4행까지는 MUX의 동작을 나타내는 when~else문을 기술한 것이다.

sel의 값이 "00"의 조건에서 Y에 A를 대입하고, "01"의 조건에서 B, "10"의 조건에서 C를 대입하며, 그 외의 조건, 즉 "11"에서는 D를 대입하도록 하고 있다. 그 합성결과는 그림 8-14에서 보여준 바와 같다.

---

예문 8-14 **when~else문 활용**

```
library IEEE;
use IEEE.STD_LOGIC_1164.all, IEEE.NUMERIC_STD.all;
entity MUX4_1 is
 port (SEL         : in unsigned(1 downto 0);
       A, B, C, D : in std_logic;
       Y          : out std_logic);
end MUX4_1;
architecture WHENELSE_example of MUX4_1 is
 begin
1     Y <= A when sel = "00" else
2           B when sel = "01" else
3           C when sel = "10" else
4           D                 -- when sel = "11"
  end WHENELSE_example;
```

---

## 3 case~when문의 이용

case~when문을 이용한 VHDL 구문을 예문 8-15에서 나타내고 있는데, 1행에서 9행까지 process문을 선언하였으며, 이 안의 3행에서 8행까지가 MUX의 동작을 위한 case~when문이 선언된 부분이다. 4행, 5행, 6행, 7행까지 각 조건에 따라 출력 Y에 값을 대입하도록 하고 있다. 4×1 MUX의 합성결과는 그림 8-14에서 나타낸 바와 같다.

---

예문 8-15 **case문 활용**

```
library IEEE;
use IEEE.STD_LOGIC_1164.all, IEEE.NUMERIC_STD.all;
entity MUX4_1 is
```

(계속)

```
port (SEL          : in  unsigned(1 downto  0);
     A, B, C, D : in  std_logic;
     Y             : out  std_logic);
end  MUX4_1;
architecture  CASE_example of  MUX4_1 is
 begin
1   process(sel, A, B, C, D)
2    begin
3     case  sel is
4       when "00" => Y <= A;
5       when "01" => Y <= B;
6       when "10" => Y <= C;
7       when others => Y <= D;
8     end case;
9   end process;
  end  CASE_example;
```

## 4 with~select문의 이용

with~select문을 이용한 VHDL 구문을 설계하여보자. 1행에서 6행까지가 MUX의 동작을 with~select문으로 기술할 수 있는데, when 이하의 조건 "00", "01", "10", "11"의 조건에 따라 출력 Y에 A, B, C, D의 값이 대입되도록 하고 있다.

with~select문을 이용한 4×1 MUX의 합성결과는 그림 8 – 14에 나타낸 바와 같다.

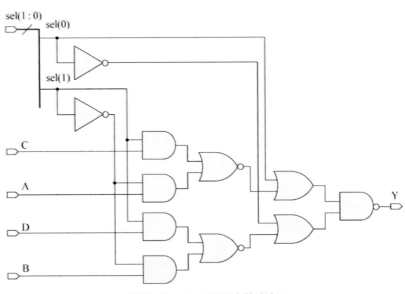

**그림 8-14** 4×1 MUX의 합성회로

```
library IEEE;
use IEEE.STD_LOGIC_1164.all, IEEE.NUMERIC_STD.all;
entity MUX4_1 is
  port (SEL       : in unsigned(1 downto 0);
        A, B, C, D : in std_logic;
        Y          : out std_logic);
end MUX4_1;
architecture WITHSELECT_example of MUX4_1 is
  begin
1     with sel select
2       Y <= A when "00",
3             B when "01",
4             C when "10",
5             D when "11",
6             A when others;
  end WITHSELECT_example;
```

### 예제 8-1

다음에 주어지는 2입력 멀티플렉서(multiplexer)에 대한 등가의 아키텍처 구문을 완성하시오.

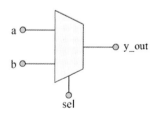

| sel | y_out |
|-----|-------|
| 0   | a     |
| 1   | b     |

```
library IEEE;
use IEEE.std_logic_1164.all;
entity mux2_1 is
  port (a, b, sel : in std_logic;
              y_out : out std_logic);
end mux2_1;
```

(1) architecture 1(동작적 표현)

```
architecture behavioral_flow of mux2_1 is
```

(계속)

```
        begin
          process(a, b, sel)

          begin
            if sel = '0' then
                y_out <= a;
            else
                y_out <= b;
            end if;

          end process;
        end behavioral_flow;
```

(2) architecture 2(동작적 표현)
```
      architecture behavioral_flow of mux2_1 is
        signal x : std_logic;
        begin
          process(a, b, sel)

          begin
                x <= not (sel);
                y_out <= (a and x) or (b and sel);

          end process;
        end behavioral_flow;
```

(3) architecture 3(동작적 표현)
```
      architecture behavioral_flow of mux2_1 is
        begin
          process(a, b, sel)

          begin
            case sel is
                when '0' => y_out <= a;
                when others => y_out <= b;
            else case;

          end process;
        end behavioral_flow;
```

(계속)

(4) architecture 4(자료흐름적 표현)

```
architecture data_flow of mux2_1 is
    begin
        with sel select
            y_out <= a when '0'
                     b when others;
end data_flow;
```

(5) architecture 5(자료흐름적 표현)

```
architecture data_flow of mux2_1 is
    begin
        y_out <= (a and not(sel)) or (b and sel);
end data_flow;
```

## 디코더의 설계

### 1 다중 if문의 이용

제5절에서는 3×8디코더회로를 설계해보자. 그림 8-15는 3×8디코더(decoder)의 진리표를 나타내는데, 이 디코더는 n개의 입력을 2n개의 출력으로 변환하는 것이다.

지금 다중 if문을 이용한 설계 예를 나타내고 있다. 1행에서 12행까지가 process문을 선언한 것이며, 이 process문 내의 3행부터 11행까지가 다중 if문을 이용하여 decoder의 동작을 기술하고 있는데, 여기서 A의 조건에 따라 출력에 8개의 2진수의 조합을 대입하도록 하고 있다. 그 합성 결과를 그림 8-16에서 보여주고 있다.

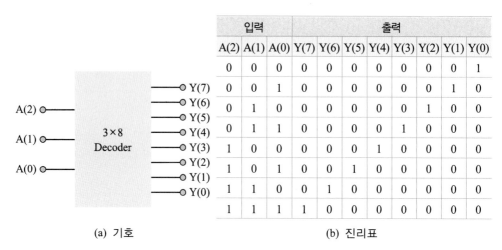

| 입력 | | | 출력 | | | | | | | |
|:---:|:---:|:---:|:---:|:---:|:---:|:---:|:---:|:---:|:---:|:---:|
| A(2) | A(1) | A(0) | Y(7) | Y(6) | Y(5) | Y(4) | Y(3) | Y(2) | Y(1) | Y(0) |
| 0 | 0 | 0 | 0 | 0 | 0 | 0 | 0 | 0 | 0 | 1 |
| 0 | 0 | 1 | 0 | 0 | 0 | 0 | 0 | 0 | 1 | 0 |
| 0 | 1 | 0 | 0 | 0 | 0 | 0 | 0 | 1 | 0 | 0 |
| 0 | 1 | 1 | 0 | 0 | 0 | 0 | 1 | 0 | 0 | 0 |
| 1 | 0 | 0 | 0 | 0 | 0 | 1 | 0 | 0 | 0 | 0 |
| 1 | 0 | 1 | 0 | 0 | 1 | 0 | 0 | 0 | 0 | 0 |
| 1 | 1 | 0 | 0 | 1 | 0 | 0 | 0 | 0 | 0 | 0 |
| 1 | 1 | 1 | 1 | 0 | 0 | 0 | 0 | 0 | 0 | 0 |

(a) 기호            (b) 진리표

**그림 8-15** Decoder의 개념

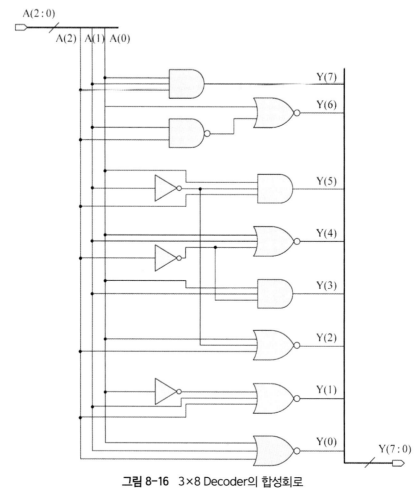

**그림 8-16** 3×8 Decoder의 합성회로

예문 8-17 **다중 if문 활용**

```
library  IEEE;
use  IEEE.STD_LOGIC_1164.all,  IEEE.NUMERIC_STD.all;
entity  DECODER3_8  is
   port  (A : in  integer  range  0  to  7;
          Y : out  unsigned(7 downto  0))
end  DECODER3_8;
architecture  DATAFLOW_example  of  DECODER3_8  is
   begin
1    process(A)
2      begin
3        if(A  =  0)then  Y <=  "00000001";
4        elsif(A  =  1)then  Y <=  "00000010";
5        elsif(A  =  2)then  Y <=  "00000100";
6        elsif(A  =  3)then  Y <=  "00001000";
7        elsif(A  =  4)then  Y <=  "00010000";
8        elsif(A  =  5)then  Y <=  "00100000";
9        elsif(A  =  6)then  Y <=  "01000000";
10       else  Y <=  "10000000";
11       end  if;
12     end  process;
   end  DATAFLOW_example;
```

## 2 when~else문의 이용

3×8디코더(decoder)회로를 when~else문을 이용하여 기술한 VHDL 구문을 나타내고 있다. 1행에서 8행까지 when~else문으로 디코더(decoder)회로의 동작을 기술하고 있는데, when 이하의 조건에 따라 8개의 2진수 조합 정보를 출력 Y에 대입하도록 기술하고 있다. 그 합성 결과는 그림 8-16에서 나타낸 바와 같다.

예문 8-18 **when~else문 활용**

```
library  IEEE;
use  IEEE.STD_LOGIC_1164.all,  IEEE.NUMERIC_STD.all;
entity  DECODER3_8  is
   port  (A : in  integer  range  0  to  7;
```

(계속)

```
              Y :  out unsigned(7  downto  0));
        end DECODER3_8;
        architecture  WHENELSE_example  of  DECODER3_8  is
          begin
1        Y <=  "00000001"  when  A  =  0  else
2                "00000010"  when  A  =  1  else
3                "00000100"  when  A  =  2  else
4                "00001000"  when  A  =  3  else
5                "00010000"  when  A  =  4  else
6                "00100000"  when  A  =  5  else
7                "01000000"  when  A  =  6  else
8                "10000000";
        end WHENELSE_example;
```

## 3 case~when문의 이용

case~when문을 이용한 3×8디코더(decoder)회로를 VHDL 구문으로 나타낸 것으로 1행에서 13행까지 process문을 선언하고, 그 내부의 3행부터 12행까지 case~when문을 선언하여 디코더(decoder)의 동작을 기술하고 있다.

여기서도 when 이하의 값에 따라 8개의 2진수 조합 정보를 출력 Y에 전달하도록 기술하고 있다. 역시 그림 8-16과 같은 합성 결과를 얻을 수 있다.

예문 8-19 **case문 활용**

```
        library IEEE;
        use IEEE.STD_LOGIC_1164.all,  IEEE.NUMERIC_STD.all;
        entity DECODER3_8 is
          port (A :  in integer range  0  to  7;
                Y :  out unsigned(7  downto  0));
        end DECODER3_8;
        architecture CASE_example  of  DECODER3_8  is
          begin
1          process(A)
2           begin
3            case A  is
4              when 0  =>  Y <=  "00000001";
5              when 1  =>  Y <=  "00000010";
```

(계속)

```
6          when  2  => Y <= "00000100";
7          when  3  => Y <= "00001000";
8          when  4  => Y <= "00010000";
9          when  5  => Y <= "00100000";
10         when  6  => Y <= "01000000";
11         when  7  => Y <= "10000000";
12       end case;
13     end process;
   end CASE_example;
```

## 4 with~select문의 이용

다음에는 with~select문을 이용한 3×8디코더(decoder)회로의 VHDL code를 나타내고 있는데, 1행에서 10행까지 with~select문을 이용하여 디코더(decoder)의 동작을 기술하고 있다. when 이하의 A값의 조건에 따라 8개의 2진수 조합의 정보가 출력 Y에 대입하도록 하고 있다. 그림 8–16에서는 이 회로의 합성 결과를 보여주고 있다.

예문 8-20  **with~select문 활용**

```
library  IEEE;
use  IEEE.STD_LOGIC_1164.all,  IEEE.NUMERIC_STD.all;
entity  DECODER3_8  is
   port  (A : in  integer  range  0  to  7;
          Y :  out  unsigned(7  downto  0));
end  DECODER3_8;
architecture  WITH_SELECT_example  of  DECODER3_8  is
   begin
1       with  A  select
2        Y <= "00000001"  when  0,
3              "00000010"  when  1,
4              "00000100"  when  2,
5              "00001000"  when  3,
6              "00010000"  when  4,
7              "00100000"  when  5,
8              "01000000"  when  6,
9              "10000000";  when  7,
10             "00000000";  when  others;
   end  WITH_SELECT_example;
```

## 5 Enable 기능의 디코더 설계

이제 마지막으로 Enable 기능을 갖는 3×6디코더회로를 살펴보자. 표 8-1에서는 enable 기능의 디코더의 진리표를 보여주고 있는데, 진리표에서는 En이 0일 때는 3개의

**표 8-1** Enable 기능의 3×6 디코더 진리표

| 입력 | | | | 출력 | | | | | |
|---|---|---|---|---|---|---|---|---|---|
| En | A(2) | A(1) | A(0) | Y(5) | Y(4) | Y(3) | Y(2) | Y(1) | Y(0) |
| 0 | X | X | X | 0 | 0 | 0 | 0 | 0 | 0 |
| 1 | 0 | 0 | 0 | 0 | 0 | 0 | 0 | 0 | 1 |
| 1 | 0 | 0 | 1 | 0 | 0 | 0 | 0 | 1 | 0 |
| 1 | 0 | 1 | 0 | 0 | 0 | 0 | 1 | 0 | 0 |
| 1 | 0 | 1 | 1 | 0 | 0 | 1 | 0 | 0 | 0 |
| 1 | 1 | 0 | 0 | 0 | 1 | 0 | 0 | 0 | 0 |
| 1 | 1 | 0 | 1 | 1 | 0 | 0 | 0 | 0 | 0 |
| 1 | 1 | 1 | 0 | 0 | 0 | 0 | 0 | 0 | 0 |
| 1 | 1 | 1 | 1 | 0 | 0 | 0 | 0 | 0 | 0 |

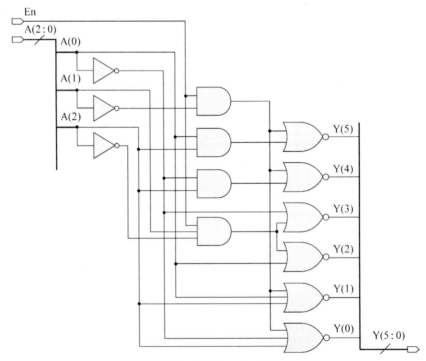

**그림 8-17** Enable_Decoder의 합성회로

입력값에 관계없이 6개의 출력이 모두 '0'의 값만 내주고 있으며, En이 1일 때는 3개의 입력값에 따라 6개의 출력이 동작하는 기능의 디코더를 나타내고 있다.

VHDL modeling에서 16행까지가 process문을 선언한 것이며, 3행부터 15행까지가 if 문을 선언한 것이다. 여기서 3행, 4행에서는 En = '0'인 경우는 출력 Y에 "000000"을 대입하도록 하고 있으며, 그렇지 않은 경우, 즉 En = '1'에서는 6행부터 14행으로 이어지는 case문을 수행하여 Enable Decoder의 동작을 기술하고 있다. when 이하의 A값의 조건에 따라 6개의 2진수의 조합정보가 출력 Y에 전달하도록 하고 있다. 지금 7행, 8행, 9행, 10행, 11행, 12행, 13행으로 이어지고 있다. Enable 기능을 갖는 3×6디코더회로의 합성 결과를 그림 8-17에서 보여주고 있다.

예문 8-21 **enable decoder문**

```
   library IEEE;
   use IEEE.STD_LOGIC_1164.all, IEEE.NUMERIC_STD.all;
   entity EN_DECODER3_6 is
     port (A : in integer range 0 to 7;
           Y : out unsigned(7 downto 0));
   end EN_DECODER3_6;
   architecture CASE_example of EN_DECODER3_6 is
     begin
 1     process(A)
 2       begin
 3         if (En = '0') then
 4           Y <= "000000"
 5         else
 6           case A is
 7             when 0 => Y <= "000001"
 8             when 1 => Y <= "000010"
 9             when 2 => Y <= "000100"
10             when 3 => Y <= "001000"
11             when 4 => Y <= "010000"
12             when 5 => Y <= "100000"
13             when others => Y <= "000000"
14           end case;
15         end if;
16     end process;
     end CASE_example;
```

# 인코더의 설계

## 1 다중 if문의 이용

이제 인코더의 설계에 관하여 살펴보자. 인코더(encoder)는 $2^n$개의 입력 조합으로 n개의 부호화된 출력을 얻는 조합논리회로를 말하는데, 8×3인코더회로의 진리표를 그림 8-18에서 나타내고 있다.

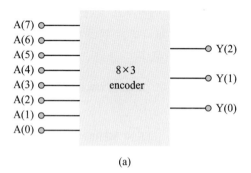

(a)

| 입력 | | | | | | | | 출력 | | |
|---|---|---|---|---|---|---|---|---|---|---|
| A(7) | A(6) | A(5) | A(4) | A(3) | A(2) | A(1) | A(0) | Y(2) | Y(1) | Y(0) |
| 0 | 0 | 0 | 0 | 0 | 0 | 0 | 1 | 0 | 0 | 0 |
| 0 | 0 | 0 | 0 | 0 | 0 | 1 | 0 | 0 | 0 | 1 |
| 0 | 0 | 0 | 0 | 0 | 1 | 0 | 0 | 0 | 1 | 0 |
| 0 | 0 | 0 | 0 | 1 | 0 | 0 | 0 | 0 | 1 | 1 |
| 0 | 0 | 0 | 1 | 0 | 0 | 0 | 0 | 1 | 0 | 0 |
| 0 | 0 | 1 | 0 | 0 | 0 | 0 | 0 | 1 | 0 | 1 |
| 0 | 1 | 0 | 0 | 0 | 0 | 0 | 0 | 1 | 1 | 0 |
| 1 | 0 | 0 | 0 | 0 | 0 | 0 | 0 | 1 | 1 | 1 |

(b) 진리표

**그림 8-18** encoder의 개념

지금 VHDL 구문(code)에서는 다중 if문을 이용한 인코더회로의 동작을 묘사하고 있는데, 1행부터 13행까지 process문을 선언하였으며, 여기서 3행부터 12행까지 다중 if문을 이용한 인코더회로의 기능을 기술하고 있다. 8개의 2진수로 결합한 A의 값에 따라 3개의 2진 정보를 출력 Y에 전달하도록 하고 있다. 그림 8-19에서 8×3인코더회로의 합성 결과를 나타낸 것이다.

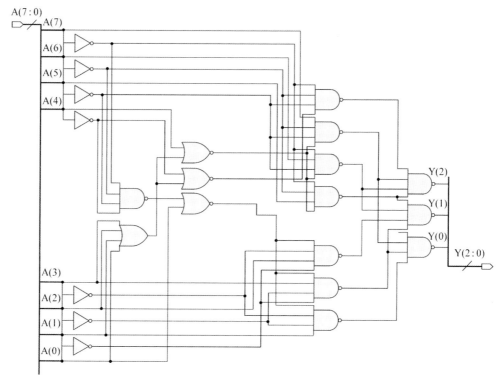

**그림 8-19** 8×3 encoder 회로의 합성 결과

예문 8-22 **다중 if문 활용**

```
library  IEEE;
use  IEEE.STD_LOGIC_1164.all,  IEEE.NUMERIC_STD.all;
entity  ENCODER8_3  is
    port  (A :  in  unsigned(7  downto  0);
           Y :  out  unsigned(2  downto  0));
end  ENCODER8_3;
architecture  DATAFLOW_example  of  ENCODER8_3  is
  begin
1     process(A)
2      begin
3        if(A  =  "00000001")  then  Y  <=  "000";
4        elsif(A  =  "00000010")  then  Y  <=  "001";
5        elsif(A  =  "00000100")  then  Y  <=  "010";
6        elsif(A  =  "00001000")  then  Y  <=  "011";
7        elsif(A  =  "00010000")  then  Y  <=  "100";
8        elsif(A  =  "00100000")  then  Y  <=  "101";
```

(계속)

```
9       elsif(A = "01000000") then Y <= "110";
10      elsif(A = "10000000") then Y <= "111";
11      else Y <= "xxx"
12      end if;
13    end process;
    end DATAFLOW_example;
```

## 2 when~else문의 이용

이제 when~else문을 이용한 8×3인코더(encoder)의 VHDL 구문을 보여주고 있다. 1
행에서 8행까지 인코더의 동작을 기술하고 있으며, when 이하에 주어진 8개 조합의 A
값에 따라 3개의 2진 정보를 출력 Y에 전달하고 있다. 이의 합성 결과를 그림 8 - 19에
서 보여주고 있다.

예문 8-23  when~else문 활용

```
library IEEE;
use IEEE.STD_LOGIC_1164.all, IEEE.NUMERIC_STD.all;
entity ENCODER8_3 is
   port (A : in unsigned(7 downto 0);
         Y : out unsigned(2 downto 0))
end ENCODER8_3;
architecture WHEN_ELSE_example of ENCODER8_3 is
   begin
1      Y <= "000" when A = "00000001" else
2              "001" when A = "00000010" else
3              "010" when A = "00000100" else
4              "011" when A = "00001000" else
5              "100" when A = "00010000" else
6              "101" when A = "00100000" else
7              "110" when A = "01000000" else
8              "111" when A = "10000000" else
               "xxx";
    end WHEN_ELSE_example;
```

## 3 case～when문의 이용

이제 case～when문을 이용한 VHDL 구문(code)의 설계 예를 보고 있다. 1행부터 14행까지는 process문을 선언한 것이며, 그 안의 3행부터 13행까지가 인코더의 동작을 기술한 것이다. when 이하의 A의 조건에 따라 3개의 2진 정보가 출력 Y에 전달하도록 하고 있다. 그림 8-19에서 그 합성 결과를 나타낸 것이다.

예문 8-24 **case문 활용**

```
  library IEEE;
  use IEEE.STD_LOGIC_1164.all, IEEE.NUMERIC_STD.all;
  entity ENCODER8_3 is
    port (A : in unsigned(7 downto 0);
          Y : out unsigned(2 downto 0));
  end ENCODER8_3;
  architecture CASE_example of ENCODER8_3 is
    begin
1     process(A)
2      begin
3       case A is
4        when "00000001" => Y <= "000";
5        when "00000010" => Y <= "001";
6        when "00000100" => Y <= "010";
7        when "00001000" => Y <= "011";
8        when "00010000" => Y <= "100";
9        when "00100000" => Y <= "101";
10       when "01000000" => Y <= "110";
11       when "10000000" => Y <= "111";
12       when others     => Y <= "xxx";
13        end case;
14     end process;
    end CASE_example;
```

## 4 with～select문의 이용

with～select문을 이용한 8×3인코더(encoder)회로의 설계 결과를 나타내고 있는데, VHDL 구문에서 1행부터 10행까지의 내용으로 인코더의 기능을 기술하고 있다. 이 구문의 합성 결과를 그림 8-19에서 나타내었다.

```
    library  IEEE;
    use  IEEE.STD_LOGIC_1164.all,  IEEE.NUMERIC_STD.all;
    entity  ENCODER8_3 is
      port  (A : in  unsigned(7 downto  0);
             Y : out  unsigned(2 downto  0));
    end  DECODER3_8;
    architecture  WITH_SELECT_example  of  ENCODER8_3 is
      begin
1       with A  select
2         Y <=  "000"  when  "00000001",
3         Y <=  "001"  when  "00000010",
4         Y <=  "010"  when  "00000100",
5         Y <=  "011"  when  "00001000",
6         Y <=  "100"  when  "00010000",
7         Y <=  "101"  when  "00100000",
8         Y <=  "110"  when  "01000000",
9         Y <=  "111"  when  "10000000",
10        Y <=  "XXX"  when  others;
      end  WITH_SELECT_example;
```

## 5 for~loop문의 활용

이번에는 for~loop문을 활용한 설계 결과를 보여주고 있다. 지금 VHDL 구문(code)의 1행부터 14행까지 process문을 선언하고, 그 안의 2행, 3행에서 n과 test를 변수로 선언하였다. 그리고 7행부터 13행까지 for~loop문을 기술하여 인코더 기능을 나타내고 있다. 그림 8-19에서는 그 합성 결과를 보여주고 있다.

```
    library  IEEE;
    use  IEEE.STD_LOGIC_1164.all,  IEEE.NUMERIC_STD.all;
    entity  ENCODER8_3 is
      port  (a : in  unsigned(7 downto  0);
             y : out  unsigned(2 downto  0));
    end  ENCODER8_3;
```

(계속)

```
       architecture FOR_LOOP_example of ENCODER8_3 is
          begin
1           process(a)
2               variable n : integer range 0 to 7;
3               variable test : unsigned(7 downto 0);
4             begin
5               test := "00000001";
6                   y <= "xxx"
7             for n in 0 to 7 loop
8               if(a = test) then
9                   y <= to_unsigned(n, 3);
10                    exit;
11                  end if;
12              test := shift_left(test(test, 1);
13            end loop;
14          end process;
15  end FOR_LOOP_example;
```

# 비교기의 설계

## 1 6-bit 2-입력 동등비교기

이제 비교기(comparator)의 설계를 살펴보자. 이 비교기는 한 개 혹은 여러 개의 비교 요소를 이용하여 두 개 이상의 입력을 비교하여 출력에 정보를 주는 것을 말한다. 먼저 두 개의 6bit 입력을 갖는 동등비교기에 관하여 설계한다. 이 동등비교기는 세 가지 방법으로 부호화하게 되는데, 이것은 두 개의 6bit 입력 버스가 같을 때만 출력은 단일 bit 논리 '1'로 나타나게 되고, 그 외는 논리 '0'이 나타나는 결과를 얻게 되는 것이다.

VHDL 구문에서 1행부터 21행까지는 process문이 선언된 것으로 여기서 3행부터 11 행까지는 첫 번째 비교로써 "A1 = B1"을 비교한 것인데, for~loop문을 이용하고 있다. 5행부터 10행까지 if문으로 첫 번째 비교의 조건을 기술하고 있으며, 두 번째 조건 비교는 12행부터 15행까지로 "A2 = B2"의 조건이고, 세 번째는 16행부터 20행까지인데, 이 것은 "A3 = B3"인 조건을 기술한 것이다. 그림 8 – 20에서는 두 개의 6bit 동등비교기를 합성한 결과를 보여주고 있다.

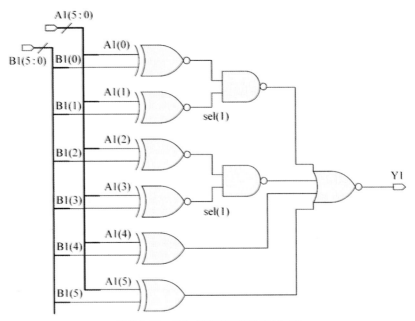

그림 8-20 6bit 동등비교기의 합성회로

예문 8-29 6bit 2-입력 동등비교기 구문

```
     library  IEEE;
     use  IEEE.STD_LOGIC_1164.all,  IEEE.NUMERIC_STD.all;
     entity  EQ_COMPARATOR  is
        port  (A1, B1, A2, B2, A3, B3 : in unsigned(5 downto 0);
               Y1, Y2, Y3 : out std_logic);
     end  EQ_COMPARATOR;
     architecture  EQUAL_example  of  EQ_COMPARATOR  is
        begin
1            process(A, B1, A2, B2, A3, B3)
2          begin
3             Y1 <= '1';
4              for n in 0 to 5 loop
5                if(A1(n) /= B1(n)) then
6                  Y1 <= '0';
7                    exit;
8                else
9                    null;
10                 end if;
11               end loop;
```

(계속)

```
12            Y2 <= '0';
13              if(A2 = B2) then
14                Y2 <= '1';
15            end if;
16              if(A3 = B3) then
17                Y3 <= '1';
18            else
19                Y3 <= '0';
20            end if;
21          end process;
        end EQUAL_example;
```

## 2 복합비교기

복합기능의 비교기로써 "A = B", "C /= D", "E >= F"의 기능을 갖는 비교기를 설계하여 보자. VHDL modeling에서 1행부터 8행까지가 process문을 선언한 것이며, 여기서 3행부터 7행까지 if문을 선언하였다. 3행에서 서로 같음, 서로 다름, 한쪽이 크거나 같음의 세 조건이 참이면 출력 Y에 논리 '1'이 전달되고, 그렇지 않으면 논리 '0'이 전달되도록 기술하고 있다. 그림 8-21에서는 복합비교기의 합성회로를 보여주고 있다.

예문 8-30 **복합비교기 구문**

```
   library IEEE;
   use IEEE.STD_LOGIC_1164.all, IEEE.NUMERIC_STD.all;
   entity MULTI_COMPARATOR is
     port (A, B, C, D, E, F : in unsigned(2 downto 0);
          Y : out std_logic);
   end MULTI_COMPARATOR;
   architecture MULTI_example of MULTI_COMPARATOR is
     begin
1     process(A, B, C, D, E, F)
2       begin
3         if(A = B and (C /= D or E >= F)) then
4             Y <= '1';
5         else
6             Y <= '0';
7         end if;
8       end process;
9   end MULTI_example;
```

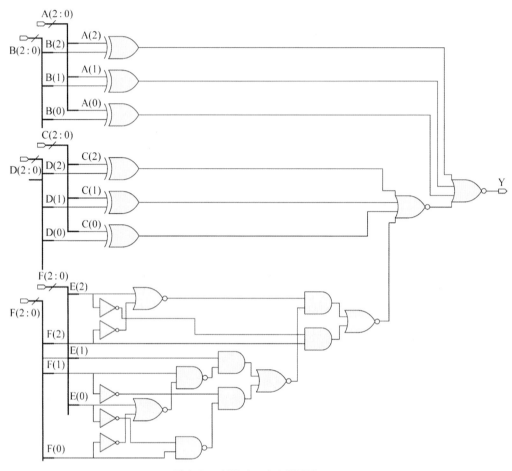

**그림 8-21** 복합비교기의 합성회로

## ALU의 설계

ALU(Arithmetic Logic Unit)는 컴퓨터의 중앙연산장치의 핵심 장치의 하나로써 이것은 조합논리회로로 구성되며, 두 개의 입력 버스 상에서 일련의 산술연산과 논리적인 연산 등을 수행하는 기능을 갖는 것이다. 수행할 동작을 선택하기 위하여 n개의 부호화 입력이 있어야 하며, 그 선택된 동작 선은 $2^n$개의 다른 동작을 주기 위하여 ALU 내에서 부호화되어야 한다. 표 8-2에서는 14개의 기능을 갖는 동작표를 보여주고 있다.

VHDL 구문에서 IEEE 라이브러리에 있는 패키지 std_logic_1164와 numeric_std의 모든 내용을 사용하겠다고 선언하였다. 그리고 entity의 port에서 sel, carryin, A, B를 입력

**표 8-2** ALU의 기능표

| 관련 장치 | 기능 | 동작 | S4 | S3 | S2 | S1 | S0 | Cin |
|---|---|---|---|---|---|---|---|---|
| 산술 장치 | 전달 A | $Y <= A$ | 0 | 0 | 0 | 0 | 0 | 0 |
| | 증가 | $Y <= A + 1$ | 0 | 0 | 0 | 0 | 0 | 1 |
| | 덧셈 | $Y <= A + B$ | 0 | 0 | 0 | 0 | 1 | 0 |
| | 캐리더하기 | $Y <= A + B + 1$ | 0 | 0 | 0 | 0 | 1 | 1 |
| | B의 1의 보수더하기 | $Y <= A + \overline{B}$ | 0 | 0 | 0 | 1 | 0 | 0 |
| | 뺄셈 | $Y <= A + \overline{B} + 1$ | 0 | 0 | 0 | 1 | 0 | 1 |
| | 감소 A | $Y <= A - 1$ | 0 | 0 | 0 | 1 | 1 | 0 |
| | 전달 A | $Y <= A$ | 0 | 0 | 0 | 1 | 1 | 1 |
| 논리 장치 | AND | $Y <= A$ and $B$ | 0 | 0 | 1 | 0 | 0 | 0 |
| | OR | $Y <= A$ or $B$ | 0 | 0 | 1 | 0 | 1 | 0 |
| | XOR | $Y <= A$ xor $B$ | 0 | 0 | 1 | 1 | 0 | 0 |
| | A의 부정 | $Y <= \overline{A}$ | 0 | 0 | 1 | 1 | 1 | 0 |
| 쉬프터 장치 | 전달 A | $Y <= A$ | 0 | 0 | 0 | 0 | 0 | 0 |
| | 좌측 이동 A | $Y <= $ shl $A$ | 0 | 1 | 0 | 0 | 0 | 0 |
| | 우측 이동 A | $Y <= $ shr $A$ | 1 | 0 | 0 | 0 | 0 | 0 |
| | 전달 0 | $Y <= 0$ | 1 | 1 | 0 | 0 | 0 | 0 |

으로 하고, sel은 5bit 내림차순, A와 B는 unsigned 8bit 내림차순으로 설정하고 있다. 출력 Y도 8bit 내림차순으로 설정하였다.

예문 8-31 ALU의 entity 구문

```
library IEEE;
use IEEE.STD_LOGIC_1164.all, IEEE.NUMERIC_STD.all;
entity combi_ALU is
    port (sel : in unsigned(4 downto 0);
          carryin : in std_logic;
          A, B : in unsigned(7 downto 0);
          Y : out unsigned(7 downto 0);
    end combi_ALU;
```

여기서 3행부터 process문이 선언되며, 4행, 5행에서 sel0_1_carryin을 3bit unsigned 내림차순으로 설정하고, LogicUnit, ArithUnit, ALU_NoShift를 8bit 내림차순으로 하여 변수로 선언하고 있으며, 그리고 7행부터 13행까지 논리장치에 대한 동작을 case문을 이용하여 기술하고 있다. 여기서 when 이하의 조건에 따라 and기능, or기능, xor기능, not기능 등을 수행할 수 있도록 하고 있다. 15행부터 25행까지는 산술장치에 관한 동작을 기술하고 있으며, when 이하의 조건에 따라 덧셈, 뺄셈 등을 수행하도록 하고 있다.

---

예문 8-31-1 **ALU의 architecture 구문 계속**

```
1   architecture ALU_example of combi_ALU is
2     begin
3       process(sel, A, B, carryin)
4         variable sel0_1_carryin : unsigned(2 downto 0);
5         variable LogicUnit, ArithUnit, ALU_NoShift : unsigned(7 downto 0);
6       begin
7   Logic_Unit : case sel(1 downto 0) is                 -- logic unit에 대한 동작
8         when "00" => LogicUnit := A and B;
9         when "01" => LogicUnit := A or B;
10        when "10" => LogicUnit := A xor B;
11        when "11" => LogicUnit := not A;
12        when others => LogicUnit := (others => 'X');
13      end case Logic_Unit;
14    sel0_1_carryin := sel(1 downto 0) & carryin;
15   Arith_Unit : case sel0_1_carryin) is               -- arithmetic unit에 대한 동작
16        when "000" => ArithUnit := A;
17        when "001" => ArithUnit := A + 1;
18        when "010" => ArithUnit := A + B;
19        when "011" => ArithUnit := A + B + 1;
20        when "100" => ArithUnit := A + not B;
21        when "101" => ArithUnit := A - B;
22        when "110" => ArithUnit := A - 1;
23        when "111" => ArithUnit := A;
24        when others => ArithUnit := (others => 'X');
25      end case Arith_Unit;
```

지금 26행에서 30행까지 논리장치와 산술장치의 복합기능을 수행하도록 if문을 이용하여 기술하고 있으며, 31행부터 37행까지는 shift 기능이 이루어지도록 하고 있다. when 이하의 조건에 따라 NoShift, shift_left, shift_right 기능이 이루어지도록 기술되어 있다. 그림 8-22에서는 ALU의 모델화된 회로 구조를 보여주고 있다.

예문 8-31-2 **ALU의 architecture 구문 계속**

26  LA_Multi : if (sel(2) = '1') then  -- Logic Unit와 Arithmetic Unit의 복합기능
의 기술

27      ALU_NoShift : = LogicUnit;

28  else

29      ALU_NoShift : = ArithUnit;

30  end if LA_Multi;

31  Shift : case sel(4 downto 3) is  -- shift 동작기능의 기술

32    when "00" => Y <= ALU_Noshift;

33    when "01" => Y <= shift_left(ALU_Noshift, 1);

34    when "10" => Y <= shift_right(ALU_Noshift, 1);

35    when "11" => Y <= (others => '0');

36    when others => Y <= (others => 'X');

37   end case Shift;

38   end process;

39 end ALU_example;

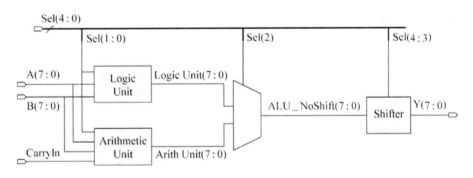

그림 8-22  ALU 회로의 구조

**예제 8 - 2**

다음에 주어지는 ALU(arithmetic logic units)에 대한 아키텍처 구문을 완성하시오.

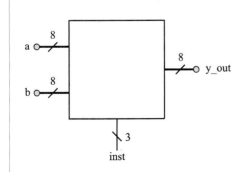

| inst | operation |
|---|---|
| 0 0 0 | a AND b |
| 0 0 1 | a OR b |
| 0 1 0 | shift left 1 bit(a) |
| 0 1 1 | shift right 1 bit(a) |
| 1 0 0 | a + b |
| 1 0 1 | a − b |
| 1 1 0 | a * b |
| 1 1 1 | transfer a |

(계속)

```vhdl
library IEEE;
use IEEE.std_logic_1164.all;
entity ALU is
    port (a, b : in std_logic_vector(7 downto 0);
          inst : in std_logic_vector(2 downto 0);
             y_out : out std_logic_vector(7 downto 0));
end ALU;

architecture 1(동작적 표현)
architecture behav_flow of ALU is
    begin
      process(a, b, inst)
        begin
          case inst is
            when "000" => y_out <= a and b;
            when "001" => y_out <= a or b;
            when "010" => y_out <= shl(a, "01");
            when "011" => y_out <= shr(a, "01");
            when "100" => y_out <= a + b;
            when "101" => y_out <= a - b;
            when "110" => y_out <= conv_std_logic_vector(conv_integer(a*b), 8);
            when others => y_out <= a;
          end case;
      end process;
end behav_flow,
```

**자 기 학 습 문 제**

다음 물음에 적절한 답을 고르시오.

**01** 다음 중 논리연산자가 아닌 것은?

① and ② nor
③ < ④ not

**02** 다음과 같은 합성회로에 대한 VHDL 구문 중 ⓐ, ⓑ의 내용은?

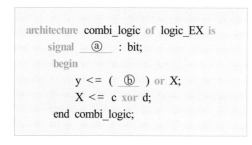 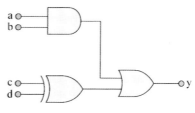

```
architecture combi_logic of logic_EX is
    signal    ⓐ    : bit;
        begin
            y <= (  ⓑ  ) or X;
            X <= c xor d;
        end combi_logic;
```

① ⓐ X, ⓑ a and b ② ⓐ X, ⓑ a or b
③ ⓐ a, ⓑ c and d ④ ⓐ a, ⓑ c or d

**03** 다음 중 산술연산자는?

① / = ② > =
③ / ④ not

04 다음에 주어지는 VHDL 구문 중 ⓐ, ⓑ의 내용은?

```
entity condition_EX is
     ⓐ      (zero, one, sel : in bit;
               y <= out bit);
end condition_EX;
architecture combi_logic of condition_EX is
   begin
     y <= one when sel = '1'    ⓑ    zero;
end combi_logic;
```

① ⓐ port, ⓑ sel                    ② ⓐ one, ⓑ zero
③ ⓐ else, ⓑ port                   ④ ⓐ port, ⓑ else

05 다음에 주어지는 회로에 대한 밑줄 부분의 if문을 완성하시오.

```
if (con = '1') then
_____
else
y <= '0';
end if;
```

① y <= a and b                    ② y <= '0'
③ y <= con                        ④ y <= '1'

06 다음 2×4 Decoder 회로의 진리표를 보고 물음에 답하시오.

| 입력 | | 출력 | | | |
|---|---|---|---|---|---|
| a(1) | a(0) | y(3) | y(2) | y(1) | y(0) |
| 0 | 0 | 0 | 0 | 0 | 1 |
| 0 | 1 | 0 | 0 | 1 | 0 |
| 1 | 0 | 0 | 1 | 0 | 0 |
| 1 | 1 | 1 | 0 | 0 | 0 |

(1) case~when문을 이용한 VHDL 구문의 경우 ⓐ, ⓑ에 알맞은 내용은?

```
        case  ⓐ  is
          when "00" => y <= "0001";
          when "ⓑ" => y <= "0010";
          when "10" => y <= "0100";
          when others => y <= "1000";
        end case;
```

① ⓐ y, ⓑ 01                    ② ⓐ y, ⓑ 10
③ ⓐ a, ⓑ 01                    ④ ⓐ 1, ⓑ 10

(2) with-select문을 이용한 VHDL 구문의 경우 ⓐ, ⓑ에 알맞은 내용은?

```
        with a select
          ⓐ  <= "0001" when "00",
                 "0010" when "01",
                 " ⓑ " when "10",
                 "1000" when "11";
```

① ⓐ y, ⓑ 0001                  ② ⓐ y, ⓑ 0100
③ ⓐ a, ⓑ 0010                  ④ ⓐ a, ⓑ 1000

(3) when-else문을 이용한 VHDL 구문의 경우 ⓐ, ⓑ에 알맞은 내용은?

```
        y <= " ⓐ " when a = "00" else
             "0010" when a = "01" else
             "0100" when a = "10" else
             "1000"          ⓑ
```

① ⓐ 0100, ⓑ when a = "00"      ② ⓐ 0100, ⓑ when a = "11"
③ ⓐ 0000, ⓑ ;                  ④ ⓐ 0001, ⓑ ;

07 다음 MUX를 이용한 조합논리회로에 대한 VHDL 구문 중 ⓐ, ⓑ에 알맞은 내용은?

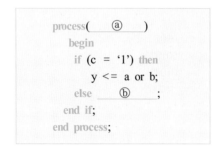

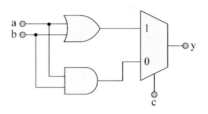

① ⓐ a ⓑ y <= a or b
② ⓐ a, b, c ⓑ y <= a and b
③ ⓐ a ⓑ y <= a and b
④ ⓐ a, b, c ⓑ y <= a or b

연 구 문 제

다음 물음에 답하시오.

01 다음에 주어지는 VHDL 구문의 합성회로를 완성하시오.

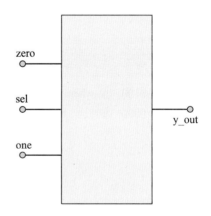

**02** 다음에 주어지는 합성회로에 대한 VHDL 구문을 완성하시오. (단 with~select문 이용)

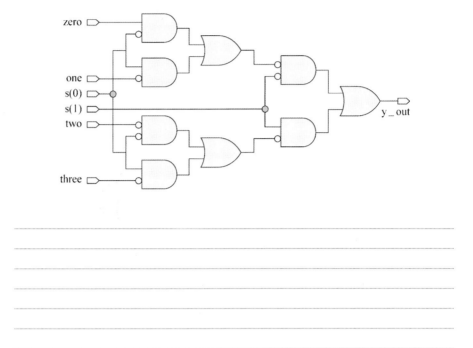

**03** 다음에 주어진 회로에 대한 VHDL 구문을 완성하시오. (단 if문 이용)

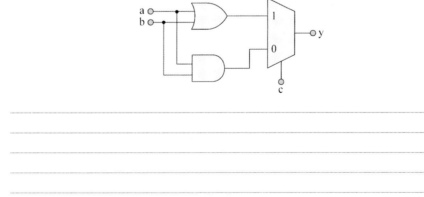

04 다음에 주어지는 2×4 Decoder 회로에 대한 VHDL 구문을 완성하시오.

```
library IEEE;
use IEEE.STD_LOGIC_1164.all;
entity decoder2_4 is
    port(a : in std_logic_vector(1 downto 0);
          y : out std_logic_vector(3 downto 0));
end decoder2_4;
```

(1) 자료흐름적 표현으로 구현

(2) case~when문 표현으로 구현

(3) if문 표현으로 구현

(4) with~select문으로 표현

(5) when~else문으로 표현

05  다음에 주어지는 8×3 Encoder 회로의 진리표와 entity를 보고, 주어진 기법으로 VHDL 구문을 완성하시오. (단, architecture 이름은 자유롭게 정함)

| 입력 | | | | | | | | 출력 | | |
|------|------|------|------|------|------|------|------|------|------|------|
| A7 | A6 | A5 | A4 | A3 | A2 | A1 | A0 | Y2 | Y1 | Y0 |
| 0 | 0 | 0 | 0 | 0 | 0 | 0 | 1 | 0 | 0 | 0 |
| 0 | 0 | 0 | 0 | 0 | 0 | 1 | 0 | 0 | 0 | 1 |
| 0 | 0 | 0 | 0 | 0 | 1 | 0 | 0 | 0 | 1 | 0 |
| 0 | 0 | 0 | 0 | 1 | 0 | 0 | 0 | 0 | 1 | 1 |
| 0 | 0 | 0 | 1 | 0 | 0 | 0 | 0 | 1 | 0 | 0 |
| 0 | 0 | 1 | 0 | 0 | 0 | 0 | 0 | 1 | 0 | 1 |
| 0 | 1 | 0 | 0 | 0 | 0 | 0 | 0 | 1 | 1 | 0 |
| 1 | 0 | 0 | 0 | 0 | 0 | 0 | 0 | 1 | 1 | 1 |

```
library  IEEE;
use  IEEE.STD_LOGIC_1164.all,  IEEE.numeric_STD.all;
entity  ENCODE_EX8_3  is
    port (A :  in  std_logic_vector(7  downto  0);
              Y :  out  std_logic_vector(2  downto  0));
end  ENCODE_EX8_3;
```

(1) if문으로 완성

(2) when~else문의 이용

(3) case~when문으로 완성

(4) with~select문으로 완성

다음은 복수의 비교를 위한 비교기의 합성회로를 나타낸 것이다. 그림과 엔티티 구문을 보고 VHDL 구문을 완성하시오. (단 if문을 활용한다)

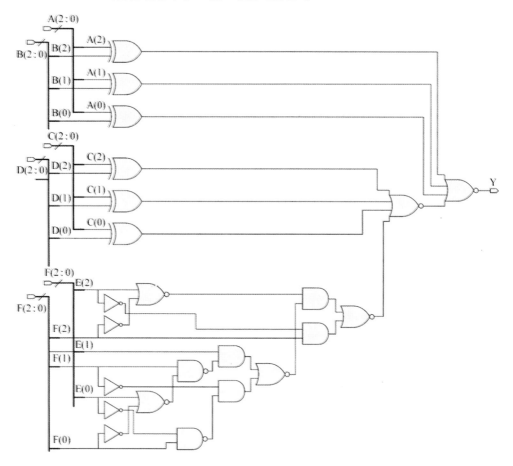

```
library IEEE;
use IEEE. STD_LOGIC_1164.all, IEEE.numeric_STD.all;
entity MultiComp_EX is
    port (A, B, C, D, E, F : in std_logic_vector(2 downto 0);
          Y : out std_logic);
end MultiComp_EX;
```

07 다음은 간단한 조합논리회로를 설계하기 위한 VHDL 구문으로 process문에서 객체인 signal과 variable을 활용한 것이다. 주어진 엔티티의 내용에 따라 아키텍처의 각 물음에 답하시오.

```
library IEEE;
use IEEE.STD_LOGIC_1164.all; IEEE.NUMERIC_STD.all;
entity variable_signal is
    port (clock, A1, B1, C1, A2, B2, C2 : in std_logic;
          Y1, Y2, Y3, Y4 : out std_logic);
end variable_signal;
architecture Signal Variable_EX of variable_signal is
    begin
```

(1) 객체 variable을 활용한 VHDL 구문을 보고 합성회로를 완성하시오.

```
Variable_Combi : process(A1, B1, C1)
    variable M1 : std_logic;
  begin
    M1 := A1 and B1;
    Y1 <= M1 or C1 after 2ns;
end process Variable_Combi;
```

(2) 다음의 조합논리회로를 보고, 이 회로가 합성이 되도록 VHDL 구문을 완성하시오.

# 9

Design of Sequential Logic Circuit

# 순서논리회로의 설계

## 순서논리회로

순서논리는 출력의 값이 외부 입력과 현재 상태의 함수로 결정되는 것인데, 그림 9–1에서는 순서논리회로의 개념도를 보여주고 있다. 기본적으로 조합논리와 clk에 의해 구동되는 기억소자로 구성하게 된다. 여기서 조합논리회로의 입력은 외부입력과 기억소자로부터 되돌려진 출력으로 구성되며, 조합논리의 출력은 다시 기억소자에 입력하도록 되어 있다. 보통 순서논리회로의 기억소자는 주로 flip_flop으로 설계하고 있다. 이순서논리회로는 clk 펄스가 인가되는 시점에 동작하는 동기형과 clk과는 무관하게 입력의 변화에 의해 동작하는 비동기형 등으로 구분되고 있다.

이제 순서논리회로의 특성에 관하여 살펴보자. 그림 9–2에서는 and 게이트와 D flip_flop이 조합된 회로를 보여주고 있으며, VHDL 구문에서는 process문만을 나타낸 것이다. 1행부터 4행까지 조합논리의 표현으로 입력의 변화가 있으면, 바로 출력으로 전달되는 것이다. 그러나 5행부터 10행까지는 순서논리의 process문을 나타낸 것으로 7행과 같이 clk의 상승지점(rising edge)에서 입력의 값이 출력에 전달되어 flip_flop이 합성되는 것이다.

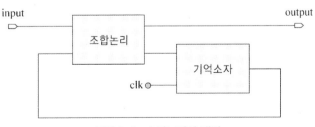

**그림 9-1  순서논리의 개념**

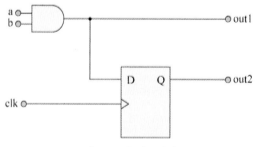

그림 9-2 순서논리회로

예문 9-1 순서논리회로의 process 구문

```
1   p1 : process(a, b)                       -- 조합논리의 process문(감지 리스트 : a, b)
2      begin
3        out1 <= a and b;                    -- 입력의 변화가 있으면, 바로 출력 out1에
                                                전달
4      end process p1;                        -- flip_flop이 합성

5   p2 : process(clk)                         -- 순서논리 process, 감지요소 clk
6      begin
7        if(clk' event and clk = '1')then     -- clk의 rising edge에서만 입력값이 출력에
                                                전달
8          out2 <= a and b;                   -- flip_flop이 합성
9        end if;
10     end process p2;
```

## 래치회로

### 1 래치회로의 모델링

이제 래치의 모델링에 대하여 살펴보자. 래치(latch)는 enable 기능에서는 D 입력이 출력으로 전달이 되지만, enable 기능이 아닌 경우는 출력 Q의 전 상태 값을 유지하는 메모리 셀 기능을 나타내는 것이다.

그림 9-3에서는 D latch의 기호와 진리표, 입출력 신호 파형을 보여주고 있는데, enable EN이 논리 '1' 상태일 때, D의 입력값은 그대로 출력 Q로 전달이 되나, 논리 '0' 상태일 때는 Q 출력의 전 상태가 그대로 유지되는 메모리 기능이 되는 것이다.

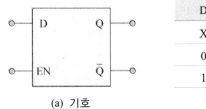

(a) 기호

| D | EN | Q | $\overline{Q}$ |
|---|---|---|---|
| X | 0 | Q | $\overline{Q}$ |
| 0 | 1 | 0 | 1 |
| 1 | 1 | 1 | 0 |

(b) 진리표

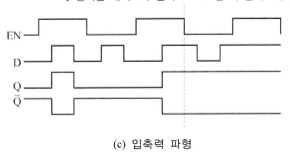

Q 출력은 게이트가 논리 '0'으로 갈 때 논리 '1'유지

(c) 입축력 파형

**그림 9-3**  D_latch

## 2 프로시저를 활용한 래치회로

프로시저(procedure)를 이용하여 래치를 구현하여 보자. 지금 VHDL 구문의 1행에서 7행까지는 프로시저를 선언하여 래치를 설계한 부분이고 9행, 10행은 선언된 프로시저를 호출하여 사용한 내용을 기술한 것이다. 2행에서 출력 z_out에 대한 신호 선언은 signal로 선언하고 있으며 9행, 10행은 프로시저 latch가 바로 문장으로 사용되어 값이 반환되고 있음을 기술하고 있다. 동일한 내용의 래치를 두 번 호출하여 두 개의 래치를 합성하는 기법으로 설계하고 있으며, 그림 9-4에서는 latch의 합성회로를 보여주고 있다.

예문 9-2  **프로시저 활용**

```
library  IEEE
use  IEEE. std_logic_1164.all;
entity  procedure_latch  is
   port(clk : in  std_logic;
        a, b : in  std_logic_vector(1 downto 0);
        z_out : out  std_logic_vector(1 downto 0);
end  procedure_latch;
architecture  latch_example  of  procedure_latch  is
```

(계속)

```
1    procedure latch(clk, a, b : in std_logic;
2                    signal z_out : out std_logic) is
3      begin
4        if clk = '1' then
5          z_out <= a and b;
6        end if;
7      end latch;
8    begin
9    latch_1 : latch(clk, a(0), b(0), z_out(0));
10   latch_2 : latch(clk, a(1), b(1), z_out(1));
11 end latch_example;
```

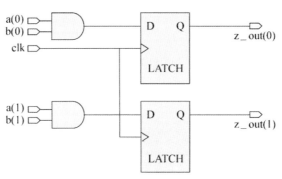

**그림 9-4** 래치의 합성회로

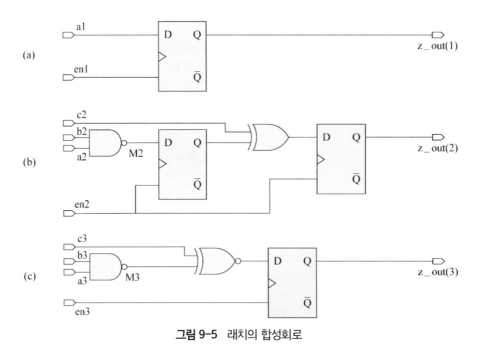

**그림 9-5** 래치의 합성회로

## 3 단일 및 복수 래치

단일 혹은 복수의 래치(simple and multiple latch)에 관하여 살펴보자. 여기서는 if문을 이용하여 기술하였는데, VHDL 구문의 1행과 3행에서는 M2를 신호로, M3를 변수로 각각 선언하였다. 2행부터 16행까지가 process문을 선언한 것이고, 이 내부의 5행부터 7행까지 단일의 래치를 기술한 것이며, 8행부터 11행까지는 signal M2를 대입하여 두 개의 래치가 생성되도록 한 것이다.

한편 12행부터 15행까지는 변수 M3를 대입하여 하나의 래치가 생성되도록 하고 있다. 그림 9 – 5에서는 래치가 합성된 회로를 보여주고 있는데, 그림 (a)는 단일 래치, 그림 (b)는 복수의 래치, 그림 (c)는 하나의 래치가 생성된 결과를 각각 보여주고 있다.

### 예문 9-3  단일 및 복수 래치 구문

```
    library IEEE
    use IEEE.STD_LOGIC_1164.all, IEEE.NUMERIC_STD.all;
    entity LATCH_EX is
       port(en1, en2, en3, a1, a2, a3, b3, c3 : in std_logic;
            z_out(1), z_out(2), z_out(3) : out std_logic);
    end LATCH_EX;
    architecture LATCH_example of LATCH_EX is
1        signal M2 : std_logic;
      begin
2    P1 : process(en1, en2, en3, a1, a2, b2, c2, a3, b3, c3)
3           variable M3 : std_logic;
4      begin
5      if(en1 = '1') then
6        z_out1 <= 'a1';
7      end if;
8      if(en2 = '1') then
9        M2 <= a2 nand b2;
10       z_out2 <= M2 nor c2;
11     end if;
12     if(en3 = '1') then
13       M3 := a3 nand b3;
14       z_out3 <= M3 nor c3;
15     end if;
16   end process P1;
17 end LATCH_example;
```

## 4 preset / clear 기능의 래치

이제 preset과 clear 기능을 갖는 래치를 모델화하여 보자. if문을 이용한 VHDL 구문 3행부터 7행까지는 active low clear 기능을 갖는 래치, 8행부터 12행까지는 active high clear 기능을 갖는 래치, 13행부터 17행까지는 active low preset 기능을 갖는 래치, 18행부터 22행까지는 active high preset 기능의 래치, 23행부터 29행까지는 active high preset과 clear 기능을 갖는 래치를 각각 기술하고 있다.

그림 9-6에서는 방금 살펴본 5가지 기능의 래치를 각각 보여주고 있다.

---

예문 9-4 **preset 및 clear 기능의 래치 구문**

```
   library IEEE;
   use IEEE.std_logic_1164.all, IEEE.numeric_std.all;
   entity PRCL_example is
       port(en1, clear1, a1, en2, clear2, a2, en3, preset3, a3, en4, preset4, a4
            en5, preset5, clear5, a5 : in std_logic;
            z_out(1), z_out(2), z_out(3), z_out(4), z_out(5) : out std_logic);
   end PRCL_example;
   architecture LATCH_example of PRCL_example is
       begin
1  process(en1, clear1, a1, en2, clear2, a2, en3, preset3, a3, en4, preset4, a4
            en5, preset5, clear5, a5)
2      begin
3          if(clear1  = '0') then
4              z_out1 <=  '0';
5          elsif(en1  =  '1') then
6              z_out1 <=  a1;
7          end if;
8          if(clear2  =  '1') then
9              z_out2 <=  '0';
10         elsif(en2  =  '1') then
11             z_out2 <=  a2;
12         end if;
13         if(preset3  =  '0') then
14             z_out3 <=  '1';
15         elsif(en3  =  '1') then
16             z_out3 <=  a3;
17         end if;
18         if(preset4  =  '1') then
```

(계속)

```
19        z_out4 <= '1';
20      elsif(en4 = '1') then
21       z_out4 <= a4
22      end if;
23      if(clear5 = '1') then
24       z_out5 <= '0';
25      elsif(preset5 = '1') then
26       z_out5 <= '1';
27      elsif(en5 = '1') then
28          z_out5 <= a5;
29      end if;
30    end process;
31 end LATCH_example;
```

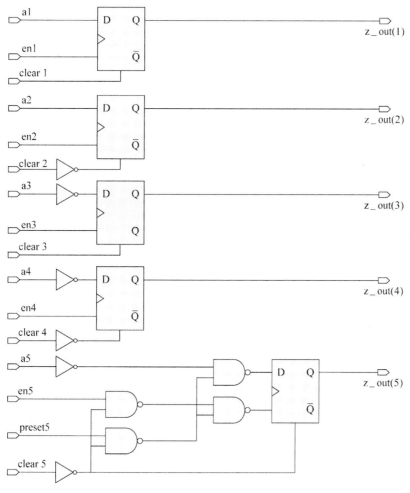

그림 9-6  Preset / Clear 래치의 합성회로

## 5 복수 enable 기능의 래치

복수의 enable 기능이 있는 래치에 대하여 살펴보자. VHDL 구문은 다중 if문을 이용하여 기술하였는데, 3행부터 9행까지가 다중 if문을 묘사하고 있으며 3행/4행과 같이 첫 번째 enable en1이 논리 '1'이면, 출력 z_out에 A1의 정보를 대입하고, 5행/6행과 같이 두 번째 enable en2가 논리 '1'이면 출력 z_out에 A2의 자료를 대입하게 되는 것이다. 마지막으로 7행/8행과 같이 세 번째 enable en3가 논리 '1'이면, 출력 z_out에 A3를 대입하도록 하고 있다.

그림 9-7에서는 복수의 enable 기능을 갖는 래치회로의 합성 결과를 보여주고 있다.

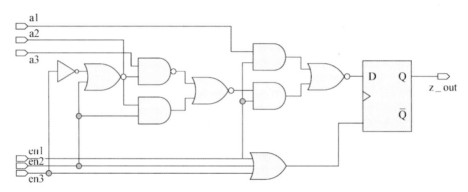

**그림 9-7** 복수 enable 기능의 Latch 합성회로

예문 9-5 **복수 enable 기능의 래치**

```
    library  IEEE;
    use  IEEE. std_logic_1164.all;
    entity  multienable_LATCH  is
        port(en1,  en2,  en3,  A1,  A2,  A3 :  in  std_logic;
              Y :  out  std_logic);
    end  multienable_LATCH;
    architecture  LATCH_example  of  multienable_LATCH  is
      begin
1        process(en1,  en2,  en3,  a1,  a2,  a3)
2          begin
3            if(en1  = '1')  then
4                z_out <=  a1;
5            elsif(en2  =  '1')  then
6                z_out <=  a2;
```

(계속)

```
7      elsif(en3  =  '1')  then
8          z_out  <=  a3;
9        end if;
10     end process;
11 end LATCH_example;
```

예제 9-1

다음에 주어지는 D latch에 대한 아키텍처 구문을 완성하시오.

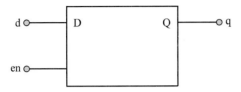

| en | d | q |
|----|---|---|
| 1  | 0 | 0 |
|    | 1 | 1 |

```
library  IEEE;
use  IEEE.std_logic_1164.all;
entity  D_latch  is
   port  (d, en : in  std_logic;
            q : out  std_logic);
end  D_latch;
```

(1) architecture 1(동작적 표현)

```
architecture  behav_flow  of  D_latch  is
  begin
    process(d, en)

    begin
      if  en  =  '1'  then
        q  <=  d;
      end if ;

    end process;
end behav_flow
```

(2) architecture 2(동작적 표현)

```
architecture  behav_flow  of  D_latch  is
    signal  x : std_logic;
```

(계속)

```
    begin
      process(d, en)
      begin
          x <= (a and en) or (not (en) and x);
      end process;
      process(x)
      begin
          q <= x;

      end process;
    end behav_flow;
```

## 플립-플롭의 설계

### 1 flip-flop의 기능

에지 감지(edge detect)의 기억소자인 플립-플롭(flip-flop)을 구현하는 데는 몇 가지의 방법이 있다. 클럭 입력이 변하는 시점, 즉 상승시점(rising edge)과 하강시점(falling edge)에서 출력의 값이 변하고, 변하지 않으면 현재의 값을 유지하는 것이다. 그림 9-8 에서는 상승시점의 D Flip_Flop에 대한 기호, 진리표, 입출력 파형을 보여주고 있는데, 상승시점에서 D 입력의 값이 출력 Q로 전달되고, 그렇지 않은 영역에서는 현재의 출력 Q를 유지하게 되는 기능을 갖는 것이다.

이제 순서논리회로에서 사용되는 D flip-flop의 동작에 대한 VHDL 설계와 등가 MUX 표현에 대하여 살펴보자. 그림 9-9에서는 D flip-flop의 기호와 그 MUX 등가회로를 보여주고 있다. MUX의 등가표현에서 선택선, 즉 clk의 상승이 '1'이면 입력 d가 출력 q로 전달되며, clk의 상승이 없으면 출력 q는 MUX의 0 입력단자로 되돌아와 전 상태의 q가 유지된다는 것을 나타낸 것이다. VHDL 구문은 process문과 if문으로 간단하게 표현하였다. 3행에서 clk의 사건이 일어나고, 상승시점일 때 4행과 같이 d 입력이 출력 q에 전달이 되는 것이다. Else문이 없기 때문에 clk의 상승시점이 아닌 경우는 전 상태가 유지되는 기억소자로써 작용하는 것이다.

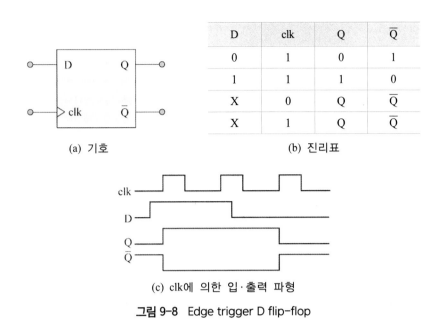

| D | clk | Q | $\overline{Q}$ |
|---|---|---|---|
| 0 | 1 | 0 | 1 |
| 1 | 1 | 1 | 0 |
| X | 0 | Q | $\overline{Q}$ |
| X | 1 | Q | $\overline{Q}$ |

(a) 기호       (b) 진리표

(c) clk에 의한 입·출력 파형

**그림 9-8** Edge trigger D flip-flop

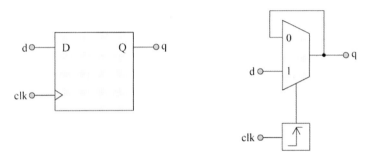

**그림 9-9** D flip-flop과 MUX등가회로

```
1  process (clk)
2    begin
3      if(clk' event and clk = '1')then    -- clk의 상승 시점에서
4        q >= d;                           -- d 입력이 q에 전달
5      end if;
6  end process;
```

## 2 if문을 사용한 flip-flop 설계

이제 process문과 if문을 이용하여 flip-flop을 구현하여보자. clk의 상승시점 방식, 즉

clk이 0에서 1로 변할 때 출력값이 응답하는 방식이다. 따라서 VHDL 구문 1행의 process문에서 감지 리스트에 clk만을 기술하고 있다. 3행에서 flip-flop을 만드는 중요한 문장이 기술되어 있는데, 신호 clk의 사건이 발생, 즉 변화가 있고, 그리고 clk이 논리 '1'로 상승할 때 동작하라고 기술하고 있다. 그림 9-10에서는 flip-flop의 합성 결과를 보여주고 있다.

---

예문 9-6   **if문 활용(flip-flop)**

```
    library  IEEE;
    use  IEEE. std_logic_1164.all;
    entity  FlipFlop_EX1 is
      port(clk, a, b : in std_logic;
              z_out : out std_logic);
    end  FlipFlop_EX1;
    architecture  FlipFlop_example of FlipFlop_EX1 is
      begin
1         process(clk)
2           begin
3           if(clk' event and clk  = '1') then
4              z_out <=  a and b;
5           end if;
6        end process;
7     end FlipFlop_example;
```

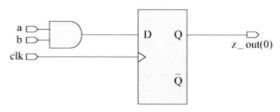

**그림 9-10**  flip-flop의 합성 결과

---

이번에도 if문을 사용하여, 조합논리회로와 두 개의 flip-flop이 공존하는 회로를 설계하여보자. 먼저 1행과 4행에서 M과 N을 각각 signal과 variable로 선언하였다.

3행에서는 앞에서와 같이 clk만을 감지신호로 설정하고 있고, 그리고 6행에서 10행까지 if문을 선언하고 있는데, 6행의 상승시점에서 clk이 동작하여 출력에 값을 전달하도록 하고 있다.

7행과 9행을 보면, signal M은 상승시점에서 z_out에 값이 대입하는 데 사용되고 있으나, 8행의 변수 N은 flip-flop에는 사용되지 않는 특징이 있다.

그림 9-11에서는 조합논리회로와 두 개의 flip-flop이 합성된 결과를 보여주고 있다.

---

### 예문 9-7  if문 활용(2 flip-flop)

```
    library IEEE;
    use IEEE.std_logic_1164.all; IEEE. numeric_std.all;
    entity FlipFlop_EX2 is
      port(clk, a, b, c, d, e : in std_logic;
                        z_out : out std_logic);
    end FlipFlop_EX2;
    architecture combi_FlipFlop of FlipFlop_EX2 is
1       signal M : std_logic;
2     begin
3     process (clk)
4       variable N : std_logic;
5      begin
6       if rising_edge(clk) then
7        M <= (a nand b);
8        N := (c or d);
9        z_out <= not(M or N or e);
10       end if;
11     end process;
12   end combi_FlipFlop;
```

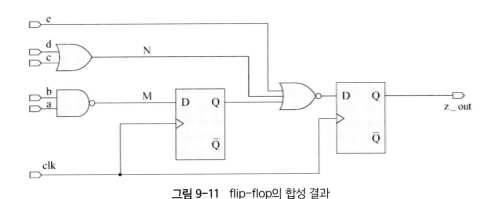

**그림 9-11**  flip-flop의 합성 결과

## 3 wait until문을 사용한 flip-flop 설계

이번에는 wait until문을 사용하여 flip-flop을 설계하여보자. 1행의 process문에 감지 리스트가 기술되어 있지 않으며, flip-flop의 동작을 정확히 묘사하기 위하여 10행의 wait문을 이용하여 flip-flop의 상승시점을 나타내고 있다.

그림 9-12에서는 wait문을 이용한 flip-flop의 합성 결과를 보여주고 있다.

---

**예문 9-8  wait until문 활용**

```
library IEEE;
use IEEE. std_logic_1164.all;
entity FlipFlop_EX3 is
  port(clk, a, b : in std_logic;
         z_out : out std_logic);
end FlipFlop_EX3;

architecture FlipFlop_example of FlipFlop_EX3 is
 begin
1    process
2      begin
3       wait until clk' event and clk = '1';
4           z_out <= a and b;
5      end process;
6  end FlipFlop_example;
```

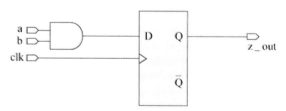

**그림 9-12  flip-flop의 합성 결과**

---

## 4 동기식 set 기능의 flip-flop 설계

이제 동기식 flip-flop을 설계하여보자. 먼저 set 기능을 갖는 것이다. 동기라고 하는 것은 현재의 입력되는 clk의 동작 변화에 맞추어 정보가 출력에 전달하도록 하는 것이다. 따라서 set 혹은 reset 기능이 clk과 동기로 움직이기 위하여 clk의 동작을 기술한 후, SET 혹은 RESET 기능을 기술하면 될 것이다. 지금 VHDL 구문에서 1행부터 10행까지 process문이 선언되었고, 3행에서 9행까지를 보면 3행에서 clk의 사건이 있고, clk의 상승 시점에서 4행부터 8행까지 신호 set = '1'로 선언되면, 출력 z_out의 값은 1로 대입되고 그렇지 않으면, "a and b"가 대입되도록 하고 있다. 지금 4행에서 8행까지의 동작이 3행 이하에 기술되었기 때문에 회로는 clk의 상승시점에서 동작을 할 것이다. 그림 9-13에서는 합성된 결과를 보여주고 있다.

---

### 예문 9-9  동기식 set 기능 활용

```
library  IEEE;
use  IEEE. std_logic_1164.all;IEEE.numeric_std.all;
entity  FlipFlop_EX4  is
   port(clk, set, a, b :  in std_logic;
                 z_out :  out std_logic);
end  FlipFlop_EX4;

architecture  FlipFlop_example  of  FlipFlop_EX4  is
  begin
1     process(clk)
2       begin
3        if (clk' event and clk  =  '1') then
4           if set  =  '1'  then
5           z_out  <=  '1';
6           else
7           z_out  <=  a  and  b;
8           end if;
9         end if;
10     end process;
11 end FlipFlop_example;
```

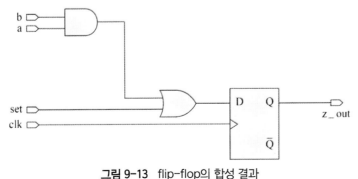

**그림 9-13**  flip-flop의 합성 결과

## 5 비동기식 reset 기능의 flip-flop 설계

이제 비동기식 reset과 preset 기능을 모두 갖는 flip-flop을 설계하여보자. reset은 출력을 '0'으로 하는 것이고, preset은 출력을 '1'로 대입하는 것이다. 1행부터 10행까지 process문을 선언하였는데, 1행에서 clk, reset, preset을 감지신호로 설정하고 있다.

그리고 3행부터 9행까지가 다중 if문을 선언하고 있으며 3행, 4행에서 reset을 '1'로 선언한 경우, 출력 z_out은 '0'의 값이 대입되고 5행, 6행에서 reset = '0'이고, preset = '1'인 경우, 출력 z_out은 '1'의 값을 갖게 되는 것이다. 이어서 7행, 8행은 reset = '0'이고, preset = '0'인 경우, clk 신호가 상승시점에 맞추어 출력 z_out에 입력 d가 대입이 되는 것이다. 따라서 비동기 reset과 preset 기능 모두가 포함된 D flip-flop에 대한 동작을 나타낼 수 있는 것이다. 그림 9-14에서는 reset과 preset 기능을 갖는 D flip-flop의 합성 결과를 보여주고 있다.

---

### 예문 9-10  비동기 reset 기능 활용

```
library IEEE;
use IEEE. std_logic_1164.all;IEEE.numeric_std.all;
entity FlipFlop_EX5 is
    port(clk, reset, preset, d : in std_logic;
                        z_out : out std_logic);
end FlipFlop_EX5;

architecture FlipFlop_example of FlipFlop_EX5 is
    begin
1       process(clk, reset, preset)
2         begin
3             if reset = '1' then
4                 z_out <= '0';
5             elsif preset = '1' then
6                 z_out <= '1';
7             elsif(clk' event and clk = '1') then
8                 z_out <= 'd';
9           end if;
10      end process;
11 end FlipFlop_example;
```

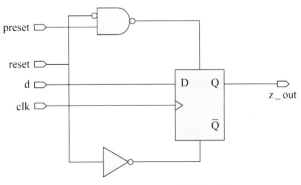

**그림 9-14** flip-flop의 합성 결과

다음에 주어지는 D LATCH에 대한 아키텍처 구문을 완성하시오.

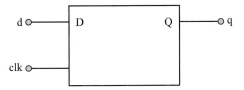

| clk | d | q |
|:---:|:---:|:---:|
| ↑ | 0 | 0 |
|  | 1 | 1 |

```
library IEEE;
  IEEE.std_logic_1164.all;
entity D_ff is
   port (d, clk : in std_logic;
            q : out std_logic);
end D_ff;
```

(1) architecture 1(동작적 표현, rising edge trigger)

```
architecture behav_flow of D_ff is
  begin
   process(d, clk)

   begin
     if clk´ event and clk = '1' then
        q <= d;
     end if;
```

(계속)

```
        end process;
    end behav_flow;


(2) architecture 2(동작적 표현, rising edge trigger)
    architecture behav_flow of D_ff is
      begin
        process

          begin
            wait until clk = '1';
                q <= d;

    end process;
    end behav_flow;
```

## 카운터의 설계

### 1 카운터의 기본

이제 카운터(counter)의 설계 내용을 살펴보자. 먼저 그림 9 – 15에서는 D flip-flop을
이용한 16진 카운터와 그 MUX 표현을 나타낸 것으로 16진 카운터이므로 출력은 4bit
가 되어야 한다.

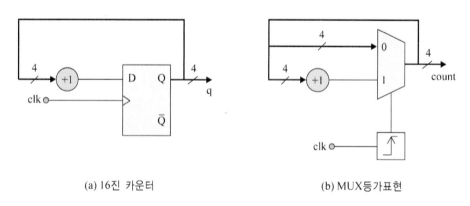

(a) 16진 카운터               (b) MUX등가표현

**그림 9-15** D flip-flop을 이용한 16진 카운터

VHDL 구문의 3행에서와 같이 카운터는 산술연산을 해야 하기 때문에 VHDL의 산술연산자 패키지의 내용을 모두 사용하겠다고 선언하였고, 6행에서 count의 모드를 buffer로 하였으며, 4bit 내림차순으로 선언하였다. 이것은 12행, 13행과 같이 clk의 상승시점마다 count가 1씩 증가되기 위해서는 현재의 값을 읽는 상태에서 1씩 증가해야 하기 때문이다. 따라서 대부분의 카운터 출력신호의 모드는 buffer로 지정하고 있다.

---

예문 9-11 **D_flip-flop 카운터 구문**

```
1   library  IEEE;
2   use  IEEE.std_logic_1164.all;
3   use  WORK.std_logic_arith.all;           -- VHDL 산술연산자에 의존하는
                                                 패키지
4   entity  COUNT16_EX  is
5     port(clk : in  std_logic;
6       count : buffer std_logic_vector(3 downto 0));  -- 증가를 위해 count의 mode는
7   end  COUNT16_EX;                          -- buffer로 지정
8   architecture  COUNT_example  of  COUNT16_EX  is
9     begin
10      process  (clk)
11       begin
12        if (clk' event and clk  =  '1') then    -- clk의 상승시점에서
13           count  <=  count  +  1              -- count가 1씩 증가됨
14        end if;
15      end process;
16  end  COUNT_example;
```

## 2 load / clear 기능의 카운터 설계

load와 clear 기능을 갖는 16진 카운터를 설계하여 보자. 그림 9 – 16, 17에서는 동기식 load와 비동기식 clear 기능을 갖는 카운터와 그 MUX 등가표현을 보여주고 있는데, 그림에서 clear = '1'이면 clk과 비동기적으로 '0000'으로 되고, clear = '0', load = '1'인 경우, clk의 상승영역에서 외부의 data_in의 4bit가 clk과 동기되어 출력인 count에 전달하고 있다. clear = load = '0'의 경우, clk의 상승영역에서 count는 1씩 증가하고 있으나 clear = load = '0'인 경우, clk의 상승이 없으면 출력 count는 그대로 유지하게 될 것이고 clear = '1', load = '1'인 경우는 clear 단자의 값에 의해 출력 count 값이 결정되게 될 것이다.

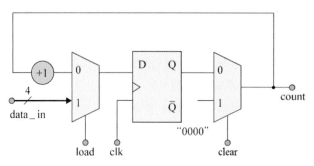

**그림 9-16** load / clear 기능의 카운터

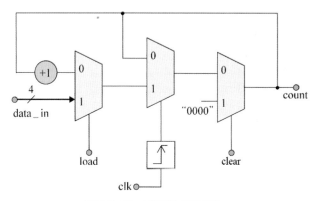

**그림 9-17** MUX의 등가표현

VHDL 구문의 3행에서 산술연산자 패키지의 내용 모두를 사용하겠다고 선언하였고, 6행에서 입력 data_in은 4bit 내림차순으로, 7행은 count를 buffer 모드로 지정하여 기술하고 있다. 11행부터 22행까지 process문을 선언하고 있는데 13행, 14행에서와 같이 비동기적 clear = '1'일 때 출력 count에는 "0000" 즉, 초기화시키게 되는 것이며, 15행부터 20행의 범위에서 보면, 15행에서 clk의 상승시점에서 load = '1'인 경우, count에 입력의 값을 대입하고 18행, 19행과 같이 그렇지 않으면 count에 1증가를 대입하게 되는 것이다.

---

예문 9-12  **load/clear 기능 활용**

```
1   library  IEEE;
2   use IEEE.STD_LOGIC_1164.all;
3   use WORK.STD_LOGIC_ARITH.all;
```

(계속)

```
4   entity COUNT16_EX is
5     port(clk, clear, load : in std_logic;
6          data_in : in std_logic_vector(3 downto 0);
7          count : buffer std_logic_vector(3 downto 0);
8   end COUNT16_EX;
9   architecture LOCL_example of COUNT16_EX is
10    begin
11      process (clk, clear)                  -- clear가 감지신호 리스트문에 포함
12        begin
13        if clear = '1' then
14        count <= "0000";
15      elsif (clk' event and clk = '1') then  -- clk의 상승시점에서
16        if load = '1' then                   -- load가 '1' 상태이면
17        count <= data_in;                    -- count에 입력 data_in을 대입
18        else                                 -- 그렇지 않으면,
19        count <= count + 1;                  -- count에 1증가를 대입
20        end if;
21      end if;
22    end process;
23  end LOCL_example;
```

### 예제 9-3

다음에 주어지는 동기식 10진 카운터에 대한 아키텍처 구문을 완성하시오.

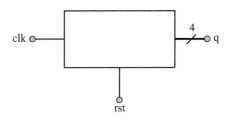

```
library IEEE;
use IEEE.std_logic_1164.all;
entity counter_10 is
  port (clk, rst : in std_logic;
        q : buffer std_logic_vector(3 downto 0);
end counter_10
```

(계속)

```
architecture(synchronous reset)
architecture behav_flow of counter_10 is
    begin
    process(clk, rst)

        begin
        if clk´ event and clk = '1' then
            if rst = '0' then              -- reset이 입력되면 바로
                q <= "0000";               -- reset이 되지 않고, clk에 동기가 됨
            elsif q = 9 then               -- 10회 카운트
                q <= "0000";
            else
                q <= q + 1;
            end if;
        end if;

    end process;
end behav_flow;
```

## 3 UP/DOWN 기능의 카운터 설계

이제 4bit up/down 카운터를 설계하여 보자.

그림 9-18에서는 up/down 카운터회로를 보여주고 있는데, clk(clock)과 rst(reset) 입력을 검사하여 rst이 '1'이면 카운터의 출력 cnt는 "0000"이 되고, 그렇지 않은 경우, 즉 rst이 '0'에서는 updn 값에 따라 출력 cnt가 1씩 증가, 혹은 1씩 감소하게 되는 것이다. 즉 undn = '1'이면 cnt는 1씩 증가하고, updn = '0'이면 cnt는 1씩 감소하는 것이다.

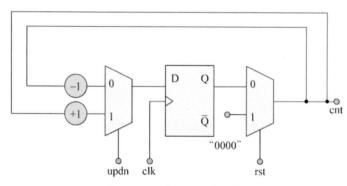

**그림 9-18** UP/DOWN 카운터 회로

VHDL 구문의 3행부터 6행까지는 엔티티를 선언한 것으로 5행의 cnt는 모드를 buffer로 하였고, 내림차순 4bit로 지정하였다. 9행부터 20행까지는 process문을 선언하고 있는데, 여기서 11행, 12행에서는 rst = '1'인 경우, 출력 cnt에 '0'을 대입하여 reset 기능을 수행하도록 하고 있다.

13행부터 18행까지는 up/down 카운터의 동작을 기술하고 있는데, 13행의 clk 상승시점에서 14행, 15행과 같이 1씩 증가하는 동작을 16행, 17행과 같이 1씩 감소하는 동작을 기술하고 있다.

---

**예문 9-13  up / down 기능 활용**

```
1   library IEEE;
2   use IEEE.STD_LOGIC_1164.all; use IEEE.STD_LOGIC_UNSIGNRD.all;
3   entity UPDN_EX is
4     port(rst, clk, updn : in std_logic;
5         cnt : buffer std_logic_vector(3 downto 0));
6   end UPDN_EX;
7   architecture updncount_example of UPDN_EX is
8     begin
9       process (rst, clk)
10        begin
11          if rst = '1' then
12            cnt <= (others => '0');
13          elsif rising_edge(clk) then        -- clk의 상승시점에서
14          if updn = '1' then                 -- updn = 1이면,
15            cnt <= cnt + 1;                   -- cnt의 1씩 증가
16          else                               -- 그렇지 않으면,
17            cnt <= cnt-1;                     -- cnt의 1씩 감소
18          end if;
19        end if;
20      end process;
21  end updncount_example;
```

---

## 4 Ring_Counter의 설계

다음으로 ring counter를 설계하여 보자. 그림 9-19는 8bit ring counter 회로를 보여주고 있는데, reset이 '1'일 때는 출력 count는 "00000001"의 8bit로 초기화되고, reset이 '1'이 아니면, clk의 상승시점에서 우측 방향으로 회전된 값을 갖게 되는 것이다.

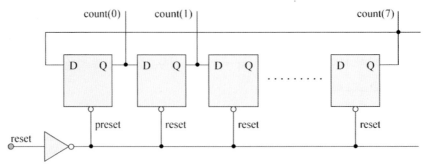

그림 9-19  Ring_Counter

　　VHDL 구문에서 보면, 3행부터 6행까지 ring counter의 엔티티를 선언하였는데, 5행에서 출력 count의 모드를 buffer로 하였으며, 8bit 내림차순으로 기술하였다. 그리고 9행부터 16행까지 process문을 선언하였고, 여기서 11행, 12행은 reset = '1'일 때, 출력 count에 초기화 값 "00000001"이 대입되며, 그렇지 않은 경우 13행, 14행과 같이 clk의 상승시점에서 출력 count에 8bit의 우회전한 값이 대입되므로 ring counter가 합성될 수 있게 되는 것이다.

---

예문 9-14  ring_counter 구문

```
 1  library IEEE;
 2  use IEEE.STD_LOGIC_1164.all; use IEEE.STD_LOGIC_UNSIGNED.all;
 3  entity RING_COUNTER is
 4     port(clk, reset : in std_logic;
 5              count : buffer std_logic_vector(7 downto 0));
 6  end RING_COUNTER;
 7  architecture ring_example of RING_COUNTER is
 8     begin
 9        process (clk, reset)
10     begin
11           if reset = '1' then
12             count <= "00000001";
13           elsif (clk' event and clk = '1') then
14             count <= count(6 downto 0) & count(7);
15           end if;
16        end process;
17  end ring_example;
```

다음에 주어지는 비동기식 16진 카운터에 대한 아키텍처 구문을 완성하시오.

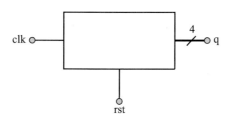

```
library  IEEE;
use  IEEE.std_logic_1164.all;
entity  counter_16 is
    port (clk, rst : in std_logic;
                    q : buffer std_logic_vector(3 downto 0));
end  counter_16;
```

(1) architecture(asynchronous reset)
```
architecture  behav_flow  of  counter_16  is
    begin
      process(clk,  rst)

        begin
          if  rst  =  '0'  then
            q  <=  "0000";              -- clk와 무관하게 rst=0이면 무조건
                                            reset이  동작되어  비동기  작용

          elsif  clk' event  and  clk  =  '1'  then
            q  <=  q + 1;
          end if;

      end process;
end  behav_flow;
```

## 5 ripple_counter를 이용한 clock 분배기

이제 비동기 ripple counter를 이용한 16진 clock 분배기 회로를 설계하여 볼 것이다. 그림 9 – 20에서는 16진 clock 분배기 회로가 합성된 결과를 보여주고 있는데, 이 비동

기 ripple counter는 입력의 clock을 16개로 분할하는 기능을 갖는 것으로 이것은 4개의 D Flip Flop을 이용한 각 ripple단을 갖게 되는 것이며, 각 flip-flop의 출력은 D 입력으로 되돌려지는 구조로 구성된 것이다.

VHDL 구문에서 보면 3행부터 6행까지는 엔티티를 선언한 것이고, 8행에서는 DIV2, DIV4, DIV8, DIV16을 signal로 선언하였다. 그리고 10행부터는 process문이 선언되었는데, 12행부터는 다중 if문을 이용하여 각 단의 조건에 따른 동작을 기술하고 있다. 12행부터 16행까지는 첫 단의 D flip-flop의 조건에 대한 동작을 기술하고 있는데, reset = '0'일 때는 CIV2에 '0'을 대입하고, 그렇지 않고 clk이 변하면, 그 상승시점에서 DIV2의 부정값을 DIV2에 대입하도록 하고 있다.

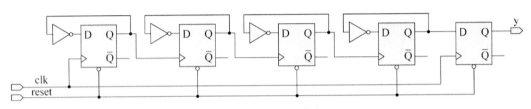

그림 9-20   16진 clock 분배기

---

예문 9-15   **ripple counter 기능 clock 분배기**

```
1   library  IEEE;
2   use  IEEE.STD_LOGIC_1164.all;
3   entity  RIPPCOUNT_DIV16 is
4     port(clk, reset : in std_logic;
5                    y : out std_logic);
6   end RIPPCOUNT_DIV16;
7   architecture ripplecount_ex of RIPPCOUNT_DIV16 is
8       signal DIV2, DIV4, DIV8, DIV16 : std_logic;
9     begin
10      process (reset, clk)
11        begin
12          if (reset = '0') then
13            DIV2 < '0';
14          elsif rising_edge(clk) then              -- clock의 상승시점에서
15            DIV2 < not DIV2;        -- not DIV2를 DIV에 대입
16          end if;
17          if (reset = '0') then           -- reset = '0'이면,
18            DIV4 < '0';    -- DIV = '0' 대입
```

(계속)

```
19        elsif rising_edge(DIV2) then  -- 그렇지 않고 DIV2의 상승시점에서
20            DIV4 < not DIV4;          -- DIV4의 부정을 DIV에 대입
21        end if;
22        if (reset = '0') then
23            DIV8 < '0';
24        elsif rising_edge(DIV4) then
25            DIV8 < not DIV8;
26        end if;
27        if (reset = '0') then
28            DIV16 < '0';
29        elsif rising_edge(DIV8) then
30            DIV16 < not DIV16
31        end if;
32        if (reset = '0') then
33            y <= '0';
34        elsif rising_edge(clk) then
35            y <= DIV16
36        end if;
37    end process;
38 end ripplecount_ex;
```

**？ 예제 9-5**

다음에 주어지는 비동기식 28진 카운터에 대한 아키텍처 구문을 완성하시오.

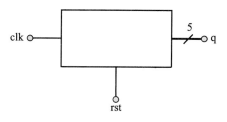

```
library IEEE;
use IEEE.std_logic_1164.all;
entity counter_28 is
```

(계속)

```
    port (clk, rst : in std_logic;
                q : buffer std_logic_vector(4 downto 0);
end counter_28;

architecture(asynchronous reset)
architecture behav_flow of counter_28 is
  begin
    process(clk, rst)

      begin
        if rst = '0' then
          q <= "00000";
        elsif clk' event and clk = '1' then
          if q = 27 then                    -- 28회 카운트
            q <= "00000";
          else
            q <= q + 1;
          end if;
        end if;

    end process;
end behav_flow;
```

자 기 학 습 문 제

다음 물음에 적절한 답을 고르시오.

01    다음과 같은 T flip-flop의 동작을 if문으로 기술한 것이다. 그 등가문장에 적당한 것은?

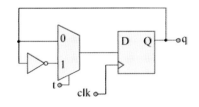
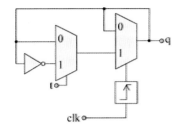

| if t = '1' then | if t = '1' then |
| q <= not(q); | _____; |
| else | end if; |
| q <= q; | |
| end if; | |

① q <= '1'                    ② q <= not(q)

③ q <= '0'                    ④ q <= q

02    다음 중 상태머신의 기본 구조에 속하지 않는 로직은?

① 귀환로직                    ② 다음상태로직

③ 현재상태로직                    ④ 출력로직

03 다음은 flip-flop을 설계하기 위한 process문을 나타낸 것이다. 밑줄이 있는 문장의 설명으로 옳지 않은 것은?

```
process (clk)
begin
  if clk' event and clk = '1' then
    y <= a and b;
  end if;
end process;
```

① 신호 clock의 사건이 발생한 것이다.
② 변화 후에 '0'이 된 것이다.
③ clock이 '1'이 될 때 동작하라는 것이다.
④ 변화 전에 '0'인 것이다.


04 다음 아키텍처 구문 중 밑줄 친 문장의 설명으로 옳지 않은 것은?

```
architecture combi of latdch_EX3 is
  begin
    y <= a and b when clk = '1' else y;
end combi;
```

① when~else문으로 나타낸 것이다.
② clk이 '1'인 경우 a and b가 y에 대입되는 것이다.
③ clk이 '1'인 경우 출력값 자신이 유지된다.
④ else의 조건에서 신호 y가 다시 사용된다.


05 다음 if문의 설명으로 옳은 것은?

```
if reset = '1' then
    y <= '0';
elsif clk' event and clk = '1' then
    y <= a and b;
end if;
```

① clk의 하강시점에서 y에 a and b가 대입된다.
② reset = '1'인 경우 y에 a and b가 대입된다.
③ reset과 clk는 같은 동작이다.
④ reset = '1'인 경우 clock과는 관계없이 y <= '0'이다.

06 다음 중 if문의 설명으로 옳지 않는 것은?

```
if reset = '1' then
    q <= '0';
elsif preset = '1' then
    q <= '1';
elsif rising edge (clk) q
    q <= d;
end if;
```

① preset = '1'에서 q = '1'인 것은 동기의 동작이다.
② reset = '1'일 때, q = '0'이다.
③ preset = '1'일 때, q = '1'이다.
④ clk의 상승시점에서 q = d이다.

연 구 문 제

다음 문제의 답을 기술하시오.

01 다음 T flip-flop에 대하여 if문으로 VHDL 설계하시오.

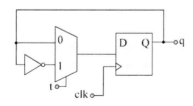 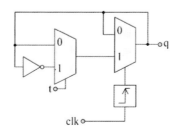

02 다음 그림은 출력에 enable 기능이 있는 16진 카운터회로를 나타낸 것이다. process문과 if문을 이용하여 VHDL 설계하시오.

03 다음은 D flip-flop, R-S flip-flop, J-K flip-flop을 설계하기 위한 VHDL 구문을 나타낸 것이다. 각각에 대하여 다중 if문을 이용하여 완성하시오.

```
library IEEE;
use IEEE.STD_LOGIC_1164.all;
entity RS_D_JK is
  port(clk, D, S, R, J, K : in std_logic;
       QD, Q_D : out std_logic;
       QS, QR, QJ, QK : buffer std_logic);
end RS_D_JK;
architecture FlipFlop_EX of RS_D_JK is
  begin
  process(clk, D, S, R, J, K)
    begin
    if rising_edge(clk) then
```

(1) D flip-flop의 설계를 완성하시오.

(2) R-S flip-flop의 설계를 완성하시오.

(3) J-K flip-flop의 설계를 완성하시오.

04    다음은 동기식 reset 기능의 D flip-flop을 설계하기 위한 VHDL 구문을 나타낸 것이다.
      process문과 if문을 이용하여 아키텍처 부분을 완성하시오.

```
library IEEE;
use IEEE.STD_LOGIC_1164.all;
entity RST_DFF is
  port(clk, RST, D : in std_logic;
       Q : out std_logic;
       QS, QR, QJ, QK : buffer std_logic);
end RST_DFF;
architecture DFlipFlop_EX of RST_DFF is
  begin
```

process문과 if문을 이용하여 D flip-flop의 설계를 완성하시오.

05 동기식 reset 기능이 있는 up-counter를 VHDL 구문으로 나타낸 것이다. 아키텍처 구문을 완성하시오.

```
library IEEE;
use IEEE.STD_LOGIC_1164.all; use IEEE.STD_LOGIC_UNSIGNED.all;
entity Counter_FF is
   port(clk, RST : in std_logic;
       Q : out std_logic_vector(3 downto 0));
   end Counter_FF;
architecture DFlipFlop_EX of Counter_FF is
```

동기식 reset 기능의 up-counter를 VHDL 설계하시오.

06 비동기식 reset 기능의 up-counter를 VHDL 구문으로 설계하고자 한다. 아키텍처 구문을 완성하시오.

```
library IEEE;
use IEEE.STD_LOGIC_1164.all; use IEEE.STD_LOGIC_UNSIGNED.all;
entity Counter_FF is
   port(clk, RST : in std_logic;
       Q : buffer std_logic_vector(3 downto 0));
   end Counter_FF;
architecture FlipFlop_EX of Counter_FF is
```

비동기식 reset 기능의 up-counter의 설계를 완성하시오.

07 reset, load 기능의 16진 카운터의 VHDL 구문의 아키텍처 부분을 완성하시오.

```
library IEEE;
use IEEE.STD_LOGIC_1164.all; use IEEE.STD_LOGIC_UNSIGNED.all;
entity LDRST_CNT is
    port(clk, RST, LOAD : in std_logic;
        A : in std_logic_vector(3 downto 0));
        Q : out std_logic_vector(3 downto 0));
    end LDRST_CNT;
architecture Count16_EX of LDRST_CNT is
```

reset, load 기능의 16진 counter의 설계를 완성하시오.

08 다음과 같은 조합논리와 순서논리의 복합회로에 대한 VHDL 구문의 아키텍처 부분을 설계하시오. (단 process문과 if문 이용)

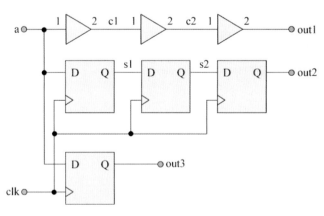

```
library IEEE;
use IEEE.STD_LOGIC_1164.all; use IEEE.STD_LOGIC_UNSIGNED.all;
entity Combi_logic3 is
  port(clk, A : in std_logic;
       OUT1, OUT2, OUT3 : out std_logic);
  end Combi_logic3;

architecture FlipFlop_EX of Combi_logic is
```

(1) 출력 OUT1에 대한 process문을 완성하시오.

(2) OUT2에 대한 process문을 완성하시오.

(3) OUT3에 대한 process문을 완성하시오.

# 10

# 디지털시계의 설계

## 목표, 구성 및 동작

### 1 설계의 목표

제10장에서는 우리가 흔히 사용하고 있는 디지털시계의 설계에 관한 내용을 설계하기로 하자. 먼저 설계의 목표를 생각하여 보자. 시간(time)표시 기능, 시간수정, 스톱워치(stop watch)의 기능을 갖는 디지털시계를 설계하는데, 모드선택과 시간수정은 버튼을 이용하고, 시간표시는 7_segment을 이용하기로 한다.

> **설계의 목표**
>
> 시간(time)표시 기능, 시간수정, 스톱워치(stop watch) 기능의 디지털시계 설계
> 모드선택과 시간수정은 버튼 이용, 시간표시는 7_segment 이용

### 2 설계의 구성요소

다음은 구성요소이다. 구성요소로서 클럭(clock)은 1 kHz의 주파수로 지정되며, 버튼은 모드 선택버튼 1개, 설정버튼 2개를 사용한다. 7_segment는 시간표시, 스톱워치 시간표시용으로 8개를 사용하게 될 것이다. 그리고 모드표시용으로 LED 4개가 쓰일 것이다.

- 클럭(clock)　1 kHz의 주파수
- 버튼　모드 선택버튼(1개), 설정버튼(2개)
- 7_segment　시간표시, 스톱워치 시간표시(8개)
- LED　모드의 표시(4개)

## 3 디지털시계의 동작

　계속해서 동작에 관한 내용으로 모드선택은 시간표시, stop_watch, 초/분/시 설정모드를 반복하면 설정이 되는데, 시간표시는 1 kHz의 클럭을 분주하여 1초의 클럭을 만들고, 이를 카운트하여 시/분/초를 표시하도록 한다.

　stop_watch 동작은 1 kHz의 클럭을 분주하여 1/100초의 클럭을 만들고 카운트하여 1/100초를 표시하고, 설정버튼1을 누르면 카운트 시작, 다시 누르면 일시 중지하며, 설정버튼2를 누르면 카운트 값은 0으로 초기화되며, 카운트는 정지하는 동작을 설계할 것이다. 시간설정은 동작모드를 시간설정모드로 하고, 설정버튼1을 누르면 초의 값이 초기화되며, 분 설정은 설정버튼1을 누르면 분의 값이 1씩 증가하도록 설계한다. 한편 시 설정은 설정버튼1을 누르면 시의 값이 1씩 증가하도록 설계한다.

**디지털시계의 동작**

- 모드선택　시간표시, stop_watch, 초/분/시 설정모드가 반복하면 설정
- 시간표시　1 kHz의 클럭을 분주하여 1초의 클럭을 만들고, 이를 카운트하여 시/분/초 표시
- stop_watch
  ‣ 1 kHz의 클럭을 분주하여 1/100초의 클럭을 만들고 카운트하여 1/100초 표시
  ‣ stop_watch의 동작은 설정버튼1을 누르면 카운트 시작, 다시 누르면 일시 중지
  ‣ 설정버튼2를 누르면 카운트 값은 0으로 초기화되며, 카운트 정지
- 시간설정
  ‣ 동작모드를 시간설정모드로 하고,
  ‣ 초 설정은 설정버튼1을 누르면 초의 값이 초기화
  ‣ 분 설정은 설정버튼1을 누르면 분의 값이 1씩 증가
  ‣ 시 설정은 설정버튼1을 누르면 시의 값이 1씩 증가

## 디지털시계의 하드웨어 구조

　그림 10-1에서는 디지털시계의 하드웨어 구성을 보여주고 있는데, 모드선택버튼, 설정버튼1, 설정버튼2의 입력은 LED로 표시하도록 하며, 그리고 7_segment로 시간 및 stop_watch의 기능을 표시하는 구조로 구성하기로 한다.

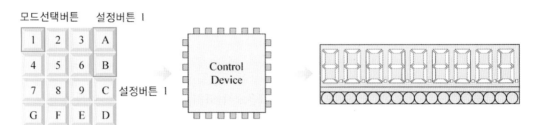

**그림 10-1**　디지털시계의 구성요소

## 디지털시계의 VHDL 설계

### 1 주요 부분의 VHDL 구문 분석

　제3절에서 VHDL code를 살펴보자. 제2장에서와 같이 디지털시계의 설계에서 전체 VHDL 구문 중 주요 부분만을 발췌하여 살펴보게 될 것이다. 따라서 제2장에서 주어지는 전체 VHDL source를 참조하기 바란다.

　먼저 한 자리 10진수를 7_segment 출력으로 디코딩하는 구문이 필요하다. 지금 엔티티와 아키텍처 구문을 보여주고 있는데, 엔티티 구문에서는 입력 bcd와 segment의 출력단자를 지정하고 있다. 아키텍처 구문에서는 각 입력의 값에 따른 7_segment로 표시되는 다중 if문으로 표현하고 있음을 보여주고 있다.

#### 1) 한 자리 10진수를 7_segment 출력으로 디코딩하는 구문

```
entity bcd2seg is
  port (bcd : in integer range 9 downto 0);        -- 한 자리 10진수 입력
segment : out std_logic_vector(6 downto 0));       -- 7_segment 출력
  end bcd2seg
```

(계속)

```
architecture  a  of  bcd2seg  is
  begin
process  (bcd)
begin
if     bcd  =  0  then  segment <=  "0111111";
elsif  bcd  =  1  then  segment <=  "0000110";
elsif  bcd  =  2  then  segment <=  "1011011";
elsif  bcd  =  3  then  segment <=  "1001111";
elsif  bcd  =  4  then  segment <=  "1100110";
elsif  bcd  =  5  then  segment <=  "1101101";
elsif  bcd  =  6  then  segment <=  "1111101";
elsif  bcd  =  7  then  segment <=  "0000111";
elsif  bcd  =  8  then  segment <=  "1111111";
elsif  bcd  =  9  then  segment <=  "1100111";
                 else  segment <=  "00000000";
   end  if;
  end  process;
 end  a;
```

## 2) 두 자리 10진수를 한자리씩 7_segment 출력으로 디코딩하는 구문

두 번째는 두 자리 10진수를 한자리씩 7_segment 출력으로 디코딩하는 구문이 필요하다. 엔티티에서 number 입력은 두 자리 십진수, seg_ten과 seg_one은 각각 십의 자리, 일의 자리의 7_segment 디코딩 출력을 정의한 것이다. 아키텍처 구문에서는 component 문을 통하여 회로의 연결 구조를 나타내고 있다. 계속해서 두 자리 10진수의 값을 10의 자리와 1의 자리로 분리하는 process 구문이 이어지고 있다. 두 자리 10진수의 값이 20보다 크면 10의 자리 값은 2이며, 1의 자리 값은 두 자리의 10진수에서 20을 뺀 값이 될 것이다.

```
entity bcd2seg is
  port (number : in integer range 23 downto 0);      -- 두 자리 10진수
seg_ten : out std_logic_vector(6 downto 0));         -- 10의 자리의 7_segment 디코딩 출력
seg_one : out std_logic_vector(6 downto 0));         -- 1의 자리의 7_segment 디코딩 출력
end bcd2seg1;
architecture  a  of  bcd2seg1  is
component  bcd2seg
```

(계속)

```
port(bcd : in integer range 9 downto 0;
segment : out std_logic_vector(6 downto 0));
end component;
signal dec_ten : integer range 9 downto 0;         -- 10의 자리값
signal dec_one : integer range 9 downto 0;         -- 1의 자리값
begin
u0 : bcd2seg port map(bcd => dec_ten, segment => set_ten);
u1 : bcd2seg port map(bcd => dec_one, segment => set_one);
```

① 두 자리 10진수의 값을 10의 자리와 1의 자리로 분리하는 구문

```
process(number)
begin
 if number >= 20 then              -- 두 자리 10진수의 값이 20보다 크면
dec_ten <= 2;                      -- 10의 자리값은 2이며,
dec_one <= number - 20;            -- 1의 자리값은 두 자리의 10진수에서 20을 뺀 값
elsif number >= 10 then dec_ten <= 1;
dec_one <= number - 10;
else dec_ten <= 0;
dec_one <= number;
end if;
end process;
end a;
```

## 3) 7_segment 동작 구문

다음은 7_segment가 동작되는 구문을 나타낸 것인데, seg_1에서 seg_8로 이어지는 7_segment 입력과 segment로 지정된 7_segment 출력데이터, common으로 지정된 7_segment 출력 위치의 지정을 위한 문장이 엔티티에서 선언되어 있다.

```
entity seg_module is
 port (clk : in std_logic;
seg_8 : in std_logic_vector (6 downto 0);
seg_7 : in std_logic_vector (6 downto 0);
seg_6 : in std_logic_vector (6 downto 0);
seg_5 : in std_logic_vector (6 downto 0);
```

(계속)

```vhdl
seg_4 : in std_logic_vector (6 downto 0);
seg_3 : in std_logic_vector (6 downto 0);
seg_2 : in std_logic_vector (6 downto 0);
seg_1 : in std_logic_vector (6 downto 0);        -- 7_segment 입력
segment : out std_logic_vector (7 downto 0);     -- 7_segment 출력데이터
common : out std_logic_vector (7 downto 0);      -- 7_segment 출력 위치의 지정을 위한 출력
end seg_module;
architecture a of seg_module is
signal cnt : integer range 7 downto 0;
  begin
```

① process문 내에 segment의 출력값을 나타내는 구문

```vhdl
process (clk)
begin
if clk' event and clk = '1' then
cnt <= cnt + 1;
case cnt is
when 7 => segment <= '0' & seg_8;
when 6 => segment <= '1' & seg_7;
when 5 => segment <= '0' & seg_6;
when 4 => segment <= '1' & seg_5;
when 3 => segment <= '0' & seg_5;
when 2 => segment <= '1' & seg_3;
when 1 => segment <= '0' & seg_2;
when 0 => segment <= '0' & seg_1;
when others => null
end case;
```

## 4) stop_watch를 구현하기 위한 구문

이제 stop_watch를 구현하기 위한 구문이 필요하다. 엔티티에서 입력으로 1 kHz 클럭주파수 clk, 시계의 동작 여부를 나타내는 mode가 있는데, mode가 1일 때 stop_watch가 표시되는 것이고, sw_f1는 stop_watch의 시작과 정지 버튼, sw_f1는 stop_watch의 초기화버튼을 각각 나타낸 것이다.

출력으로 정의된 hour, minute, second, sec_hun은 시간, 분, 초, 1/100초의 출력을 각각 의미한다.

```vhdl
entity st_watch is
  port (clk : in std_logic;                          -- 1 kHz 클럭주파수
mode : in integer range 4 downto 0;                -- 시계의 동작모드, 1일 때 stop_watchrkk 표시
sw_f1 : in std_logic;                              -- stop_watch의 시작, 정지 버튼
sw_f2 : in std_logic;                              -- stop_watch의 초기화버튼
hour : out integer range 23 downto 0;              -- 시간 출력
minute : out integer range 59 downto 0;            -- 분의 출력
second : out integer range 59 downto 0;            -- 초의 출력
sec_hun : out integer range 99 downto 0);          -- 1/100초의 출력
end st_watch;
architecture a of st_watch is
signal hur : integer range 23 downto 0;
signal min : integer range 59 downto 0;
signal sec : integer range 59 downto 0;
signal sec_100 : integer range 99 downto 0;
signal cnt : integer range 9 downto 0;
signa lk_hun, clk_sec, clk_min, clkhur : std_logic;
signal start : std_logic
  begin
```

계속해서 process문이 이어지고 있는데, sw_f1을 누를 때마다 시작과 정지가 반복되는 구문과 1 kHz의 클럭을 100 Hz로 분주하기 위한 구문이 필요하다.

```vhdl
process(mode, sw_f1, sw_f2)
begin
if(mode = 1 and sw_f2 = '1') then
start <= '0'
elsif sw_f1' event 'sw_f1 = '1' then
```

① sw_f1을 누를 때마다 시작과 정지가 반복되는 구문

```vhdl
if mode = 1 then
start <= not start;
else      start <= start;
end if;
end if;
end process;
```

② 1 kHz의 클럭을 100 Hz로 분주하기 위한 구문

```
process(mode, sw_f1, sw_f2)
begin
if(clk' event and clk = '1') then
if cnt = 9 then
cnt <= '0'
else cnt <= cnt + 1
end if;
end if;
end process;
clk_hun <= '1' when cnt = 9 else '0' ;  -- clk_hun은 1/100초마다 한 번씩 1의 값을 가짐
```

이어서 1/100초를 카운트하기 위한 구문과 초를 카운트하기 위한 구문이 필요하다.

③ 1/100초를 카운트하기 위한 구문

```
process (mode, sw_f2, clk)
begin
if (mode = 1 and sw_f2 = '1') then
sec_100 <= 0;
elsif clk' event and clk = '1' then
if (start = '1' and clk_hun = '1') then
if sec_100 = 99 then
sec_100 <= 0;
else sec_100 <= sec_100 + 1;
end if;
else sec_100 <= sec_100;
end if;
end if;
end process;
clk_sec <= '1' when (sec_100 = 99 and clk' hun = '1') else '0';
```

④ 초를 카운트하기 위한 구문

```
process (mode, sw_f2, clk)
begin
if (mode = 1 and sw_f2 = '1') then sec <= 0;
elsif clk' event and clk = '1' then
if clk_sec = '1' then
```

(계속)

```
if sec = 59 then sec <= 0;
else sec <= sec + 1;
end if;
else sec <= sec;
end if; end if;
end process;
    clk_sec <= '1' when (sec = 59 and clk_sec = '1') else '0';
```

계속 시간과 분을 카운트하기 위한 구문이 이어지고 있다.

⑤ 분을 카운트하기 위한 구문

```
process (mode, sw_f2, clk)
begin
if (mode = 1 and sw_f2 = '1') then min <= 0;
elsif clk' event and clk = '1' then
if clk_min = '1' then
if min = 59 then min <= 0;
else min <= min + 1;
end if;
else min <= min;
end if;
end if;
end process;
clk_hur <= '1' when (min = 59 and clk_min = '1') else '0';
```

⑥ 시를 카운트하기 위한 구문

```
process (mode, sw_f2, clk)
begin
if (mode = 1 and sw_f2 = '1') then hur <= 0;
elsif clk' event and clk = '1' then
if clk_hur = '1' then
if hur = 23 then hur <= 0;
else hur <= hur + 1;
end if;
else hur <= hur;
end if;
end if;
end process;
```

## 5) 디지털시계의 동작을 구현하기 위한 구문

이제는 디지털시계의 동작을 구현하기 위한 구문이다. 엔티티에서 시계의 동작상태를 지정하는 입력으로 mode가 있는데, mode＝0은 시계의 표시상태, mode＝2는 초의 설정상태, mode＝3은 분 설정상태, mode＝4는 시 설정상태를 각각 나타낸 것이다. 그리고 sw_f1는 시간설정모드에서 시간을 변경하기 위한 버튼 입력을 선언한 것이며, 출력요소로는 hour, minute, second 및 sec_hun이 선언되어 있다.

```
library IEEE;
use IEEE.std_logic_1164.all;
entity time is
  port (clk : in std_logic;
mode : in integer range 4 downto 0;          -- 시계의 동작상태를 지정하는 입력
                                             -- mode＝0 : 시계표시상태, mode＝2 : ch 설정상태,
                                             -- mode＝3 : 분 설정상태, mode＝4 : 시 설정상태
sw_f1 : in std_logic;                        -- 시간설정모드에서 시간을 변경하기 위한 버튼 입력
hour : out integer range 23 downto 0;        -- 시간출력
minute : out integer range 59 downto 0;      -- 분의 출력
second : out integer range 59 downto 0;      -- 초의 출력
sec_hun : out integer range 99 downto 0;     -- 1/100초의 출력
end time;
```

## 6) 시간표시/설정, stop_watch 기능의 디지털시계 코드

```
library IEEE;
use IEEE.std_logic_1164.all;
entity watch is
  port (clk : in std_logic;
mode : in integer range 4 downto 0;
sw_f1 : in std_logic;
sw_f2 : in std_logic;
hour : out integer range 23 downto 0;        -- 시간출력
minute : out integer range 59 downto 0;      -- 분의 출력
second : out integer range 59 downto 0;      -- 초의 출력
sec_hun : out integer range 99 downto 0;     -- 1/100초의 출력
  end watch;
```

## 7) 디지털 시계를 7_segment로 표시하기 위한 코드

```
entity watch is
  port (clk : in std_logic;                              -- 1 kHz의 주파수클럭
sw_mode : in std_logic;                                  -- 모드설정모드
sw_f1 : in std_logic;                                    -- 설정버튼1
sw_f2 : in std_logic;                                    -- 설정버튼2
seg_data : out std_logic_vector (7 downto 0);            -- 7_segment 출력데이터
seg_com : out std_logic_vector (7 downto 0);             -- 7_segment 출력위치지정데이터
led_mode : out std_logic_vector (3 downto 0));           -- 디지털시계의 모드표시 LED
end watch_seg;
```

### ① 디지털시계 구현 구문

```
component watch
  port (clk : in std_logic;
mode : in integer range 4 downto 0;
sw_f1 : in std_logic;
sw_f2 : in std_logic;
hour : out integer range 23 downto 0;                    -- 시간출력
minute : out integer range 59 downto 0;                  -- 분의 출력
second : out integer range 59 downto 0;                  -- 초의 출력
sec_hun : out integer range 99 downto 0);                -- 1/100초의 출력
    end component;
```

### ② 시 카운트값을 10의 자리와 1의 자리로 구분하기 위한 구문

```
component dec2seg1
port (number : in integer range 23 downto 0;
seg_ten : out std_logic_vector (6 downto 0);
seg_one : out std_logic_vector (6 downto 0));
end component;
```

### ③ 분과 초의 카운트값을 10의 자리와 1의 자리로 구분하기 위한 구문

```
component dec2seg2
port(number : in integer range 59 downto 0;
seg_ten : out std_logic_vector (6 downto 0);
seg_one : out std_logic_vector (6 downto 0));
end component;
```

④ 1/100초 카운트값을 10의 자리와 1의 자리로 구분하기 위한 구문

```vhdl
component dec2seg3
port(number : in integer range 99 downto 0;
seg_ten : out std_logic_vector (6 downto 0);
seg_one : out std_logic_vector (6 downto 0));
end component;
```

## 2 전체 VHDL 구문 분석

### 1) 한 자리의 10진수를 7-segment 출력으로 디코딩하기 위한 구문

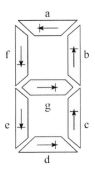

```vhdl
library ieee;
use ieee.std_logic_1164.all;

entity bcd2seg is
port (
    bcd : in integer range 9 downto 0;
    segment : out std_logic_vector (6 downto 0)
);
end bcd2seg;

architecture a of bcd2seg is
begin

process (bcd)
begin
        if bcd = 0 then
                segment <= "0111111";
```

(계속)

```
            elsif bcd  =  1  then
                    segment <= "0000110";
            elsif bcd  =  2  then
                    segment <= "1011011";
            elsif bcd  =  3  then
                    segment <= "1001111";
            elsif bcd  =  4  then
                    segment <= "1100110";
            elsif bcd  =  5  then
                    segment <= "1101101";
            elsif bcd  =  6  then
                    segment <= "1111101";
            elsif bcd  =  7  then
                    segment <= "0000111";
            elsif bcd  =  8  then
                    segment <= "1111111";
            elsif bcd  =  9  then
                    segment <= "1100111";
            else
                    segment <= "0000000";
            end if;
    end process;
    end a;
```

## 2) 두 자리의 10진수를 한 자리씩 7-segment 출력으로 디코딩하기 위한 구문

```
library ieee;
use ieee.std_logic_1164.all;

entity dec2seg1 is
port(
    number : in integer range 23 downto 0          -- 두 자리의 10진수
    seg_ten : out std_logic_vector (6 downto 0);    -- 10의 자리의 7-segment 디코딩 출력
    seg_one : out std_logic_vector (6 downto 0)     -- 1의 자리의 7-segment 디코딩 출력
);
end dec2seg1;

architecture a of dec2seg1 is

component bcd2seg
```

(계속)

```vhdl
port(
    bcd : in integer range 9 downto 0;
    segment : out std_logic_vector (6 downto 0)
);
end component;

signal dec_ten : integer range 9 downto 0;
signal dec_one : integer range 9 downto 0;

begin

u0 : bcd2seg
port map (
        bcd  => dec_ten,
        segment  => seg_ten
);

u1 : bcd2seg
port map (
        bcd  => dec_one,
        segment  => seg_one
);
```

## 3) 두 자리의 10진수의 값을 10의 자리와 1의 자리로 분리하기 위한 구문

```vhdl
process(number)
begin
        if number >= 20 then
                -- 두 자리의 10진수의 값이 20보다 큰 경우, 10의 자리에 값은 2이며 1의
                   자리의 값은 두 자리의 10진수에서 20을 뺀 값이 된다.
                dec_ten <= 2;
                dec_one <= number - 20;
        elsif number >= 10 then
                dec_ten <= 1;
                dec_one <= number - 10;
        else
                dec_ten <= 0;
                dec_one <= number;
        end if;
end process;
end a;
```

## 4) 두 자리의 10진수를 한 자리씩 7-segment 출력으로 디코딩하기 위한 구문

```vhdl
library ieee;
use ieee.std_logic_1164.all;
entity dec2seg2 is
port(
        number : in integer range 59 downto 0;          -- 두 자리의 10진수
        seg_ten : out std_logic_vector (6 downto 0);     -- 10의 자리의 7-segment 디코딩 출력
        seg_one : out std_logic_vector (6 downto 0);     -- 1의 자리의 7-segment 디코딩 출력
);
end dec2seg2;

architecture a of dec2seg2 is
component bcd2seg
port(
    bcd : in integer range 9 downto 0;
signal dec_ten : integer range 9 downto 0;
signal dec_one : integer range 9 downto 0;
begin

u0 : bcd2seg
port map (
            bcd  => dec_ten,
            segment => seg_ten
);

u1 : bcd2seg
port map (
            bcd  => dec_one,
            segment => seg_one
);
```

## 5) 두 자리의 10진수의 값을 10의 자리와 1의 자리로 분리하기 위한 구문

```vhdl
process(number)
begin
        if number >= 90 then
                -- 두 자리의 10진수의 값이 50보다 큰 경우, 10의 자리에 값은 5이며 1의
                자리의 값은 두 자리의 10진수에서 50을 뺀 값이 된다.
```

(계속)

```
                dec_ten <= 5;
                dec_one <= number - 50;
        elsif number >= 40 then
                dec_ten <= 4;
                dec_one <= number - 40;
        elsif number >= 30 then
                dec_0ten <= 3;
                dec_one <= number - 30;
        elsif number >= 20 then
                dec_ten <= 2;
                dec_one <= number - 20;
        elsif number >= 10 then
                dec_ten <= 1;
                dec_one <= number - 10;
        else
                dec_ten <= 0;
                dec_one <= number;
        end if;
end process;
end a;
```

## 6) 두 자리의 10진수를 한 자리씩 7-segment 출력으로 디코딩하기 위한 구문

```
library ieee;
use ieee.std_logic_1164.all;

entity dec2seg3 is
port(
number : in integer range 99 downto 0;          -- 두 자리의 10진수
seg_ten : out std_logic_vector (6 downto 0);    -- 10의 자리의 7-segment 디코딩 출력
seg_one : out std_logic_vector (6 downto 0);    -- 1의 자리의 7-segment 디코딩 출력
);
end dec2seg3;

architecture a of dec2seg3 is
component bcd2seg
port(
    bcd : in integer range 9 downto 0;
    segment : out std_logic_vector (6 downto 0)
```

(계속)

```
);
end component;

signal dec_ten : integer range 9 downto 0;
signal dec_one : integer range 9 downto 0;
begin
u0 : bcd2seg
port map (
        bcd  => dec_ten,
             segment  => seg_ten
);

u1 : bcd2seg
port map(
        bcd  => dec_one,
      segment  => seg_one
);
```

## 7) 두 자리의 10진수의 값을 10의 자리와 1의 자리로 분리하기 위한 구문

```
process (number)
begin
        if number >= 90 then
                -- 두 자리의 10진수의 값이 90보다 큰 경우, 10의 자리의 값은 9이며
                   1의 자리의 값은 두 자리의 10진수에서 90을 뺀 값이 된다.
                dec_ten <= 9;
                dec_one <= number - 90;
        elsif number >= 80 then
                dec_ten <= 8;
                dec_one <= number - 80;
        elsif number >= 70 then
                dec_ten <= 7;
                dec_one <= number - 70;
        elsif number >= 60 then
                dec_ten <= 6;
                dec_one <= number - 60;
        elsif number >= 50 then
                dec_ten <= 5;
                dec_one <= number - 50;
```

(계속)

```vhdl
        elsif number >= 40 then
                dec_ten <= 4;
                dec_one <= number - 40;
        elsif number >= 30 then
                dec_ten <= 3;
                dec_one <= number - 30;
        elsif number >= 20 then
                dec_ten <= 2;
                dec_one <= number - 20;
        elsif number >= 10 then
                dec_ten <= 1;
                dec_one <= number - 10;
        else
                dec_ten <= 0;
                dec_one <= number;
        end if;
end process;
end a;
```

* 본 예제에서는 다이내믹 방식을 이용한 7-segment를 사용하기 위해 별도의 코드를 작성하였다. 7-segment에 대한 사용법은 설명서를 참고하기 바란다.

```vhdl
library ieee;
use ieee.std_logic_1164.all;

entity seg_module is
port(
    clk : in std_logic;

    seg_8 : in std_logic_vector (6 downto 0);
    seg_7 : in std_logic_vector (6 downto 0);
    seg_6 : in std_logic_vector (6 downto 0);
    seg_5 : in std_logic_vector (6 downto 0);
    seg_4 : in std_logic_vector (6 downto 0);
    seg_3 : in std_logic_vector (6 downto 0);
    seg_2 : in std_logic_vector (6 downto 0);
    seg_1 : in std_logic_vector (6 downto 0);     -- 7-segment 입력
    segment : out std_logic_vector (7 downto 0);  -- 7-segment 출력데이터
    common : out std_logic_vector (7 downto 0);   -- 7-segment 출력의 위치를 지정하기 위
                                                  --   한 출력
```

(계속)

```vhdl
);
end seg_module;
architecture a of seg_module is
signal cnt : integer range 7 downto 0;
begin

process (clk)
begin
        if clk' event and clk = '1' then

                ent <= cnt + 1;

                case cnt is
                        when 7 =>
                                segment <= '0' & seg_8;
                        when 6 =>
                                segment <= '1' & seg_7;
                        when 5 =>
                                segment <= '0' & seg_6;
                        when 4 =>
                                segment <= '1' & seg_5;
                        when 3 =>
                                segment <= '0' & seg_4;
                        when 2 =>
                                segment <= '1' & seg_3;
                        when 1 =>
                                segment <= '0' & seg_2;
                        when 0 =>
                                segment <= '0' & seg_1;
                        when others =>
                                null;
                end case;
```

-- common의 값이 1이 되는 비트에 해당하는 위치의 7-segment에 주어진 데이터가
  표시된다.

```vhdl
        if cnt = 7 then
                common(7) <= '0';
        else
                common(7) <= '1';
```

(계속)

```vhdl
                        end if;

            if cnt  =  6 then
                        common(6)  < = '0';
                else
                        common(6)  < =  '1';
                end if;

            if cnt  =  5 then
                        common(5)  < = '0';
                else
                        common(5)  < =  '1';
                end if;

            if cnt  =  4 then
                        common(4)  < = '0';
                else
                        common(4)  < =  '1';
                end if;

            if cnt  =  3 then
                        common(3)  < = '0';
                else
                        common(3)  < =  '1';
                end if;
            if cnt  =  2 then
                        common(2)  < = '0';
                else
                        common(2)  < =  '1';
                end if;

            if cnt  =  1 then
                        common(1)  < = '0';
                else
                        common(1)  < =  '1';
                end if;

            if cnt  =  0 then
                        common(0)  < = '0';
                else
                        common(0)  < =  '1';
                end if;
        end if;
end process;
end a;
```

## 8) stop watch를 구현하기 위한 구문

```vhdl
library ieee;
use ieee.std_logic_1164.all;

entity st_watch is
port(
    clk : in std_logic;                          -- 1 kHz의 주파수클럭
    mode : in integer range 4 downto 0;
            -- 시계의 동작모드이다. 1일 때 stop watch가 표시된다.
            -- mode의 값이 1 이외의 값일 경우 stop watch는 동작되나 버튼 입력은 무시된다.
    sw_f1 : in std_logic;                        -- stop watch의 시작, 정지버튼이다.
    sw_f2 : in std_logic;                        -- stop watch의 초기화버튼이다.

    hour : out integer range 23 downto 0;        -- 시 출력
    minute : out integer range 59 downto 0;      -- 분 출력
    second : out integer range 59 downto 0;      -- 초 출력
    sec_hun : out integer range 99 downto 0;     -- 초/100 출력
);
end st_watch;

architecture a of st_watch is

signal hur : integer range 23 downto 0;
signal min : integer range 59 downto 0;
signal sec : integer range 59 downto 0;
signal sec_100 : integer range 99 downto 0;
signal cnt : integer range 9 downto 0;

signal clk_hun, clk_sec, clk_min, clk_hur : std_logic;

signal start : std_logic;
begin

process (mode, sw_f1, sw_f2)
begin
        if(mode = 1 and sw_f2 = '1') then
                start <= '0';
        elsif sw_f1' event and sw_f1 = '1' then
                                -- sw_f1을 누를 때마다 시작과 정지가 반복된다.
                if mode = 1 then
                        start <= not start;
```

(계속)

```
                else
                        start <=  start;
                end if;
        end if;
end process;
```

## 9) 1 kHz의 클럭을 100 Hz로 분주하기 위한 구문

```
process (clk)
begin
        if clk' event and clk = '1' then
                if cnt = 9 then
                        cnt <= 0;
                else
                        cnt <= cnt + 1;
                end if
        end if;
end process;

clk_hun <= '1' when cnt = 9 else '0';  -- clk_hun은 1/100초마다 한 번씩 1의 값을 가진다.
```

## 10) 초/100을 카운트하기 위한 구문

```
process (mode, sw_f2, clk)
begin
        if (mode = 1 and sw_f2 = '1') then
                sec_100 <= 0;
        elsif clk' event and clk = '1' then

                if (start = '1' and clk_hun = '1') then
                        -- clk는 1 kHz의 주기를 가지나 clk_hun의 값이 1/100초마다 한 번씩 1의
                        값을 가지므로 sec_100은 1/100의 주기로 카운트된다.
                        if sec_100 = 99 then
                                sec_100 <= 0;
                        else
                                sec_100 <= sec_100 + 1;
```

(계속)

```
                          end if;
          else
                          sec_100 <= sec_100;
                  end if;
          end if;
end process;

clk_sec <= '1' when (sec_100 = 99 and clk_hun = '1') else '0';
```

## 11) 초를 카운트하기 위한 구문

```
process (mode, sw_f2, clk)
begin
        if (mode = 1 and sw_f2 = '1') then
                sec <= 0;
        elsif clk' event and clk = '1' then
                if clk_sec = '1' then
                        if sec = 59 then
                                sec <= 0;
                        else
                                sec <= sec + 1;
                        end if;
                else
                        sec <= sec;
                end if;
        end if;
end process;

clk_min <= '1' when (sec = 59 and clk_sec = '1') else '0';
```

## 12) 분을 카운트하기 위한 구문

```
process (mode, sw_f2, clk)
begin
        if (mode = 1 and sw_f2 = '1') then
                min <= 0;
```

(계속)

```vhdl
            elsif clk' event and clk = '1' then
                    if clk_min = '1' then
                            if min = 59 then
                                    min <= 0;
                            else
                                    min <= min + 1;
                            end if;
                    else
                            min <= min;
                    end if;
            end if;
end process;

clk_hur <= '1' when (min = 59 and clk_min = '1') else '0';
```

## 13) 시를 카운트하기 위한 구문

```vhdl
process (mode, sw_f2, clk)
begin
        if (mode = 1 and sw_f2 = '1') then
                hur <= 0;
        elsif clk' event and clk = '1' then
                if clk_hur = '1' then
                        if hur = 23 then
                                hur <= 0;
                        else
                                hur <= hur + 1;
                        end if;
                else
hur <= hur;
                end if;
        end if;
end process;

hour <= hur;
minute <= min;
second <= sec;
sec_hun <= sec_100;
end a;
library ieee;
port (
```

(계속)

```vhdl
            clk : in std_logic;
            mode : in integer range 4 downto 0;
                            -- 시계의 동작상태를 지정하는 입력이다.
                            -- mode = 0일 경우 시계표시상태이다.
                            -- mode = 2일 경우 초 설정상태이다.
                            -- mode = 3일 경우 분 설정상태이다.
                            -- mode = 4일 경우 시 설정상태이다.
            sw_f1 : in std_logic;     -- 시간설정모드에서 시간을 변경하기 위한 버튼 입력

            hour : out integer range 23 downto 0;        -- 시 출력
            minute : out integer range 59 downto 0;      -- 분 출력
            second : out integer range 59 downto 0       -- 초 출력
);
end time;

architecture a of time is

signal hur : integer range 23 downto 0;
signal min : integer range 59 downto 0;
signal sec : integer range 59 downto 0;
signal cnt : integer range 999 downto 0;

signal cli_sec, clk_min, clk_hur : std_logic;

signal s_sw_f1 : std_logic_vector (1 downto 0);

begin
```

## 14) 버튼 누름을 감지하기 위한 구문

```vhdl
    -- s_sw_f1의 값이 "01"일 경우 누름을 의미한다.
    -- s_sw_f1의 값이 "11"일 경우 계속 누르고 있음을 의미한다.
    -- s_sw_f1의 값이 "10"일 경우 누른 버튼을 떼었음을 의미한다.

process (clk)
begin
        if clk' event and clk = '1' then
                s_sw_f1(0) <= sw_f1;
                s_sw_f1(1) <= s_sw_f1(0);
        end if;
end process;
```

## 15) 1 kHz의 클럭을 1 Hz의 클럭으로 분주하기 위한 구문

```
process (clk)
begin
        if clk' event and clk = '1' then
                if cnt = 999 then
                        cnt <= 0;
                else
                        cnt <= cnt + 1;
                end if;
        end if
end process;

clk_sec <= '1' when cnt = 999 else '0';

process (mode, s_sw_f1, clk)
begin
        if (mode = 2) and (s_sw_f1 = "01") then
                        -- 초를 설정하는 mode = 2일 경우 설정버튼을 누르면 sec의
                           값이 0으로 초기화된다.
                sec <= 0;
   elsif clk' event and clk = '1' then
                if clk_sec = '1' then
                        -- clk의 주기는 1msec이나 clk_sec의 주기는 1sec이므로 sec는
                           1Hz의 주기로 값이 카운트된다.
                        if sec = 59 then
                                sec <= 0;
                        else
                                sec <= sec + 1;
                        end if;
                end if;
        end if;
end process;

clk_min <= '1' when (mode /= 3 and sec = 59 and clk_sec = '1') else '0';
                        -- 분을 설정하는 mode = 3일 경우 초가 증가하여 59에서 0이
                           될 때 분이 1씩 증가하는 것을 방지한다.

process (clk)
begin
        if clk' event and clk = '1' then
                if (mode = 3 and s_sw_f1 = "01") then
                        -- 분을 설정하는 mode = 3일 경우 설정버튼을 누르면 min의
                           값이 1씩 증가한다.
```

(계속)

```vhdl
                            if min = 59 then
                                    min <= 0;
                            else
                                    min <= min + 1;
                            end if;
                else
                            if clk_min = '1' then
                                    if min = 59 then
                                            min <= 0;
                                    else
                                            min <= min + 1;
                                    end if;
                            end if;
                end if;
            end if;
    end process;

    clk_hur <= '1' when (mode /= 4 and min = 59 and clk_min = '1') else '0';

    process (clk)
    begin
    if clk' event and clk = '1' then
            if (mode = 4 and s_sw_fl = "01") then
                    if hur = 23 then
                            hur <= 0;
                    else
                            hur <= hur + 1;
                    end if;
            else
                    if clk_hur = '1' then
                            if hur = 23 then
                                    hur <= 0;
                            else
                                    hur <= hur + 1;
                            end if;
                    end if;
            end if;
        end if;
    end if;
    end process;
    second <= sec;
    minute <= min;
    hour <= hur;
    end a;
```

## 16) 시간 표시, 설정, stop watch 기능을 가진 디지털시계 코드

```vhdl
library ieee;
use ieee.std_logic_1164.all;

entity watch is
port (
    clk : in std_logic;
    mode : in integer range 4 downto 0;
    sw_f1 : in std_logic;
    sw_f2 : in std_logic;

    hour : out integer range 23 downto 0;
    minute : out integer range 59 downto 0;
    second : out integer range 59 downto 0;
    sec_hun : out integer range 99 downto 0
);
end watch;

architecture a of watch is

component time
port (
    clk : in std_logic;
    mode : in integer range 4 downto 0;
    sw_f1 : in std_logic;

    hour : out integer range 23 downto 0;
    minute : out integer range 59 downto 0;
    second : out integer range 59 downto 0
);
end component;
component st_watch
port (
    clk : in std_logic;
    mode : in integer range 4 downto 0;
    sw_f1 : in std_logic;
sw_f2 : in std_logic;

    hour : out integer range 23 downto 0;
    minute : out integer range 59 downto 0;
    second : out integer range 59 downto 0;
    sec_hun : out integer range 99 downto 0;
```

(계속)

```vhdl
);
end component;

signal time_hur : integer range 23 downto 0;
signal time_min : integer range 59 downto 0;
signal time_sec : integer range 59 downto 0;

signal st_hur : integer range 23 downto 0;
signal st_min : integer range 59 downto 0;
signal st_sec : integer range 59 downto 0;
signal st_sec_hun : integer range 99 downto 0;

begin

u1 : time
port map (
            clk  => clk,
            mode => mode,
            sw_f1 => sw_f1,

            hour => time_hur,
            minute => time_min,
            second => time_sec
);

u2 : st_watch
port map (
            clk  => clk,
            mode => mode,
            sw_f1 => sw_f1,
            sw_f2 => sw_f2,
hour => st_hur,
            minute => st_min,
            second => st_sec,
            sec_hun => st_sec_hun
);
hour <= st_hur when mode = 1 else time_hur;
minute <= st_min when mode = 1 else time_min;
second <= st_sec when mode = 1 else time_sec;
sec_hun <= st_sec_hun when mode = 1 else 0;
end a;
```

## 17) 디지털시계를 7-segment로 표시하기 위한 코드

```vhdl
library ieee;
use ieee.std_logic_1164.all;

entity watch_seg is
port (
    clk : in std_logic;                              -- 1 kHz의 주파수클럭
    sw_mode : in std_logic                           -- 모드설정버튼
    sw_f1 : in std_logic;                            -- 설정버튼 1
    sw_f2 : in std_logic;                            -- 설정버튼 2

    seg_data : out std_logic_vector (7 downto 0);    -- 7-segment 출력데이터
    seg_com : out std_logic_vector (7 downto 0);     -- 7-segment 출력위치지정데이터
    led_mode : out std_logic_vector (3 downto 0);    -- 디지털시계의 모드표시 LED
);
end watch_seg;
architecture a of watch_seg is
```

## 18) 디지털시계 구현 구문

```vhdl
component watch
port (
    clk : in std_logic;
    mode : in integer range 4 downto 0;
    sw_f1 : in std_logic;
    sw_f2 : in std_logic;

    hour : out integer range 23 downto 0;
    minute : out integer range 59 downto 0;
    second : out integer range 59 downto 0;
    sec_hun : out integer range 99 downto 0
);
end component;
```

## 19) 시 카운트값을 10의 자리와 1의 자리로 구분하기 위한 구문

```vhdl
component dec2seg1
port (
```

(계속)

```
        number : in integer range 23 downto 0);
        seg_ten : out std_logic_vector (6 downto 0);
        seg_one : out std_logic_vector (6 downto 0)
    );
end component;
```

## 20) 분과 초 카운트값을 10의 자리와 1의 자리로 구분하기 위한 구문

```
component dec2seg2
port (
        number : in integer range 59 downto 0;
        seg_ten : out std_logic_vector (6 downto 0);
        seg_one : out std_logic_vector (6 downto 0)
    );
end component;
```

## 21) 1/100초 카운트값을 10의 자리와 1의 자리로 구분하기 위한 구문

```
component dec2seg3
port (
        number : in integer range 99 downto 0;
        seg_ten : out std_logic_vector (6 downto 0);
        seg_one : out std_logic_vector (6 downto 0)
    );
end component;
```

## 22) 7-segment값을 다이내믹 7-segment로 표시하기 위한 구문

```
component seg_module
port (
        clk : in std_logic;
        seg_8 : in std_logic_vector (6 downto 0);
        seg_7 : in std_logic_vector (6 downto 0);
        seg_6 : in std_logic_vector (6 downto 0);
        seg_5 : in std_logic_vector (6 downto 0);
        seg_4 : in std_logic_vector (6 downto 0);
        seg_3 : in std_logic_vector (6 downto 0);
```

(계속)

```vhdl
            seg_2 : in std_logic_vector (6 downto 0);
            seg_1 : in std_logic_vector (6 downto 0);
            segment : out std_logic_vector (7 downto 0);
            common : out std_logic_vector (7 downto 0)
);
end component;

signal hour : integer range 23 downto 0;
signal minute : integer range 59 downto 0;
signal second : integer range 59 downto 0;
signal sec_hun : integer range 99 downto 0;
signal seg_8 : std_logic_vector (6 downto 0);
signal seg_7 : std_logic_vector (6 downto 0);
signal seg_6 : std_logic_vector (6 downto 0);
signal seg_5 : std_logic_vector (6 downto 0);
signal seg_4 : std_logic_vector (6 downto 0);
signal seg_3 : std_logic_vector (6 downto 0);
signal seg_2a : std_logic_vector (6 downto 0);
signal seg_1a : std_logic_vector (6 downto 0);
signal seg_2 : std_logic_vector (6 downto 0);
signal seg_1 : std_logic_vector (6 downto 0);
signal mode : integer range 4 downto 0;

begin
```

## 23) 시계의 모드를 변경하기 위한 구문

```vhdl
    -- mode = 0 : 시간표시모드
    -- mode = 1 : stop watch 동작모드
    -- mode = 2 : 초 설정모드
    -- mode = 3 : 분 설정모드
    -- mode = 4 : 시 설정모드

process (sw_mode)
begin
        if sw_mode' event and sw_mode = '1' then
                if mode = 4 then
                        mode <= 0;
                else
                        mode <= mode + 1;
                end if;
```

(계속)

```
        end if;
    end process;
    led_mode(0) <= '1' when mode = 1 else '0';
    led_mode(1) <= '1' when mode = 2 else '0';
    led_mode(2) <= '1' when mode = 3 else '0';
    led_mode(3) <= '1' when mode = 4 else '0';

    u1 : watch
    port map (
            clk  => clk,
            mode  => mode,
            sw_f1  => sw_f1,
            sw_f2  => sw_f2,

            hour  => hour,
            minute  => minute,
            second  => second,
            sec_hun  => sec_hun
    );

    u2 : dec2seg1
    port map (
            number  => hour,
            seg_ten  => seg_8,
            seg_one  => seg_7
    );

    u3 : dec2seg2
    port map (
            number  => minute,
            seg_ten  => seg_6,
            seg_one  => seg_5
    );

    u4 : dec2seg2
    port map (
            number  => second,
            seg_ten  => seg_4,
            seg_one  => seg_3
    );

    u5 : dec2seg3
```

(계속)

```
port map (
        number  => sec_hun,
        seg_ten  => seg_2a,
        seg_one  => seg_1a
);

seg_2 <= seg_2a when mode = 1 else "0000000";
seg_1 <= seg_1a when mode = 1 else "0000000";

u6 : seg_module
port map (
        clk  => clk,
        seg_8  => seg_8,
        seg_7  => seg_7,
        seg_6  => seg_6,
        seg_5  => seg_5,
        seg_4  => seg_4,
        seg_3  => seg_3,
        seg_2  => seg_2,
        seg_1  => seg_1,

        segment  => seg_data,
        common  => seg_com
);
end a;
```

 | 과제 |

10장에서 주어진 기존 구문에 알람기능을 추가한 VHDL 구문을 완성하시오.

# 11

Design of Traffic Signal

# 교통신호기의 설계

## 목표, 구성 및 동작

### 1 설계의 목표

제11장에서는 교통신호기를 설계하여 보자. 설계의 목표로는 네거리 신호 표시등의 제어를 기준으로 하며, 특정 시간을 주기로 LED가 제어되는 신호등을 구현하고자 한다. 또 여기에 점멸기능을 추가하여 점멸버튼을 누를 경우, 황색 LED와 녹색의 보행자 신호가 점멸되는 기능이 추가된 네거리 신호등 제어를 위한 VHDL 설계를 목표로 할 것이다.

> **설계의 목표**
>
> • 네거리 신호를 기준, 특정 시간을 주기로 LED가 제어되는 신호등의 구현
> • 여기에 점멸기능을 추가하여 점멸버튼을 누르면 황색 램프와 보행자 신호가 점멸되는 기능이 추가되는 네거리 신호등의 제어

### 2 설계의 구성요소

다음은 설계목표를 달성하기 위한 구성요소로서 클럭은 1Hz을 사용하며 점멸 표시 버튼이 1개, 신호등용 LED로써 녹색등 8개, 적색등 4개를 사용하게 되는데, 여기서 녹색등은 직진과 좌회전 표시를 위하여 8개가 필요한 것이다. 보행자용 LED는 한 방향당 두 개의 LED로 녹색 등 8개, 적색 등 8개가 필요하게 된다.

**구 성 요 소**

- 클럭(clock)   1 Hz
- 버튼   점멸 표시 버튼(1개)
- 신호등용 LED   녹색등용(8개), 적색등용(4개)
- 보행자용 LED   녹색등용(8개), 적색등용(8개)

## 3 신호기 동작

다음은 신호기 동작인데, 먼저 신호등 표시 전환이다. 그림 11-1에서는 네거리 신호등의 하드웨어 구조를 보여주고 있는데, 주어진 시간 동안 주행신호 및 보행자신호를 표시하되 남 → 서 → 동 → 북의 순으로 회전하여 전환하도록 하는 것이다. 주행신호는 주어진 시간에서 2초를 뺀 시간만큼 녹색 주행신호가 표시되고, 나머지 2초는 황색 대기신호가 표시되도록 하는 것이다. 신호기의 보행신호는 3초 동안 녹색 보행신호가 표시되며, 주어진 시간에서 2초를 뺀 시간까지 1초간의 주기로 녹색 보행신호가 점멸되고, 나머지 2초는 적색의 보행금지 신호가 표시되도록 해보자.

마지막으로 점멸신호인데, 이 동작은 점멸버튼을 누를 경우, 모든 황색 신호가 1초의 주기로 점멸하고, 녹색 보행신호도 1초의 주기로 점멸 표시가 되는 동작의 신호기를 제어하는 VHDL 구문을 설계하게 될 것이다.

**신호기 동작**

- 신호등 표시 전환   주어진 시간 동안 주행 및 보행자 신호를 표시하되 남 → 서 → 동 → 북 순으로 전환
- 주행신호   주어진 시간에서 2초를 뺀 만큼 녹색 주행신호가 표시, 나머지 2초는 황색 대기신호 표시
- 보행신호   3초 동안 녹색 보행신호 표시, 주어진 시간에서 2초를 뺀 시간까지 1초간 녹색 보행신호가 점멸, 나머지 2초는 적색의 보행금지신호 표시
- 점멸신호   점멸버튼을 누를 경우 모든 황색 신호가 1초의 주기로 점멸, 녹색 보행신호도 1초의 주기로 점멸 표시

## 교통신호기의 하드웨어 구조

① 보드 장착용 컨넥터      ② 북쪽 차량의 신호등

③ 서쪽 차량의 신호등      ④ 남쪽 차량의 신호등

⑤ 동쪽 차량의 신호등      ⑥ 북쪽 보행자의 신호등

⑦ 서쪽 보행자의 신호등      ⑧ 남쪽 보행자의 신호등

⑨ 동쪽 보행자의 신호등

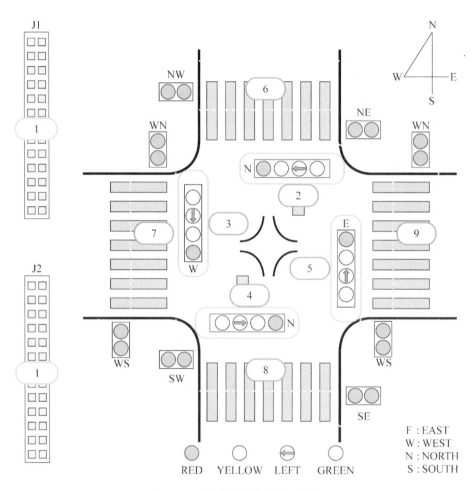

**그림 11-1** 네거리 신호등의 하드웨어 구조

# 교통신호기의 VHDL 설계

## 1 VHDL 코드의 주요 부분 설계

### 1) 엔티티와 아키텍처 구문

제3절에서는 교통신호기의 제어에 관한 VHDL 구문을 살펴볼 것이다.

아래의 VHDL 구문에서는 엔티티와 아키텍처 구문을 보여주고 있는데, 먼저 엔티티 구문을 살펴보자.

이 엔티티 구문의 입력으로 1Hz의 클럭 주파수 clk, 신호등 동작을 점멸상태로 바꾸기 위한 스위치 입력 sw_flick가 정의되어 있다. 출력 단자로써 적색등으로 전환 순서가 남, 서, 동, 북쪽 순으로 바뀌는 red 단자, 황색등인 yellow, 녹색등인 green, 좌회전 신호등 left, 보행자용 적색등 walk_r과 보행자용 녹색등인 walk_g 등이 정의되어 있는데, 이들은 모두 적색등과 동일한 전환 순서를 갖게 된다.

이제 아키텍처 구문이 이어지고 있다. time_rotate가 constant로 선언되어 있는데, 이것은 신호등의 한쪽 방향 신호가 진행되는 시간을 정의한 것이다. 이어서 signal scnt는 신호등의 진행시간을 카운트하기 위한 변수가 정의되고 있다.

계속해서 direct는 신호등의 진행 방향을 나타내는 변수로 0은 남쪽, 1은 서쪽, 2는 동쪽, 3은 북쪽을 각각 의미한다. rotate는 신호등의 한쪽 방향의 진행이 완료됨을 나타내는 변수이며, flicker는 신호등의 동작상태를 점멸상태로 하기 위한 변수를 각각 정의하고 있다.

```
entity traffic is
port(clk : in std_logic;                              -- 클럭 1 Hz 주파수
sw_flick in std_logic;                                -- 신호등 동작을 점멸상태로 바꾸기 위한 스위치
                                                         입력

red out std_logic_vector(3 downto 0);                 -- 적색등으로 전환 순서 남, 서, 동, 북쪽 순
yellow out std_logic_vector(3 downto 0);              -- 황색등으로 전환 순서 적색등과 동일
green buffer std_logic_vector(3 downto 0);            -- 녹색등으로 전환 순서 적색등과 동일
left out std_logic_vector(3 downto 0);                -- 좌회전 신호등으로 전환 순서 적색등과 동일
walk_r out std_logic_vector(3 downto 0);              -- 보행자용 적색등 전환 순서 적색등과 동일
walk_g out std_logic_vector(3 downto 0);              -- 보행자용 녹색등 전환 순서 적색등과 동일
end traffic;
architecture arc of traffic is
```

(계속)

```
constant time_rotate : integer := 30;        -- 신호등의 한쪽 방향 신호가 진행되는 시간
                                              -- 값이 30인 경우 신호등은 한 방향에서 28초간 녹
                                              색등이 켜지고, 나머지 2초 동안은 황색등이 켜짐
signal scnt : integer range 31 downto 0;      -- 신호등의 진행 시간을 카운트하기 위한 변수
signal direct : integer range 3 downto 0;     -- 신호등의 진행 방향을 나타내는 변수, 0은 남쪽,
                                              1은 서쪽, 2는 동쪽, 3은 북쪽을 의미
signal rotate : std_logic;                    -- 신호등의 한쪽 방향의 진행이 완료됨을 나타내
                                              는 변수
signal flicker : std_logic;                   -- 신호등의 동작상태를 점멸상태로 하기 위한 변수
```

## 2) 아키텍처 구문의 process문

계속해서 점멸신호 모드를 위한 process문이 이어지고 있다. sw_flick 스위치를 누르면 flicker 값이 반전되면서 점멸상태로 변경되며, 점멸상태가 되면 황색등과 보행자용 녹색등이 1초간 주기로 점멸하게 되며, 점멸상태에서 다시 sw_flick 스위치를 누르면 점멸상태가 해제되는 기능으로 설계가 되는 것이다.

다음은 일정 시간 동안의 카운트를 위한 process 구문으로 flicker = '1'로 되어 신호등의 동작이 점멸상태로 되면 신호등의 진행 시간을 카운트하기 위한 변수 scnt의 값이 0으로 초기화될 것이다. scnt = time_rotate이면 scnt의 값이 0으로 되고, 그렇지 않으면 1초의 주기를 갖는 클럭을 카운트하게 될 것이다. 결국 scnt 값이 time_rotate의 값과 일치하면 한쪽 방향의 신호등 동작이 완료되고, 다음 방향의 신호등 동작으로 변경되며, 변경을 알리는 신호가 바로 rotate인 것이다.

① 점멸신호 모드를 위한 구문

```
process(sw_flick)
begin
if sw_flick = '1' and sw_flick' event then    -- sw_flick 스위치를 누르면
flicker <= not flicker;                       -- flicker 값이 반전되면서 점멸상태로 변경
end if ;              -- 점멸상태가 되면 황색등과 보행자용 녹색등이 1초간 주기로 점멸
end process ;        -- 점멸상태에서 sw_flick 스위치를 누르면 점멸상태가 해제
                     -- 일정 시간 동안의 카운트를 위한 구문
process (flicker, clk)
begin
```

(계속)

```
if flicker = '1' then scnt <= '0' ;          -- 신호등의 동작이 점멸상태이면 scnt의 값이 0으
                                                로 초기화

elsif clk = '1' and clk' event then
if scnt = time_rotate then                   -- time_rotate 값에 따라 한쪽 방향의 진행 시간이
                                                지정

scnt <= '0' ;
else scnt <= scnt + 1;                       -- 1초의 주기를 갖는 클럭을 카운트하며 최고값은
                                                time_rotate값

end if ; end if; end process;
rotate <= '1' when scnt = time_rotate else '0' ;
         -- scnt 값이 time_rotate의 값과 일치하면, 한쪽 방향의 신호등 동작이 완료되고 다음
            방향의 신호등 동작으로 변경, 변경을 알리는 신호가 rotate
```

계속해서 신호등의 방향 표시를 위한 process 구문이 이어진다. 만일 클럭의 변화가 있고 신호등의 한쪽 방향의 진행이 완료됨을 나타내는 변수인 rotate의 값이 1이 되고, 신호등의 진행방향을 나타내는 변수 direct가 3이면 0, 즉 남쪽이 지정될 것이다. 그렇지 않으면 신호등의 동작 방향을 의미하는 direct는 그 값이 1씩 증가하여 동작의 방향이 전환될 것이다.

② 신호등의 표시 방향을 위한 구문

```
process (clk)
begin
if clk' event and clk = '1' then
if rotate = '1' then            -- rotate의 값이 1이 되면
if direct = 3 then
direct <= '0' ;                 -- 0은 남쪽을 의미
else
direct <= direct + 1;           -- 신호등의 동작 방향을 의미하는 direct는 그 값이 1씩 증가
                                   하여 동작의 방향이 전환됨

end if;
else direct <= direct;
end if;
end if;
end process;
```

다음은 주행 및 보행신호의 제어를 위한 precess 구문이 이어지는데, flicker가 1이 되면 신호등의 동작은 점멸상태가 되면서 황색등과 보행자용 녹색등의 신호는 1초를

주기로 하여 점멸하게 될 것이다. 그렇지 않고 direct = 0이면 현재 주행 방향은 남쪽을 나타내는데, 신호등 진행 시간의 카운트값이 time_rotate-2이면 남쪽 방향의 녹색등은 켜지고 나머지 방향의 녹색등은 꺼지게 될 것이다. 그렇지 않으면 남쪽 방향의 녹색등은 꺼지고, 2초의 시간 동안 남쪽 방향의 황색등이 켜질 것이다. 이러한 순서로 주행 및 보행신호가 제어될 것이다. 이어서 direct = 1이면 현재 주행 방향은 서쪽을 나타내고, 주행 및 보행신호가 제어된다.

③ 주행 및 보행신호의 제어를 위한 구문

```
process (flicker, direct, scnt, clk)
begin
if flicker = '1' then red <= "0000"        -- flicker가 1이 되면 신호등의 동작은 점멸상태가
                                                되면서

green <= "0000";
yellow <= clk & clk & clk & clk            -- 황색등과
walk_r <= "0000";

walk_g <= clk & clk & clk & clk            -- 보행자용 녹색등의 신호는 1초를 주기로 하여 점멸
else case direct is
when 0 =>                                   -- direct = 0이면 현재 주행 방향은 남쪽을 나타냄
if scnt <= (time_rotate-2) then             -- 신호등 진행 시간의 카운트 값이 time_rotate-2이면
green <= "1000";                            -- 남쪽 방향의 녹색등은 켜지고,
yellow <= "0000";                          -- 나머지 방향의 녹색등은 꺼짐
esle green <= "0000";                      -- 그렇지 않으면 남쪽 방향의 녹색등은 꺼지고,
yellow <= "1000";                          -- 2초의 시간 동안 남쪽 방향의 황색등이 켜짐
end if; red <= "0111";                     -- 남쪽 방향의 적색등은 꺼지고, 나머지 방향의 적
                                                색등은 켜짐

if scnt <= 3 then walk_r <= "1011";        -- 남쪽 방향이 이루어질 경우,
walk_g <= "0100";                          -- 보행자등은 서쪽 방향의 보행자용 녹색등이 켜
                                                지며, 처음 3초간 보행자용 녹색등이 켜짐

elsif scnt <= (time_rotate-2) then
walk_r <= "1011";                          -- 이후 나머지 시간 동안은 보행자용 녹색등은
walk_g <= '0' & (not clk) & "00";          -- 1초 주기로 점멸
else walk_r <= "1111";
walk_g <= "0000";                          -- 마지막 2초 동안 보행자용 녹색등은 꺼진 상태
        end if;
    when 1 =>                               -- direct =1이면 현재 주행 방향은 서쪽을 나타냄
if scnt <= (time_rotate-2) then
green <= "0100";
yellow <= "0000";
else
green <= "0000";
```

(계속)

```
yellow <= "0100";
end if;
red <= "1011";
if scnt <= 3 then
walk_r <= "1110";
walk_g <= "0001";
elsif scnt <= (time_rotate-2) then
walk_r <= "1110";
walk_g <= "000" & (not clk);
else
walk_r <= "1111";
walk_g <= "0000";
        end if;
```

이어서 direct = 2이면 현재 주행 방향은 동쪽을 나타내고, 주행 및 보행신고가 제어된다.

```
        when 2 =>                       -- direct = 2이면 현재 주행 방향은 동쪽을 나타냄
if scnt <= (time_rotate-2) then
green <= "0010";
yellow <= "0000";
else
green <= "0000";
yellow <= "0010";
end if;
red <= "1101";
if scnt <= 3 then
walk_r <= "0111";
walk_g <= "1000";
elsif scnt <= (time_rotate-2) then
walk_r <= "0111";
walk_g <= (not clk) & "000";
else
walk_r <= "1111";
walk_g <= "0000";
        end if;
```

이어서 direct = 3이면 현재 주행 방향은 북쪽을 나타내고, 주행 및 보행신호가 제어된다.

```
        when 3 =>                       -- direct = 3이면 현재 주행 방향은 북쪽을 나타냄
if scnt <= (time_rotate-2) then
green <= "0001";
yellow <= "0000";
```

(계속)

```vhdl
else green <= "0000"; yellow <= "0001";
end if;
red <= "1110";
if scnt <= 3 then
walk_r <= "1101"; walk_g <= "0010";
elsif scnt <= (time_rotate-2) then
walk_r <= "1101";
walk_g <= "00" & (not clk) & '0';
else
walk_r <= "1111"; walk_g <= "0000";
end if;
when others <= null;
    end case; end if; end process;
        left <= green;                          -- 좌회전을 위한 신호는 직진신호가 동일값을 가
                                                    짐 즉 신호등의 동작이 직좌 동시신호로 표시되
                                                    는 것을 의미

    end arc;
```

## 2 VHDL 코드의 전체 설계

```vhdl
library ieee;
use ieee.std_logic_1164.all;
entity traffic is
port(clk : in std_logic;                    -- 클럭이며 1 Hz의 주파수를 가진다.
    sw_flick : in std_logic;
                                            -- 신호등의 동작을 점멸상태로 바꾸기 위한 스위치 입력이다.
    red      : out std_logic_vector(3 downto 0);
                                            -- 적색등이며 방향의 순서는 남쪽, 서쪽, 동쪽, 북쪽 순이다.
    yellow   : out std_logic_vector(3 downto 0);
                                            -- 황색등이며 방향은 적색등과 동일하다.
    green    : buffer std_logic_vector(3 downto 0);
                                            -- 녹색등이며 방향은 적색등과 동일하다.
    left     : out std_logic_vector(3 downto 0);
                                            -- 좌회전 신호등이며 방향은 적색등과 동일하다.
    walk_r   : out std_logic_vector(3 downto 0);
                                            -- 보행자용 적색등이며 방향은 적색등과 동일하다.
```

(계속)

```
        walk_b      : out std_logic_vector(3 downto 0);
                            -- 보행자용 녹색등이며 방향은 적색등과 동일하다.
architecture arc of traffic is
constant time_rotate : integer := 30;
                            -- 신호등의 한쪽 방향의 신호가 진행되는 시간이다. 예를 들
                               어 30의 값을 가진다면 신호등은 한쪽 방향에서 28초 동안
                               녹색등이 켜지고 나머지 2초 동안 황색등이 켜지게 된다.
signal scnt             : integer range 31 downto 0;
                            -- 신호등의 진행 시간을 카운트하기 위한 변수이다.
signal direct           : integer range 3 downto 0;
                            -- 신호등의 진행 방향을 나타내는 변수이다. 0은 남쪽을, 1은
                               서쪽을, 2는 동쪽을, 3은 북쪽을 의미한다.
signal rotate          : std_logic;
                            -- 신호등의 한쪽 방향의 진행이 완료되었음을 나타내는 변수
                               이다.
signal flicker         : std_logic;
                            -- 신호등의 동작상태를 점멸상태로 동작하기 위한 변수이다.
begin
process (sw_flick)
begin
        if sw_flick = '1' and sw_flick' event then
                flicker <= not flicker;
        end if;
end process;
  -- sw_flick 스위치가 눌러질 경우 flicker의 값이 반전되면서 점멸상태로 변경된다.
  -- 점멸상태가 되면 황색등과 보행자용 녹색등이 1초를 주기로 점멸하게 된다.
  -- 점멸상태에서 sw_flick 스위치가 눌러지면 점멸상태가 해제된다.

process (flicker, clk)
begin
        if flicker = '1' then
                scnt <= 0;
                            -- 신호등의 동작상태가 점멸상태로 되면 scnt의 값은 0으로
                               초기화된다.
        elsif clk = '1' and clk' event then
                if scnt = time_rotate then
                        scnt <= 0;
                else
                        scnt <= scnt + 1;
                end if;
```

(계속)

```vhdl
        end if;
        -- 1초의 주기를 가지는 클럭을 카운트하며 최고값은 time_rotate의 값이 된다.
    end process;

    rotate <= '1' when scnt = time_rotate else '0';
        -- scnt 값이 time_rotate의 값과 일치하게 되면 이제 한쪽 방향의 신호등 동작이 완료되고 다
        음 방향의 신호등 동작으로 변경되는데 변경을 알리는 신호가 rotate이다.

    process (clk)
    begin
        if clk' event and clk = '1' then
            if rotate = '1' then
                if direct = 3 then
                    direct <= 0;
                else
                    direct <= direct + 1;
                end if;
            else
                direct <= direct;
            end if;
        end if;
    end process;
        -- rotate의 값이 1이 되면 신호등의 동작 방향을 의미하는 direct는 그 값이 1 증가하여 동작
        의 방향을 전환하게 된다.

    process (flicker, direct, scnt, clk)
    begin
        if flicker = '1' then
            red <= "0000";
            green <= "0000";
            yellow <= clk & clk & clk & clk;
            walk_r <= "0000";
            walk_g <= clk & clk & clk & clk;
```

-- flicker가 1이 되면 신호등의 동작은 점멸상태가 되면서 황색등과 보행자용 녹색등의 신호
는 1초를 주기로 점멸하게 된다.

```vhdl
        else
            case direct is
                when 0 =>
```
-- direct의 값이 0이면 현재 주행 방향은 남쪽이라는 것을 의미한다.
```vhdl
                    if scnt <= (time_rotate-2) then
                        green <= "1000";
                        yellow <= "0000";
```

(계속)

-- 남쪽 방향의 녹색등은 켜지고 나머지 방향의 녹색등은 꺼진다.

```
                else
                        green <= "0000";
                        yellow <= "1000";
```
-- 2초의 시간 동안 남쪽 방향의 황색등이 꺼지게 된다.
```
                end if;
                red <= "0111";
```
-- 남쪽 방향의 적색등은 꺼지고 나머지 방향의 적색등은 켜진다.
```
                if scnt <= 3 then
                        walk_r <= "1011";
                        walk_g <= "0100";
```
-- 남쪽 방향의 주행이 이루어질 경우 보행자등은 서쪽 방향의 보행자용 녹색등이 켜지게 되
   는데, 처음 3초 동안 보행자용 녹색등이 켜진다.
```
                elsif scnt <= (time_rotate-2) then
                        walk_r <= "1011";
                        walk_g <= '0' & (not clk) & "00";
```
-- 이후 나머지 시간 동안은 보행자용 녹색등은 1초의 주기로 점멸하게 된다.
```
                else
                        walk_r <= "1111";
                        walk_g <= "0000";
```
-- 마지막 2초 동안 보행자용 녹색등은 꺼진 상태가 된다.
```
                end if;
        when 1 =>
```
-- direct의 값이 1이면 현재 주행 방향은 서쪽이라는 것을 의미한다.
```
                if scnt <= (time_rotate-2) then
                        green <= "0100";
                        yellow <= "0000";
                else
                        green <= "0000";
                        yellow <= "0100";
        end if;

                red <= "1011";
                if scnt <= 3 then
                        walk_r <= "1110";
                        walk_g <= "0001";
                elsif scnt <= (time_rotate-2) then
                        walk_r <= "1110";
                        walk_g <= "000" & (not clk);
                else
                        walk_r <= "1111";
                        walk_g <= "0000";
                end if;
        when 2 =>
```

(계속)

```vhdl
-- direct의 값이 2이면 현재 주행 방향은 동쪽이라는 것을 의미한다.
                        if scnt <= (time_rotate-2) then
                                green <= "0010";
                                yellow <= "0000";
                        else
                                green <= "0000";
                                yellow <= "0010";
                        end if;
                        red <= "1101";
                        if scnt <= 3 then
                                walk_r <= "0111";
                                walk_g <= "1000";
                        elsif scnt <= (time_rotate-2) then
                                walk_r <= "0111";
                                walk_g <= (not clk) & "000";
                        else
                                walk_r <= "1111";
                                walk_g <= "0000";
                        end if;
                when 3 =>
-- direct의 값이 3이면 현재 주행 방향은 북쪽이라는 것을 의미한다.
                        if scnt <= (time_rotate-2) then
                                green <= "0001";
                                yellow <= "0000";
                        else
                                green <= "0000";
                                yellow <= "0001";
                        end if;

                        red <= "1110";
                        if scnt <= 3 then
                                walk_r <= "1101";
                                walk_g <= "0010";
                        elsif scnt <= (time_rotate-2) then
                                walk_r <= "1101";
                                walk_g <= "00" & (not clk) & '0';
                        else
                                walk_r <= "1111";
                                walk_g <= "0000";
                        end if;
                when others =>
                        null;
        end case;
```

(계속)

```
        end if;
end process; left <= green;
    -- 좌회전을 위한 신호는 직진신호가 동일한 값을 가진다.
    즉 신호등의 동작이 직좌 동시신호로 표시된다는 것을 의미한다.
end arc;
```

 |과제|

　직좌 후, 직진기능을 갖는 교통신호기의 VHDL 구문을 설계하시오.

# 12

# 자동판매기의 설계

## 목표, 구성 및 동작

### 1 설계의 목표

제12장에서는 자동판매기 제어를 VHDL로 설계하여 보자. 설계의 목표로는 일상에서 쉽게 접할 수 있는 자동판매기를 제어하는 VHDL 구문을 구현하는 것인데, 동전 입력, 아이템 선택, 동전 반환, 잔액표시, 선택 가능한 아이템, 동전 반환표시 등의 기능을 갖는 VHDL 설계를 구현하는 것이다.

---

**설계의 목표**

- 일상에서 쉽게 접할 수 있는 자동판매기를 제어하는 VHDL 구문을 구현
- 동전 입력, 아이템 선택, 동전 반환, 잔액표시, 선택 가능한 아이템, 동전 반환 표시 등을 구현

---

### 2 설계의 구성요소

다음은 구성요소로써 클럭은 1kzHz 주파수를 사용하며, 버튼기능은 동전 입력버튼(2개), 아이템 선택버튼(4개), 반환버튼(1개) 등으로 구성되며, 선택 가능한 아이템(4개), 반환표시(1개) 등은 LED로 구현하도록 한다. 그리고 7_segment는 잔액표시(4개)를 나타내는 기능으로 사용된다.

구 성 요 소

- 클럭 1 kHz 주파수
- 버튼 동전 입력버튼(2개), 아이템 선택버튼(4개), 반환버튼(1개)
- LED 선택 가능한 아이템(4개), 반환표시(1개)
- 7_segment 잔액표시(4개)

## 3 자동판매기의 동작

그림 12-1에서는 자동판매기의 하드웨어 구조를 보여주고 있는데, 자동판매기의 동작으로 먼저 동전 입력 동작이다. 100원, 500원 버튼을 누르면 해당 금액만큼의 잔액이 증가하고, 잔액의 최고 금액이 9,900원이므로 동전버튼을 누를 때 9,900원이 넘으면 반환용 LED가 점등하는 것이다. 다음은 선택 가능 아이템 표시기능이다. 이것은 잔액에 따라 선택 가능한 아이템을 LED로 표시하도록 하겠다.

아이템 선택 동작은 100원, 200원, 300원, 400원에 해당 아이템버튼을 누르면 잔액에서 해당 아이템의 금액만큼 감소하며, 잔액이 선택한 아이템에 비하여 적다면 잔액은 감소하지 않게 되는 기능을 갖는 것이다. 반환표시 LED는 동전을 입력하여 잔액이 최고 금액에 도달한 경우, 반환 LED가 점등하고 잔액은 증가하지 않는다.

자동판매기의 동작

- 동전 입력
  ‣ 100원, 500원 버튼을 누르면 해당 금액만큼의 잔액이 증가
  ‣ 잔액의 최고 금액이 9,900원이므로 동전버튼을 누를 때, 9,900원이 넘으면 반환 LED 점등
- 선택 가능 아이템 표시 잔액에 따라 선택 가능한 아이템을 LED로 표시
- 아이템 선택
  ‣ 100원, 200원, 300원, 400원에 해당 아이템 버튼을 누르면 잔액에서 해당 아이템의 금액만큼 감소
  ‣ 잔액이 선택한 아이템에 비하여 적다면 잔액은 감소하지 않음
- 반환표시 LED
  ‣ 동전을 입력하여 잔액이 최고 금액에 도달한 경우, 반환 LED가 점등하고 잔액은 증가하지 않음
  ‣ 반환버튼을 누르면 반환 LED가 점등하고 잔액은 0원으로 초기화

(계속)

- 잔액표시
  ‣ 동전 입력을 통해 해당 금액만큼 잔액 증가
  ‣ 동전 입력에 의해 잔액 최고 금액이 넘으면 잔액은 증가하지 않고, 반환 LED
   가 점등
  ‣ 아이템 선택에 의해 해당 아이템의 금액만큼 잔액이 감소
  ‣ 잔액이 선택한 아이템보다 적을 경우 잔액은 감소하지 않음

## 자동판매기의 하드웨어 구조

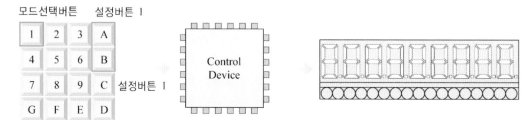

**그림 12-1** 자동판매기의 구성요소

## 자동판매기의 VHDL 설계

### 1 주요 부분의 VHDL 구문의 분석

#### 1) 자동판매기 동작을 나타내는 구문

```
entity  vending is
    port (clk : in std_logic;                           -- 1 kHz 클럭주파수
          sw_coin : in std_logic_vector (1 downto 0);   -- 동전입력스위치
          sw_item : in std_logic_vector (3 downto 0);   -- 품목선택스위치
          sw_repay : in std_logic;                      -- 반환스위치
          money : out integer range 0 to 99;            -- 남은 돈
          led_item : out std_logic_vector (3 downto 0);

                                                        -- 선택 가능한 품목표시 LED
```

(계속)

```vhdl
        led_repay : out std_logic);                    -- 반환표시 LED
    end vending;
    architecture a of vending is
    signal push_sw : std_logic;                        -- 스위치 입력을 감지
    signal s_push_sw : std_logic_vector(1 downto 0);
                                                       -- 스위치 누름 감지를 위한 변수
    signal repay : std_logic;                          -- 반환표시를 위한 변수
    signal remain : integer range 0 to 99;             -- 남은 동전 표시를 위한 변수
    signal clr_led_repay : std_logic;                  -- 반환표시 점멸을 위한 변수
constant item_1 : integer := 1;
constant item_2 : integer := 2;
constant item_3 : integer := 3;
constant item_4 : integer := 4;                        -- 각각의 품목에 대한 금액/100
constant coin_1 : integer := 1;
constant coin_2 : integer := 5;                        -- 각각의 동전입력스위치의 금액/100
```

## ① 스위치가 눌러지는 순간을 감지하는 구문

```vhdl
process (clk)
 begin
    if clk' event and clk = '1' then
        s_push_sw(0) <= push_sw;
        s_push_sw(1) <= s_push_sw(0);
    end if;
end process;                    -- s_push_sw의 값이 "01"이면 스위치가 눌러졌음을 감지
```

## ② 잔액 계산을 위한 구문

```vhdl
process (clk)
 begin
    if clk' event and clk = '1' then
        if s_push_sw  "01" then          -- 누름감지스위치가 눌러지고,
            if sw_repay = '1' then        -- 반환스위치가 눌러지면
                remain <= 0;              -- 잔액이 클리어
            else                          -- 그렇지 않고 coin_sw가 눌러지면 눌러진 스위치
                                          --    의 금액에 따라 잔액이 증가
                case sw_coin is
                    when "01" =>
                        if remain < (100 - coin_1) then
```

(계속)

```
            remain <= remain + coin_1;
       else remain <= remain; end if;
    case sw_coin is
       when "10" =>
         if remain < (100 - coin_2) then
           remain <= remain + coin_2;
         else remain <= remain; end if;
       when others =>           -- 기타의 경우 아이템 스위치가 눌러지면 아이템
                                   의 값만큼 금액이 잔액에서 감소
         case sw_item is
           when "0001" =>
               if remain >= item_1 then
                 remain <= remain - item_1;
               else remain <= remain; end if;
           when "0010" =>
               if remain >= item_2 then
                 remain <= remain - item_2;
               else remain <= remain; end if;
```

③ 반환버튼을 누르거나 금액 한도에 도달한 경우, 반환 LED가 1초 동안 점등되는 구문

```
process (clk, clr_led_repay)
  begin
      if clr_led_repay = '1' then repay <= '0';
      elsif clk' event and clk = '1' then
      if s_push_sw = "01" then           -- 반환버튼을 누른 경우
      if sw_repay = '1' then repay <= '1';   -- 반환스위치가 '1'이면 반환에 '1'을
                                                대입
          end if;
      else                               -- 그렇지 않고, 동전을 더 이상 넣을 수
                                           없는 경우, 다음 case문 수행
        case sw_coin is
            when "01" =>
                if remain >= (100 - coin_1) then repay <= '1'; end if;
            when "10" =>
                if remain >= (100 - coin_2) then repay <= '1'; end if;
            when others => repay <= '0';
        end case; end if; end if; end if;
  end process;
```

④ 반환 LED를 1초 동안 켜진 상태로 유지하기 위한 구문

```
process (clk)
    variable cnt : integer range 0 to 1023;
  begin
   if clk' event and clk = '1' then
       if repay = '1' then
           cnt := cnt + 1;
           if cnt = 1023 then
               clr_led_repay <= '1';
           else clr_led_repay <= '0';
           end if;
       else cnt := 0;
           clr_led_repay <= '0';
       end if; end if;
end process;
```

## 2) 7_segment를 이용한 자동판매기의 제어 구문

```
entity vending_seg is
  port (clk : in std_logic;                              -- 1 kHz 클럭주파수
      sw_coin : in std_logic_vector (1 downto 0);        -- 동전 입력스위치
      sw_item : in std_logic_vector (3 downto 0);        -- 아이템선택 입력스위치
      sw_repay : in std_logic;                           -- 반환스위치 입력
      seg_data : out std_logic_vector (7 downto 0);      -- 7_segment 출력 데이터
      seg_com : out std_logic_vector (7 downto 0);       -- 7_segment comment 데이터
      led_item : out std_logic_vector (3 downto 0);      -- 선택 가능한 아이템 표시 LED
      led_repay : out std_logic);                        -- 반환표시 LED
end vending_seg;
architecture a of vending_seg is
    signal money : integer range 99 downto 0;
    signal seg_ten : std_logic_vector (6 downto 0);
    signal seg_one : std_logic_vector (6 downto 0);
```

## 2 전체의 VHDL 구문의 분석

### 1) 한 자리의 10진수를 7-segment 출력으로 디코딩하기 위한 구문

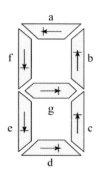

```
library ieee;
use ieee.std_logic_1164.all;

entity bcd2seg is
port (
        bcd : in integer range 15 downto 0;
        segment : out std_logic_vector (6 downto 0)
);
end bcd2seg;

architecture a of bcd2seg is
begin

process (bcd)
begin
        if bcd = 0 then
                segment <= "0111111";
        elsif bcd = 1 then
                segment <= "0000110";
        elsif bcd = 2 then
                segment <= "1011011";
        elsif bcd = 3 then
                segment <= "1001111";
        elsif bcd = 4 then
                segment <= "1100110";
        elsif bcd = 5 then
                segment <= "1101101";
```

(계속)

```
                    elsif bcd  =  6  then
                            segment <= "1111101";
                    elsif bcd  =  7  then
                            segment <= "0000111";
                    elsif bcd  =  8  then
                            segment <= "1111111";
                    elsif bcd  =  9  then
                            segment <= "1100111";
                    else
                            segment <= "0000000";
                    end if;
end process;
end a;
```

## 2) 두 자리의 10진수를 한 자리씩 7-segment 출력으로 디코딩하기 위한 구문

```
library ieee;
use ieee.std_logic_1164.all;

entity dec2seg is
port (
        number : in integer range 99 downto 0;        -- 두 자리의 10진수
        seg_ten : out std_logic_vector (6 downto 0);   -- 10의 자리의 7-segment 디코딩 출력
        seg_one : out std_logic_vector (6 downto 0)    -- 1의 자리의 7-segment 디코딩 출력
);
end dec2seg;

architecture a of dec2seg is
component bcd2seg
port (
        bcd : in integer range 9 downto 0;
        segment : out std_logic_vector (6 downto 0)
);
end component;

signal dec_ten : integer range 9 downto 0;
signal dec_one : integer range 9 downto 0;

begin
```

(계속)

```
u0 : bcd2seg
port map (
        bcd   => dec_ten,
        segment  => seg_ten
);


u1 : bcd2seg
port map (
        bcd   => dec_one,
        segment  => seg_one
);
```

## 3) 두 자리의 10진수의 값을 10의 자리와 1의 자리로 분리하기 위한 구문

```
process(number)
begin
        if number >= 90 then
                    -- 두 자리의 10진수의 값이 90보다 큰 경우 10의 자리의 값은 9이며, 1의
                       자리의 값은 두 자리의 10진수에서 90을 뺀 값이 된다.
                dec_ten <= 9;
                dec_one <= number - 90;
        elsif number >= 80 then
                dec_ten <= 8;
                dec_one <= number - 80;
        elsif number >= 70 then
                dec_ten <= 7;
                dec_one <= number - 70;
        elsif number >= 60 then
                dec_ten <= 6;
                dec_one <= number - 60;
        elsif number >= 50 then
                dec_ten <= 5;
                dec_one <= number - 50;
        elsif number >= 40 then
                dec_ten <= 4;
                dec_one <= number - 40;
        elsif number >= 30 then
                dec_ten <= 3;
                dec_one <= number - 30;
```

(계속)

```
        elsif number >= 20  then
                dec_ten <= 2;
                dec_one <= number - 20;
        elsif number >= 10  then
                dec_ten <= 1;
                dec_one <= number - 10;
        else
                dec_ten <= 0;
                dec_one <= number;
        end if;
end process;
end a;
```

\* 본 예제에서는 다이내믹 방식을 이용한 7-segment를 사용하기 위해 별도의 코드를
작성하였다. 7-segment에 대한 사용법은 설명서를 참고하기 바란다.

```
library ieee;
use ieee.std_logic_1164.all;

entity seg_module is
port (
        clk : in std_logic
        seg_4 : in std_logic_vector (6 downto 0);
        seg_3 : in std_logic_vector (6 downto 0);        -- 7-segment 입력
        segment : out std_logic_vector (7 downto 0);     -- 7-segment 출력 데이터
        common : out std_logic_vector (7 downto 0);      -- 7-segment 출력의 위치를 지정하기 위
                                                            한 출력
);
end seg_module;

architecture a of seg_module is
signal cnt : integer range 3 downto 0;
begin

process (clk)
begin
        if clk' event and clk = '1' then

                cnt <= cnt + 1;
```

(계속)

```vhdl
            case cnt is
                    when 3  =>
                            segment <= '1' & seg_4;
                    when 2  =>
                            segment <= '0' & seg_3;
                    when 1  =>
                            segment <= '0' & "0111111";
        -- 잔액에 100을 곱하여 표시하기 위해 아래 두 개의 7-segment에 0을 표
          시하게 한다.
                    when 0  =>
                            segment <= '0' & "0111111";
                    when others  =>
                            null;
            end case;
          -- common의 값이 1이 되는 비트에 해당하는 위치의 7-segment에 주어진
            데이터가 표시된다.
          if cnt = 3 then
                    common(3) <= '0';
          else
                    common(3) <= '1';
end if;


          if cnt = 2 then
                    common(2) <= '0';
          else
                    common(2) <= '1';
          end if;


          if cnt = 1 then
                    common(1) <= '0';
          else
                    common(1) <= '1';
          end if;


          if cnt = 0 then
                    common(0) <= '0';
          else
                    common(0) <= '1';
          end if;
        end if;
        end process;
common (7 downto 4) <= "1111";
end a;
```

(계속)

```vhdl
library ieee;
use ieee.std_logic_1164.all;

entity vending is
port (
        clk       : in std_logic;                        -- 1 kHz의 클럭 입력
        sw_coin : in std_logic_vector(1 downto 0);       -- 동전입력스위치
        sw_item : in std_logic_vector(3 downto 0);       -- 품목선택스위치
        sw_repay : in std_logic;                         -- 반환스위치

        money    : out integer range 0 to 99;            -- 남은 돈
        led_item  : out std_logic_vector(3 downto 0);    -- 선택 가능한 품목표시 LED
        led_repay : out std_logic                        -- 반환표시 LED
);
end vending;

architecture a of vending is
        signal push_sw    : std_logic;                   -- 스위치 입력 감지
        signal s_push_sw : std_logic_vector (1 downto 0);
                                                          -- 누름 감지를 위한 변수

        signal repay : std_logic;                         -- 반환표시를 위한 변수
        signal remain : integer range 0 to 99;            -- 남은 동전 표시를 위한 변수
        signal clr_led_repay : std_logic;                 -- 반환표시 점멸을 위한 변수

        constant item_1 : integer := 1;
        constant item_2 : integer := 2;
        constant item_3 : integer := 3;
        constant item_4 : integer := 4;                   -- 각 품목에 대한 금액 / 100
        constant coin_1 : integer := 1;
        constant coin_2 : integer := 5;                   -- 각 동전입력스위치의 금액 / 100
begin
push_sw <= '0' when (sw_coin = "00" and sw_item = "0000" and sw_repay = '0')
else '1';
          -- 스위치 입력을 감지, 동전이나 아이템, 반환스위치가 눌러졌는지를 감시한다.


process (clk)
begin
        if clk' event and clk = '1' then
                s_push_sw(0) <= push_sw;
                s_push_sw(1) <= s_push_sw(0);
        end if;
```

(계속)

```
end process;
        -- 스위치가 눌러지는 순간을 체크하기 위한 구문이다.
        s_push_sw의 값이 "01"이 되면 스위치가 눌러졌다는 것을 체크할 수 있다.


process (clk)
begin
        if clk' event and clk = '1' then
                if s_push_sw = "01" then
                        if sw_repay = '1' then
                                remain <= 0;
        -- 반환스위치가 눌러지면 잔액을 클리어한다.
                        else
        -- 코인스위치가 눌러지면 눌러진 스위치의 금액에 따라 잔액이 증가한다.
                                case sw_coin is
                                        when "01" =>
                                                if remain < (100 - coin_1) then
                                                        remain<=remain+coin_1;
                                                else
                                                        remain <= remain;
                                                end if;
                                        when "10" =>
                                                if remain < (100 - coin_2) then
                                                        remain<=remain+coin_2;
                                                else
                                                        remain <= remain;
                                                end if;
                                        when others =>
        -- 아이템스위치가 눌러지면 아이템의 값만큼의 금액이 잔액에서 감소된다.
                                                case sw_item is
                                                        when "0001" =>
                                                                if remain >= item_1 then
                                                                remain <= remain - item_1;
                                                                        else
                                                                                remain <= remain;
                                                                        end if;
                                                        when "0010" =>
                                                                if remain >= item_2 then
                                                                remain <= remain - item_2;
                                                                        else
                                                                                remain <= remain;
                                                                        end if;
                                                        when "0100" =>
                                                                if remain >= item_3 then
```

(계속)

```vhdl
                                        remain <= remain-item_3;
                                      else
                                remain <= remain;
                                      end if;
                            when "1000" =>
                            if remain >= item_4 then
                            remain <= remain - item_4;
                                      else
                                remain <= remain;
                                      end if;
                            when others =>
                                remain <= remain;
                            end case;
                      end case;
                end if;
          end if;
      end if;
end process;
      -- 반환버튼을 누르거나 금액이 한도에 도달할 경우 반환램프가 1초 동안 점등된다.
process (clk, clr_led_repay)
begin
      if clr_led_repay = '1' then
            repay <= '0';
      elsif clk' event and clk = '1' then
            if s_push_sw = "01" then
            -- 반환버튼을 누른 경우
                  if sw_repay = '1' then
                        if remain /= 0 then
                            repay <= '1'
                  end if;
                        else
            -- 동전을 더 이상 넣을 수 없는 경우
                        case sw_coin is
                            when "01" =>
                              if remain >= (100-coin_1) then
                                  repay <= '1';
                              end if;
                            when "10" =>
                              if remain >= (100-coin_2) then
                                  repay <= '1';
                              end if;
                            when others =>
```

(계속)

```
                                            repay < '0';
                                   end case;
                          end if;
                 end if;
        end if;
end process;
```

## 4) 변환램프를 1초 동안 켜진 상태로 유지하기 위한 구문

```
process (clk)
        variable cnt : integer range 0 to 1023;
begin
        if clk' event and clk = '1' then
                if repay = '1' then
                        cnt := cnt + 1;
                        if cnt = 1023 then
                                clr_led_repay <= '1';
                        else
                                clr_led_repay <= '0';
                        end if;
                else
                        cnt := 0;
                        clr_led_repay <= '0';
                end if;
        end if;
end process;
```

## 5) 선택 가능한 아이템을 표시하기 위한 구문

잔액이 해당 아이템의 금액보다 작을 경우 해당 아이템의 램프가 켜지게 된다.

```
led_item(0) <= '1' when remain >= item_1 else '0';
led_item(1) <= '1' when remain >= item_2 else '0';
led_item(2) <= '1' when remain >= item_3 else '0';
led_item(3) <= '1' when remain >= item_4 else '0';

money <= remain;
led_repay <= repay;
end a;
```

## 6) 7-segment를 이용한 밴딩 머신 제어 코드

```vhdl
library ieee;
use ieee.std_logic_1164.all;

entity vending_seg is
port (
        clk : in std_logic;                               -- 10 kHz의 주파수를 가지는 클럭
        sw_coin : in std_logic_vector (1 downto 0);       -- 동전 입력 스위치
        sw_item : in std_logic_vector (3 downto 0);       -- 아이템 선택 스위치
        sw_repay : in std_logic;                          -- 반환 스위치
        sw_data : out std_logic_vector (7 downto 0);      -- 7-segment 데이터
        sw_com : out std_logic_vector (7 downto 0);       -- 7-segment common 데이터
        led_item : out std_logic_vector (3 downto 0);     -- 선택 가능한 아이템 표시 LED
        led_repay : out std_logic);                       -- 반환표시 LED
end vending_seg;

architecture a of vending_seg is

signal money : integer range 99 downto 0;
signal seg_ten : std_logic_vector (6 downto 0);
signal seg_one : std_logic_vector (6 downto 0);
component vending
port (
        clk : in std_logic;
        sw_coin : in std_logic_vector(1 downto 0);
        sw_item : in std_logic_vector(3 downto 0);
        sw_repay : in std_logic;

        money : out integer range 0 to 99;
        led_item : out std_logic_vector(3 downto 0);
        led_repay : out std_logic);
end component;

component dec2seg
port (
        number : in integer range 99 downto 0;
        seg_ten : out std_logic_vector (6 downto 0);
        seg_one : out std_logic_vector (6 downto 0);
end component;

component seg_module
```

(계속)

```
port (
    clk : in std_logic;
    seg_4 : in std_logic_vector (6 downto 0);
    seg_3 : in std_logic_vector (6 downto 0);

    segment : out std_logic_vector (7 downto 0);
    common : out std_logic_vector (7 downto 0);
end component;

begin

u1 : vending
port map (
        clk  => clk,
        sw_repay  => sw_repay,
            sw_item  => sw_item,
            sw_coin  => sw_coin,
        money  => money,
        led_item  => led_item,
        led_repay  => led_repay);

u2 : dec2seg
port map (
        number  => money,
        seg_ten  => seg_ten,
        seg_one  => seg_one);

u3 : seg_module
port map (
        clk  => clk,
        seg_4  => seg_ten,
        seg_3  => seg_one,

        segment  => seg_data,
        common  => seg_com);

end a;
```

| 과제 |

12장에서 주어진 아이템 4개(100원, 200원, 300원, 400원) 외에 500원, 600원 등 2개
의 아이템이 추가되고 동전 입력 100원, 500원 외에 10원, 50원이 추가된 VHDL 구문
을 완성하시오.

# 13

Design of S2 Key Board Interface

# S2 Key Board Interface의 설계

## 목표, 구성 및 동작

### 1 설계의 목표

제13장에서는 PS2 키보드 인터페이스(keyboard interface)를 VHDL을 이용하여 설계한다. 0~9 숫자 입력을 PS2 키보드를 통하여 스캔코드(scan code)로 분석하고, 이를 7-segment로 표시하는 동작을 구현하는 것이 설계의 목표이다.

> **설계의 목표**
>
> - keyboard, mouse의 입력장치로 사용되는 직렬 통신 방식의 PS2 포트의 VHDL 인터페이스 설계
> - 0~9 입력을 PS2 키보드를 통하여 스캔코드로 분석하고, 이를 7_segment로 표시하는 동작의 구현

### 2 설계의 구성요소

다음은 구성요소로써 PS2 키보드는 Numlock 키패드의 10개 숫자키를 입력으로 한다. 표시소자인 LED는 8개가 필요하며, 변환된 스캔코드를 표시하는 7-segment로 구성된다.

- PS2 keyboard  NumLock 키패드의 10개 숫자 key를 입력으로 사용(data 및 clock이 입력)
- LED  LED(8개, PS2 데이터를 분석한 스캔코드를 표시)
- 7_segment  변환된 스캔코드를 숫자로 표시

## 3 PS2 키보드 인터페이스의 동작

### 1) PS2용 keyboard 컨넥터

데이터 전송은 키보드 컨넥터의 데이터선과 클럭선을 통하여 하드웨어와 통신

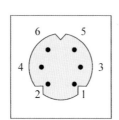

| Pin | Name | Description |
|---|---|---|
| 1 | Data | Key Data |
| 2 | N/C | Not Connect |
| 3 | GND | Ground |
| 4 | VCC | + 5 V DC |
| 5 | CLK | Clock |
| 6 | N/C | Not Connect |

그림 13-1  PS2 keyboard의 컨넥터 구조와 핀 기능

### 2) keyboard 통신의 데이터 형태

① 데이터 형태 : start bit, data bit, parity bit 및 stop bit 등 11bit로 구성
② 데이터 신호 : 클럭 신호로 동기하여 전송(60 $\mu$s~100 $\mu$s / bit)

### 3) 데이터 전송

① 입력 데이터는 내부 컨트롤러에 의해 입력 정보에 대응하는 스캔코드를 데이터 선에 전송
② 스캔코드는 키가 떨어져도 코드를 발생하므로 키가 눌러지는 것을 인식
③ 키가 눌러질 때는 make code(1 byte), 떨어질 때는 break code(2 byte) 발생

### 4) 스캔코드

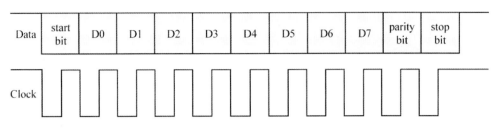

**그림 13-2** 데이터의 형태와 클럭 신호

**표 13-1** 알파벳, 숫자에 대한 스캔코드

| Key | 스캔코드 | Key | 스캔코드 | Key | 스캔코드 | Key | 스캔코드 | Key | 스캔코드 | Key | 스캔코드 |
|---|---|---|---|---|---|---|---|---|---|---|---|
| space | 29 | 1 | 16 | B | 32 | S | 1B | d | 23 | u | 3C |
| ! | 16 | 2 | 1E | C | 21 | T | 2C | e | 24 | v | 2A |
| " | 52 | 3 | 26 | D | 23 | U | 3C | f | 2B | w | 1D |
| # | 26 | 4 | 25 | E | 24 | V | 2A | g | 34 | x | 22 |
| $ | 25 | 5 | 2E | F | 2B | W | 1D | h | 33 | y | 35 |
| % | 2E | 6 | 36 | G | 34 | X | 22 | i | 43 | z | 1A |
| & | 3D | 7 | 3D | H | 33 | Y | 35 | j | 3B | { | 54 |
| ' | 52 | 8 | 3E | I | 43 | Z | 1A | k | 42 | l | 5D |
| ( | 46 | 9 | 46 | J | 3B | [ | 54 | l | 4B | } | 5B |
| ) | 45 | : | 4C | K | 42 | ₩ | 5D | m | 3A | Back | 66 |
| * | 3E | ; | 4C | L | 4B | ] | 5B | n | 31 | Enter | 5A |
| + | 55 | < | 41 | M | 3A | ^ | 36 | o | 44 | Up | 75 |
| , | 41 | = | 55 | N | 31 | _ | 4E | p | 4D | Down | 7A |
| - | 4E | > | 49 | O | 44 | ' | 0E | q | 15 | Left | 6B |
| . | 49 | ? | 4E | P | 4D | a | 1C | r | 2D | Right | 74 |
| / | 4A | @ | 1E | Q | 15 | b | 32 | s | 1B | L Shift | 12 |
| 0 | 45 | A | 1C | R | 2D | c | 21 | t | 2C | R Shift | 59 |

## PS2 Key Board Interface의 하드웨어 구조

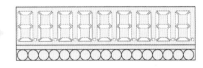

그림 13-3　PS2 키보드 인터페이스의 요소

## PS2 Key Board Interface의 VHDL 설계

### 1 주요 부분의 VHDL 구문의 분석

#### 1) 0~9 숫자키 입력을 받아 스캔코드로 표시하는 구문

```vhdl
library IEEE;
use IEEE.std_logic_1164.all;
entity ps2 is
    port (reset : in std_logic;          -- 모든 동작을 초기화하기 위한 스위치 입력
        ps2_clk : in std_logic;          -- ps2 포트의 클럭 신호 입력
        ps2_data : in std_logic;         -- ps2 포트의 데이터 신호 입력
        scan_data : out std_logic_vector (7 downto 0));
                                         -- ps2 포트 신호에 대한 스캔코드 출력
end ps2;
architecture a of ps2 is
    type state is (s0, s1, s2, s3);
                                -- ps2 동작상태 정의, s0(start bit), s1(data bit), s2(parity bit),
                                   s3(stop bit)
    signal key_state : state;
    signal scan_cnt : integer range 7 downto 0;
                                -- 8bit 데이터 입력을 위한 카운트 변수
    signal shift_reg : std_logic_vector (7 downto 0);
                                -- 데이터 비트를 1bit씩 입력 받아 쉬프트하기 위한 변수
    begin
```

① 데이터 입력상태(s1)에서 8bit 데이터를 카운트하는 구문

```
process (reset, ps2_clk)
  begin
      if reset = '1' then
          scan_cnt <= 0;
      elsif ps2_clk' event and ps2_clk = '1' then
          if key_state = s1 then
            if scan_cnt = 7 then
                scan_cnt <= 0;
            else scan_cnt <= scan_cnt + 1;
              end if;
          else scan_cnt <= 0;
          end if;
      end if;
end process;
```

② PS2의 동작상태를 나타내는 구문

```
process (reset, ps2_clk)
  begin
      if reset = '1' then
          key_state <= s0;
      elsif ps2_clk' event and ps2_clk = '1' then
          if key_state = s0 and ps2_data = '0' then
                      -- ps2_data 신호는 초기 상태에서 data 신호가 1로 주어짐
                      -- 만일 ps2_data 값이 0이면 start_bit가 입력되었음을 의미함
            key_state <= s1;
          elsif key_state = s1 then
          if scan_cnt = 7 then
              key state <= s2; end if;
          elsif key_state = s2 then key_state <= s3;
          else key_state <= s0;
            end if; end if;
end process;
```

③ PS2의 또 다른 동작상태를 나타내는 구문

```
process (reset, ps2_clk)
  begin
      if reset = '1' then
```

(계속)

```
                    shift_reg <= (others => '0');
            elsif ps2_clk' event and ps2_clk = '1' then
                if key_state = s1 then          -- ps2_data 신호는 초기 상태에서 data 신호
                    shift_reg <= ps2_data & shift_reg (7 downto 1)
                                        -- ps2_data값은 shift_reg의 8번째 비트에 입력되고
                                           총 8번에 걸쳐 입력되어 ps2 상태가 s2가 되면
                                           shift_reg 값은 스캔코드를 갖게 됨
                else
                    shift_reg <= (others => '0');
                end if;
            end if;
end process;
```

④ 스캔코드를 7_segment로 디코딩하는 구문

```
entity scan2seg is
  port (
        scan_data : in std_logic_vector (7 downto 0);          -- ps2 스캔코드 입력
        segment : out std_logic_vector (7 downto 0);
                        -- 스캔코드를 분석하여 7_segment값으로 디코딩한 값
  end ps2seg;
architecture a of ps2seg is
  begin
  segment <= "00111111" when scan_data = "01110000" else
                        -- "01110000"은 0키에 대한 스캔코드
                        -- "00111111"은 7_segment에 0을 표시하기 위한 값
  segment <= "00000110" when scan_data = "01101001" else
                        -- "01101001"은 1키에 대한 스캔코드
                        -- "00000110"은 7_segment에 1을 표시하기 위한 값
  segment <= "01011011" when scan_data = "01110010" else
  segment <= "01001111" when scan_data = "01111010" else
  segment <= "01100110" when scan_data = "01101011" else
  segment <= "01101101" when scan_data = "01110011" else
  segment <= "01111101" when scan_data = "01110100" else
  segment <= "00000111" when scan_data = "01101100" else
  segment <= "01111111" when scan_data = "01110101" else
  segment <= "01100111" when scan_data = "01111101" else
  segment <= "01111001";
  end a;                    -- 키보드의 NumLock 0~9 이외의 키가 눌러질 경우,
                             7_segment에 E가 표시됨
```

## 2) 0~9 숫자를 7_segment로 표시하는 구문

```
entity ps2_seg is
    port (reset : in std_logic;                      -- 모든 동작을 초기화하기 위한 스위치
                                                        입력

        ps2_clk : in std_logic;                      -- ps2 포트의 클럭신호 입력
        ps2_data : in std_logic;                     -- ps2 포트의 데이터신호 입력
        led : out std_logic_vector (7 downto 0);     -- ps2 스캔코드를 표시하는 값
        segment : out std_logic_vector (7 downto 0)  -- ps2로 입력된 스캔코드를 7_segment
                                                        로 변환한 값

    end ps2_seg;
architecture a of ps2_seg is
    signal scan_code : std_logic_vector (7 downto 0);
    component ps2
        port (reset : in std_logic;
                ps2_clk : in std_logic;
                ps2_data : in std_logic;
                scan_data : out std_logic; vector (7 downto 0));
    end component;
component scan2seg
        port (scan_data : in std_logic_vector (7 downto 0);
                segment : out std_logic_vector(7 downto 0));
    end component;
```

# 2 전체의 VHDL 구문의 분석

```
library ieee;
use ieee.std_logic_1164.all;

entity ps2 is
port (
    reset : in std_logic;           -- 모든 동작을 초기화하기 위한 스위치 입력이다.
    ps2_clk : in std_logic;         -- ps2 포트의 클럭신호 입력이다.
    ps2_data : in std_logic;        -- ps2 포트의 데이터신호 입력이다.
    scan_data : out std_logic_vector (7 downto 0)
                                    -- ps2 포트의 신호를 분석한 스캔코드 출력이다.
);
end ps2;
```

(계속)

```
architecture a of ps2 is
    type state is (s0, s1, s2, s3);
                    -- ps2의 동작상태를 정의한다. s0는 스타트 비트, s1은 데이터 비트, s2는
                    페리티 비트, s3은 시톱 비트를 의미한다.
    signal key_state : state;

    signal scan_cnt : integer range 7 downto 0;
                    -- 8비트의 데이터를 입력받기 위한 카운트이다.
    signal shift_reg : std_logic_vector (7 downto 0);
                    -- 데이터 비트를 1비트씩 입력받아 이를 쉬프트하기 위한 변수이다.
begin
process (reset, ps2_clk)
begin
        if reset = '1' then
                scan_cnt <= 0;
        elsif ps2_clk' event and ps2_clk = '1' then
                if key_state = s1 then
                        if scan_cnt = 7 then
                                scan_cnt <= 0;
                        else
                                scan_cnt <= scan_can + 1;
                        end if;
                else
                        scan_cnt <= 0;
                end if;
        end if;
end process;
```

## 1) 데이터 입력상태(s1)에서 8비트 데이터를 카운트하는 구문

```
process (reset, ps2_clk)
begin
        if reset = '1' then
                key_state <= s0;
        elsif ps2_clk' event and ps2_clk = '1' then
                if key_state = s0 and ps2_data = '0' then
            -- ps2_data 신호는 초기 상태에서 data 신호를 1로 주어진다.
            -- 만약 ps2_data의 값이 0을 가진다면 스타트 비트가 입력되었다는 의미이다.
                        key_state <= s1;
```

(계속)

```
                elsif key_state = s1 then
                        if scan_cnt = 7 then
                                key_state <= s2;
                        end if;
                elsif key_state = s2 then
                        key_state <= s3;
                else
                        key_state <= s0;
                end if;
        end if;
end process;

process (reset, ps2_clk)
begin
        if reset = '1' then
                shift_reg <= (others => '0');
        elsif ps2_clk' event and ps2_clk = '1' then
if key_state = s1 then
                        shift_reg <= ps2_data & shift_reg (7 downto 1);
                        -- ps2_data값은 shift_reg의 8번째 비트에 입력되며 총 8번에
                           걸쳐 입력되어 ps2의 상태가 s2가 되면 shift_reg의 값은 스
                           캔코드를 가지게 된다.
                else
                        shift_reg <= (others => '0');
                end if;
        end if;
end process;

process (reset, ps2_clk)
begin
        if reset = '1' then
                scan_data <= (others => '0');
        elsif ps2_clk' event and ps2_clk = '1' then
                if key_state = s2 then
                        scan_data <= shift_reg;
                end if;
        end if;
end process;
end a;

library ieee;
use ieee.std_logic_1164.all;
```

(계속)

```vhdl
entity ps2_seg is
port (
    reset : in std_logic;                                 -- 모든 동작을 초기화하기 위한 스위치 입력이다.
    ps2_clk : in std_logic;                               -- ps2 포트의 클럭신호 입력이다.
    ps2_data : in std_logic;                              -- ps2 포트의 데이터신호 입력이다.

    led : out std_logic_vector (7 downto 0);              -- ps2의 스캔코드를 표시하는 값이다.
    segment : out std_logic_vector (7 downto 0));
                                                          -- ps2로 입력된 스캔코드를 7-segment로 변환한 값
                                                             이다.
end ps2_seg;

architecture a of ps2_seg is
signal scan_code : std_logic_vector (7 downto 0);
component ps2
port (
    reset : in std_logic;
    ps2_clk : in std_logic;
    ps2_data : in std_logic;

    scan_data : out std_logic_vector (7 downto 0));
end component;

component scan2seg
port (
    scan_data : in std_logic_vector (7 downto 0)
    segment : out std_logic_vector (7 downto 0));
end component;

begin
u1 : ps2
port map (
        reset  => reset,
        ps2_clk  => ps2_clk,
        ps2_data  => ps2_data,
        scan_data  => scan_code);

u2 : scan2seg
port map (
        scan_data  => scan_code,
        segment  => segment);

led <= scan_code;
```

(계속)

```
end a;

library ieee;
use ieee.std_logic_1164.all;

entity scan2seg is
port (
scan_data : in std_logic_vector (7 downto 0);          --ps2의 스캔코드 입력이다.
     segment : out std_logic_vector (7 downto 0));
          -- 스캔코드를 분석하여 이를 7-segment값으로 디코딩한 값이다.
end scan2seg;

architecture a of scan2seg is
begin
segment <= "00111111" when scan_data = "01110000" else
          -- "01110000"은 키보드의 Numlock 0키에 대한 스캔코드이며 "00111111"은
          7-segment에 0을 표시하기 위한 값이다.
          "00000110"은 when scan_data = "01101001" else
          -- "01101001"은 키보드의 Numlock 1키에 대한 스캔코드이며 "00111111"은
          7-segment에 1을 표시하기 위한 값이다.
          "01011011" when scan_data = "01110010" else
          "01001111" when scan_data = "01111010" else
          "01100110" when scan_data = "01101011" else
          "01101101" when scan_data = "01110011" else
          "01111101" when scan_data = "01110100" else
          "00000111" when scan_data = "01101100" else
          "01111111" when scan_data = "01110101" else
          "01100111" when scan_data = "01111101" else
          "01111001";
          -- 키보드의 Numlock 0~9 이외의 키가 눌러질 경우 7- segment에는 E가 표시되게
          된다.
     end a;
```

| 과제 |

0~9 숫자 외에 A~F까지의 헥사코드(hexa code)를 입력받아 이를 표시하는 VHDL
구문을 완성하시오.

# 14

# 승강기의 설계

## 목표, 구성 및 동작

### 1 설계의 목표

제14장에서는 현대식 고층건물에서 사용되는 엘리베이터(elevator)의 제어를 VHDL로 설계하고자 한다. 설계의 목표는 3층 엘리베이터 모형의 제어를 위한 VHDL 구문을 구성하는 것이다.

| 설계의 목표 |
| --- |
| • 3층 엘리베이터 모형의 제어를 위한 VHDL 구문의 설계<br>• 엘리베이터의 이동은 모터, 도어는 LED로 표현, 위치 확인은 센서를 이용 |

### 2 설계의 구성요소

다음은 구성요소로써 클럭 주파수 100 Hz, 4 bit 출력의 2상 모터, 엘리베이터 이동시 감지할 수 있는 각층별 센서, 각층별 도어(door) 개폐용 버튼, 도어동작용 LED, 표시용 LED 등으로 구성되어 있다.

- 클럭   100 Hz의 주파수
- 모터   2상의 위상을 갖는 스텝 모터(4bit 출력)
- 센서   센서(3개)를 이용, 각 층별 센서를 통하여 엘리베이터 이동시 감지
- 버튼   층 선택버튼(3개), 도어 개폐버튼(2개), 엘리베이터 외부 UP/DOWN버튼(4개)
- 도어 동작용 LED   막대 LED를 이용하여 도어의 개폐를 표현(10 bit 출력)
- 표시용 LED   층 선택 표시용(3개), 층 별 UP/DOWN 선택 표시용(4개), 엘리베이터 상승/하강 표시용(2개), 도어 개폐 선택 표시용(2개)

## 3 승강기 동작

### 1) 정지 상태

엘리베이터 이동을 위한 조작버튼이 없는 상태

① 다른 상태로의 전환은 외부 조작버튼의 입력에 따라 전환, 열림버튼을 누를 경우 도어 개폐 상태
② 해당 층 외에서 이동버튼이나 엘리베이터 내부 층 선택버튼을 누를 경우, 상승/하강 상태로 전환

### 2) 상승/하강 상태

스텝모터에 의해 이동하는 상태

다른 상태로의 전환은 이동 중 센서의 입력으로 층 도착을 확인하고, 해당 층에 정지할 것인지 혹은 이동을 계속할 것인지의 분석을 통하여 상태가 전환되거나 계속 상태를 유지

### 3) 도어 개폐 상태

엘리베이터 도어의 개폐 동작이 진행 중인 상태

① 엘리베이터 모형에서 LED의 점멸을 통하여 구현
② 정지 상태 또는 상승/하강 상태로의 전환은 문이 완전히 닫힌 상태에서 외부 조작버튼의 선택이 없을 경우 정지 상태 전환, 있는 경우는 도어 개폐 상태가 다시 진행되거나 상승/하강 상태로 전환

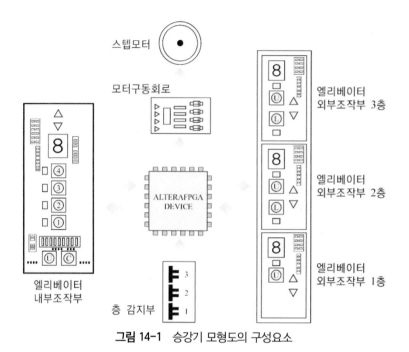

**그림 14-1** 승강기 모형도의 구성요소

# 승강기의 VHDL 설계

## 1 주요 부분의 VHDL 구문의 분석

```
entity control is
    port (clk : in std_logic;                              -- 100 Hz의 클럭주파수
        bt_updn : in std_logic_vector (3 downto 0);        -- 층별 외부의 UP/DOWN 버튼
        bt_floor : in std_logic_vector (2 downto 0);       -- 엘리베이터 내부의 층 선택버튼
        bt_door_open : in std_logic;                       -- 도어 개방버튼
        sensor_floor : in std_logic_vector (2 downto 0);

                                                           -- 엘리베이터가 각 층에 도달하였는지
                                                              의 여부를 감지하는 센서 입력
        door_close : in std_logic;                         -- 도어가 완전히 닫혔을 때, 1값을 갖는
                                                              입력

        status_updn : out std_logic_vector (1 downto 0);

                                                           -- 엘리베이터의 동작상태에 대한 출력

        led_sel_floor : out std_logic_vector (2 downto 0); -- 엘리베이터 내부 층 선택표시 LED
```

(계속)

```
    led_updn : out std_logic_vector (3 downto  0);
                        -- 엘리베이터 외부 up/down 선택표시 LED
    led_status_updn : out std_logic_vector (1 downto  0)); -- un/down 상태표시 LED
end  control;
arhitecture  a  of  control  is
    signal  bt_onup : std_logic;                    -- 층별 up/down 입력 상태 변수(1층 up)
    signal  bt_twdn, bt_twup : std_logic;           -- 층별 up/down 입력 상태 변수(2층
                                                       up/down)
    signal  bt_thdn : std_logic;                    -- 층별 up/down 입력 상태 변수(3층
                                                       down)
    signal  floor : std_logic_vector (1 downto  0)  -- 층의 위치 변수
    signal  sel_floor : std_logic_vector (2 downto  0)   -- 층의 선택 변수
    signal  status, prv_status : std_logic_vector (1 downto  0);
                    -- 엘리베이터의 동작 상태를 위한 변수
                    -- 정지 상태("00"), 하강 상태("01"), 상승 상태("10"), 도어 개폐("11")
                    -- 각 층의 up/down 버튼의 상태를 표현하기 위한 구문
process  (clk)
 begin
    if  clk' event  and  clk  =  '1' then
                        -- 각 층의 up/down 버튼을 누르면 해당 변수의 값이 1로 설정
                        -- 1, 3층의 경우 해당 층에 도착하면 변수의 값은 0
                        -- 2층의 경우, 해당 층에서 up/down 버튼과 이동 방향을 고려하여 변수
                           값을 0으로 변환
        if  bt_updn(0)  =  '0' then  bt_onup <=  '1';
        elsif  sensor_floor(0)  =  '0' then
            bt_onup  <=  '0'; end  if;
        if  bt_updn(1)  =  '0' then  bt_twdn <=  '1';
        elsif  sensor_floor(1)  =  '0' then
        if  status  =  "01"  or  (prv_status  =  "00"  and  status  =  "11") then
            bt_twdn  <=  '0';
        elsif  status  =  "10"  and  bt_thdn  =  '0'  and  sel_floor(2)  =  '0' then
            bt_twdn  <=  '0';
        elsif  status  =  "11"  and  prv_status  =  "01" then
            bt_twdn  <=  '0';
        elsif  bt_twdn  <=  bt_twdn;
            end  if; end  if;
```

① 엘리베이터의 위치를 표시하기 위한 구문

```
process  (clk)
 begin
    if  clk' event  and  clk  =  '1' then
```

(계속)

```
            case sensor_floor is
                when "011" => floor <= "10";
                when "101" => floor <= "01";
                when "110" => floor <= "00";
                when "111" => floor <= floor;
                when others => floor <= floor;
            end case; end if; end process;
```

② 층 선택버튼을 설정하기 위한 구문

```
process (clk)
  begin
    if clk' event and clk = '1' then
        if sensor_floor(0) = '0' then sel_floor(0) <= '0';
        elsif bt_floor(0) = '0' then sel_floor(0) <= '1'; end if;
                        -- 해당 층 선택버튼을 누르면 해당 변수는 1로 설정
                        -- 해당 층에 도착한 경우 값은 0
        if senser_floor(1) = '0' then sel_floor(1) <= '0';
        elsif bt_floor(1) = '0' then sel_floor(1) <= '1'; end if;
        if senser_floor(2) = '0' then sel_floor(2) <= '0';
        elsif bt_floor(2) = '0' then sel_floor(2) <= '1'; end if;
    end if ; led_sel_floor <= sel_floor; end process;
```

## 1) 엘리베이터의 제어 구문

```
entity door is
  port (clk : in std_logic;
        status : in std_logic_vector (1 downto 0);
        senser_floor : in std_logic_vector (2 downto 0);
        bt_updn : in std_logic_vector (3 downto 0);
        bt_door_open : in std_logic;
        bt_door_close : in std_logic;
        door_close : out std_logic;
        led_door : out std_logic_vector (9 downto 0));
end door;

architecture a of door is
    signal s_door_cnt : integer range 1000 downto 0;
  begin
```

(계속)

```
process (clk)
    if clk' event and clk = '1' then
        if status = "11" then
            if s_door_cnt = 1000 then s_door_cnt <= 0;
            else
                case senser_floor is
                when "110" => if bt_updn(0) = '0' or bt_door_open = '0' then
                                -- 해당 층의 up/down 버튼이나 도어 오픈버튼을 누를 경우
```

## 2) 엘리베이터 도어를 LED로 표현하기 위한 구문

```
entity seg_decode is
  port (clk : in std_logic;
        senser_floor : in std_logic_vector (2 downto 0);
        segment : out std_logic_vector (6 downto 0));
end seg_decode;
architecture a of seg_decode is
    signal seg : std_logic_vector (6 downto 0);
  begin
process (clk)
  begin
        if clk' event and clk = '1' then
            case senser_floor is
                when "011" => seg <= "1001111";
                when "101" => seg <= "1011011";
                when "110" => seg <= "0000110";
                when "111" => seg <= seg;
                    -- 층의 위치 표시는 다음 층이 도착할 때까지 이전 층의 값을 유지
                when others => seg <= "1111001";
            end case; end if; segment <= seg;
    end process;
end a;
```

## 3) 엘리베이터의 위치를 7_segment로 표시하기 위한 구문

```
library IEEE;
use IEEE. std_logic_1164.all;
entity step_motor is
```

```vhdl
port (clk : in std_logic;
      status : in std_logic_vector (1 downto 0);
      motor_d : out std_logic_vector (3 downto 0));
end step_motor;

architecture a of step_motor is
    signal motor_data : std_logic_vector (3 downto 0);
    signal d_count : integer range 3 downto 0;
    signal count : integer range 1 downto 0;
  begin
```

(1) 스텝모터의 속도를 제어하기 위한 구문
-- count의 값이 커질수록 모터의 회전속도는 감소

```vhdl
process (clk)
  begin
        if clk' event and clk = '1' then
            if status = "10" or status = "01" then
                if count = 1 then
                    count <= 0;
                else
                    count <= count + 1;
                end if;
            else
                count <= count;
            end if;
        end if;
end process;
```

(2) 모터의 회전상태를 구현하기 위한 구문

```vhdl
process (clk)
  begin
        if clk' event and clk = '1' then
            if status = "10" or status = "01" then
                if count = 1 then
                    if d_count = 3 then
                        d_count <= 0;
                    else d_count <= d_count + 1;
                    end if;
                else d_count <= d_count;
                end if;
```

(계속)

```
                else  d_count  <=  d_count;
              end if;
          end if;
      end process;
```

## 4) 엘리베이터의 이동을 위한 7_segment로 표시하기 위한 구문

```
entity  elevator  is
    port (clk : in  std_logic;                    -- 100 Hz 클럭주파수
    bt_updn : in  std_logic_vector (3  downto  0);   -- 층별 외부의 up/down 버튼
    bt_floor : in  std_logic_vector (2  downto  0);  -- 엘리베이터 내부의 층 선택버튼
    bt_door_open, bt_door_close : in  std_logic;   -- 도어 열림, 닫힘 버튼
    senser_floor : in  td_logic_vector (2  downto  0);
                          -- 엘리베이터가 각 층에 도달하였는지를 감지하는 센서
    motor_data : out  std_logic_vector (3  downto  0);   -- 스텝모터 구동을 위한 출력
    seg_floor : out  std_logic_vector (6  downto  0);
                          -- 엘리베이터의 위치 표시 7_segment 출력
    led_sel_floor : out  std_logic_vector (2  downto  0);
                          -- 엘리베이터 내부의 층 선택 표시 LED
    led_updn : out  std_logic_vector (3  downto  0);
                          -- 엘리베이터 외부 층별 up/down 선택 LED
    led_door : out  std_logic_vector (9  downto  0);
                          -- 엘리베이터 도어의 개폐 구현을 위한 LED
    led_status_updn : out  std_logic_vector (1  downto  0));
                          -- 엘리베이터 up/down 상태표시 출력
    end  elevator;

architecture  a  of  elevator  is
    signal  status_updn : std_logic_vector (1  downto  0);
    signal  door_close : std_logic;
    signal  status_floor : std_logic_vector (1  downto  0);
```

## (1) 엘리베이터 동작을 제어하는 component 구문

```
component  control
port (clk : in  std_logic;                    -- 100 Hz 클럭주파수
    bt_updn : in  std_logic_vector (3  downto  0);   -- 층별 외부의 up/down 버튼
    bt_floor : in  std_logic_vector (2  downto  0);  -- 엘리베이터 내부의 층 선택버튼
    bt_door_open : in  std_logic;                -- 도어 열림, 닫힘 버튼
```

(계속)

```
    senser_floor : in std_logic_vector (2 downto 0);
    door_close : in std_logic;
    status_updn : out std_logic_vector (1 downto 0);
    led_sel_floor : out std_logic_vector (2 downto 0);
    led_updn : out std_logic_vector (3 downto 0);
    led_status_updn : out std_logic_vector (1 downto 0);
end component;
```

(2) 엘리베이터 도어 개폐를 구현하기 위한 component 구문

```
component control
  port (clk : in std_logic;
        status : in std_logic_vector (1 downto 0);
        senser_floor : in std_logic_vector (2 downto 0);
        bt_updn : in std_logic_vector (3 downto 0);
        bt_door_open : in std_logic;
        bt_door_close : in std_logic;
        door_close : out std_logic;
        led_door : out std_logic_vector (9 downto 0));
end component;
```

(3) 엘리베이터 이동을 위한 스텝모터의 제어를 구현하기 위한 component 구문

```
component step_motor
  port (clk : in std_logic;
        status : in std_logic_vector (1 downto 0);
        motor_d : out std_logic_vector (3 downto 0));
end component;
begin

  u1 : control
   port map (clk => clk, bt_updn => bt_updn, bt_floor => bt_floor,
             bt_door_open => bt_door_open, senser_floor => senser_floor,
             door_close => door_close, status_updn => status_updn,
             led_sel_floor => led_sel_floor,
             led_status_updn => led_status_updn);
  u2 : door
  u3 : seg_decode
```

## 5) 엘리베이터의 동작

```vhdl
library ieee;
use ieee.std_logic_1164.all;
use ieee.std_logic_unsigned.all;

entity control is
port (
        clk : in std_logic;                          -- 100 Hz의 주파수를 가지는 클럭
        bt_updn : in std_logic_vector (3 downto 0);  -- 층별로 외부에 있는 up/down 버튼
        bt_floor : in std_logic_vector (2 downto 0); -- 엘리베이터 내부에 있는 층 선택버튼
        bt_door_open : in std_logic;                 -- 도어 open 버튼
        senser_floor : in std_logic_vector (2 downto 0);
                              -- 엘리베이터가 각 층에 도달하였는지를 감지하기 위한 센서
                                 입력
        door_close : in std_logic; -- 도어가 완전히 닫혔을 때 1의 값을 가진다.

        status_updn : out std_logic_vector (1 downto 0);
                                   -- 엘리베이터의 동작 상태에 대한 출력
        led_sel_floor : out std_logic_vector (2 downto 0);
                                   -- 엘리베이터 내부 층 선택표시 LED
        led_updn : out std_logic_vector (3 downto 0);
                                   -- 엘리베이터 외부의 up/down 선택표시 LED
        led_status_updn : out std_logic_vector (1 downto 0));
                                   -- 엘리베이터 up/down 상태표시 LED
end control;

architecture a of control is      -- 층별 up/down 입력상태 변수
        signal bt_onup : std_logic;
        signal bt_twdn, bt_twup : std_logic;
signal bt_thdn : std_logic;                      -- 층 위치 변수
        signal floor : std_logic_vector (1 downto 0); -- 층 선택 변수
        signal sel_floor : std_logic_vector (2 downto 0);
                                   -- 엘리베이터의 동작상태를 위한 변수
                                   -- 00 : 정지 상태, 01 : 하강 상태, 10 : 상승 상태, 11 : 도어
                                      개폐 상태
        signal status, prv_status : std_logic_vector (1 downto 0);
begin
```

(1) 엘리베이터의 동작상태를 변환하기 위한 구문

```vhdl
process (clk)
begin
```

(계속)

```
if clk' event and clk = '1' then
    case status is
        when "11" =>        -- 엘리베이터의 동작상태가 개폐상태일 때
            if door_close = '1' then
                        -- 도어의 문이 완전히 닫힌 상태일 때 door_close의
                           값은 1
                if floor = "00" then
```

① 엘리베이터의 위치가 1층일 경우

```
if bt_twdn = '1' or bt_twup = '1' or bt_thdn = '1' or sel_floor(2 downto 1) /= "00" then
```

② 2~3층의 층 선택버튼이나 층별 up/down 버튼이 선택된 경우
```
                    status <= "10";                 -- 동작상태를 상승상태로 전환한다.
                    prv_status <= status;
                else                                 -- 그렇지 않을 경우 정지상태로 전환한다.
                    status <= "00";
                    rv_status <= status;
                end if;
            elsif floor = "01" then         -- 위치가 2층일 경우
                if prv_status = "10" then
```

-- 엘리베이터의 이전 동작상태가 상승일 경우 엘리베이터의 동작상태는 이전 상태에 따라 다
음 상태를 위한 조건 검색에서 우선순위가 바뀌게 된다. 예를 들어 이전 상태가 상승상태일
경우 조건 검색에서 상승 조건을 먼저 검색하고 조건이 없을 경우 나머지 조건을 검색하는
순으로 진행된다.

```
                    if bt_thdn = '1' or sel_floor(2) = '1' then
```
-- 상승조건을 우선 검색하여 만족한 조건이 있을 경우 상승상태로 전환한다.
```
                        status <= "10";
                        prv_status <= status;
                    elsif bt_onup = '1' or sel_floor(0) '1' then
```
-- 만족하는 상승조건이 없을 경우 하강조건을 검색하여 만족하면 하강상태로 전환한다.
```
                        status <= "01";
                        prv_status <= status;
                    else
```
-- 아무 조건에도 만족하지 않을 경우 정지상태로 전환한다.
```
                        status <= "00";
                        prv_status <= status;
                    end if;
                else
```
-- 이전 상태가 하강조건일 경우 위와 반대로 하강조건을 우선 검색한다.
```
                    if bt_onup = '1' or sel_floor(0) = '1' then
```

(계속)

```vhdl
                                    status <= "01";
                                    prv_status <= status;
            elsif bt_thdn = '1' or sel_floor(2) = '1' then
                                    status <= "10";
                                    prv_status <= status;
                    else
                                    status <= "00";
                                    prv_status <= status;
                    end if;
            end if;
        else
```

③ 위치가 3층일 경우

```vhdl
if bt_onup = '1' or bt_twdn = '1' or bt_twup = '1' or sel_floor(1 downto 0) /= "00" then
                                    status <= "01";
                                    prv_status <= status;
                    else
                                    status <= "00";
                                    prv_status <= status;
                        end if;
                    end if;
            else
                    status <= status;
                    prv_status <= prv_status;
            end if;
        when "10" =>
```

④ 동작상태가 상승일 경우

```vhdl
                    if senser_floor = "101" then
-- senser_floor의 값에서 bit의 값이 0이 될 경우 해당 층에 도달하였음을 의미한다.
-- senser_floor의 값이 "101"이라는 것은 2층에 도착하였음을 의미한다.
                        if bt_twup = '1' or sel_floor(1) = '1' then
```

⑤ 해당 층에서의 선택버튼이 선택된 경우

```vhdl
                            status <= "11"
-- 엘리베이터의 동작상태를 도어 개폐상태로 전환한다.
                            prv_status <= status;
            elsif bt_twdn = '1' and sel_floor(2) = '0' and bt_thdn = '0' then
                            status <= "11";
```

-- 해당 층의 down 버튼이 선택된 상태에서 해당 층의 위층으로의 이동이 필요 없는 경우 엘리
베이터의 동작상태를 도어 개폐 상태로 전환한다. 이는 상승상태에서 해당 층에 도달하였을
경우 해당 층의 down 버튼이 선택되어 있더라도 위층의 선택버튼이나 up/down버튼이 선택
되어 있다면 해당 층에 멈추지 않고 계속 상승하게 된다.

```
                        prv_status <= status;
            else
                        status <= status;
                        prv_status <= prv_status;
                end if;
        elsif senser_floor = "011" then
                status <= "11";
                prv_status <= status;
        else
                status <= status;
                prv_status <= prv_status;
                        end if;
                when "01" =>
```

⑥ 엘리베이터의 동작상태가 하강상태일 경우

```
                if senser_floor = "101" then
                        if bt_twdn = '1' or sel_floor(1) = '1' then
                                status <= "11";
                                prv_status <= status;
                        elsif bt_twup = '1' and sel_floor(0) = '0' and bt_onup = '0' then
                                status <= "11";
                                prv_status <= status;
                        else
                                status <= status;
                                prv_status <= prv_status;
                        end if;
                elsif senser_floor = "110" then
                        status <= "11";
                        prv_status <= status;
                else
                        status <= status;
                        prv_status <= prv_status;
                end if;
        when others =>
```

⑦ 엘리베이터의 동작상태가 정지상태일 경우

```
                if floor = "00" then
```

(계속)

```
                              if bt_onup = '1' or bt_door_open = '0' then
                                  status <= "11";
```

-- 해당 층의 up/down버튼이나 엘리베이터 내부의 도어 오픈버튼이 눌러진 경우 엘리베이터의
동작상태를 도어 개폐 상태로 전환한다.

```
                                  prv_status <= status;
```

elsif bt_twdn = '1' or bt_twup = '1' or bt_thdn = '1' or sel_floor(2 downto 1) /= "00" then

-- 다른 층의 층 선택버튼이나 up/down버튼이 눌려진 경우, 현재 층을 기준으로 위층일 경우
상승상태로, 아래층일 경우 하강상태로 전환한다.

```
                                  status <= "10";
                                  prv_status <= status;
                          else

                                  status <= "00";
                                  prv_status <= status;
                          end if;
                  elsif floor = "01" then
              if bt_twdn = '1' or bt_twup = '1' or bt_door_open = '0' then
                                  status <= "11";
                                  prv_status <= status;
                          elsif bt_thdn = '1' or sel_floor(2) = '1' then
                                  status <= "10";
                                  prv_status <= status;
                          elsif bt_onup = '1' or sel_floor(0) = '1' then
                                  status <= "01";
                                  prv_status <= status;
                          else
                                  status <= "00";
                                  prv_status <= status;
                          end if;
                      else
                          if bt_thdn = '1' or bt_door_open = '0' then
                                  status <= "11";
                                  prv_status <= status;
elsif bt_onup = '1' or bt_twdn = '1' or bt_twup = '1' or sel_floor(1 downto 0) /= "00" then
                                  status <= "01";
                                  prv_status <= status;
                          else
                                  status <= "00";
                                  prv_status <= status;
                          end if;
                      end if;
                  end case;
              end if;
          end process;
```

(계속)

## 2. 전체의 VHDL 구문의 분석

### 1) 각 층의 up/down버튼의 상태를 표현하기 위한 구문

```
process (clk)
begin
        if clk' event and clk = '1' then
```
-- 각 층의 up/down버튼을 누르게 되면 해당 변수의 값이 1로 설정된다.
-- 변수의 값이 0이 되는 시점은 1, 3층의 경우 해당 층에 도착하게 되면 변수의 값은 0이 되나,
   2층의 경우 해당 층에 도착하더라도 up/down버튼과 이동 방향을 고려하여 변수의 값을 0으
   로 변환한다.
```
                if bt_updn(0) = '0' then
                        bt_onup <= '1';
                elsif senser_floor(0) = '0' then
                        bt_onup <= '0';
                end if;
                if bt_updn(1) = '0' then
                        bt_twdn <= '1';
                elsif senser_floor(1) = '0' then
                if status = "01" or (prv_status = "00" and status = "11") then
                                bt_twdn <= '0';
                elsif status = "10" and bt_thdn = '0' and sel_floor(2) = '0' then
                                bt_twdn <= '0';
                elsif status = "11" and prv_status = '01' then
                                bt_twdn <= '0';
                        else
                                bt_twdn <= bt_twdn;
                        end if;
                end if;
                if bt_updn(2) = '0' then
                        bt_twup <= '1';
                elsif senser_floor(1) = '0' then
                if status = "10" or (prv_status = "00" and status = "11") then
                                bt_twup <= '0';
                elsif status = "01" and bt_onup = '0' and sel_floor(0) = '0' then
                                bt_twup <= '0';
                elsif status = "11" and prv_status = '10' then
                                bt_twup <= '0';
                        else
                                bt_twup <= bt_twup;
                        end if;
end if;
                if bt_updn(3) = '0' then
```

(계속)

```
                    bt_thdn <= '1';
            elsif senser_floor(2) = '0' then
                    bt_thdn <= '0';
            end if;
    end if;
    led_updn <= bt_thdn & bt_twup & bt_twdn & bt_onup;
end process;
```

## 2) 엘리베이터의 위치를 표시하기 위한 구문

```
process (clk)
begin
    if clk' event and clk = '1' then
            case senser_floor is
                    when "011" =>
                            floor <= "10";
                    when "101" =>
                            floor <= "01";
                    when "110" =>
                            floor <= "00";
                    when "111" =>
                            floor <= floor;
                    when others =>
                            floor <= floor;
            end case;
    end if;
end process;
```

## 3) 층 선택버튼을 설정하기 위한 구문

```
process (clk)
begin
if clk' event and clk = '1' then
            if senser_floor(0) = '0' then
                    sel_floor(0) <= '0';
            elsif bt_floor(0) = '0' then
                    sel_floor(0) <= '1';
            end if;
```
-- 해당 층 선택버튼이 눌러지면 해당 변수는 1로 설정되며, 해당 층에 도착할 경우 값은 0이
   된다.
```
            if senser_floor(1) = '0' then
                    sel_floor(1) <= '0';
            elsif bt_floor(1) = '0' then
```

```
                              sel_floor(1) <= '1';
                  end if;
                  if senser_floor(2) = '0' then
                              sel_floor(2) <= '0';
                  elsif bt_floor(2) = '0' then
                              sel_floor(2) <= '1';
                  end if;
          end if;
          led_sel_floor <= sel_floor;
end process;

led_status_updn(1) <= '1' when status = "10" or prv_status = "10" else '0';
led_status_updn(0) <= '1' when status = "01" or prv_status = "01" else '0';
status_updn <= status;
end a;
```

4) 엘리베이터의 도어를 LED로 표현하기 위한 구문

```
library ieee;
use ieee.std_logic_1164.all;

entity door is
port (
      clk : in std_logic;
      status : in std_logic_vector (1 downto 0);
      senser_floor : in std_logic_vector (2 downto 0);
  bt_updn : in std_logic_vector (3 downto 0);
      bt_door_open : in std_logic;
      bt_door_close : in std_logic;
      door_close : out std_logic;
      led_door : out std_logic_vector (9 downto 0));
end door;
architecture a of door is
signal s_door_cnt : integer range 1000 downto 0;

begin

process (clk)
begin
      if clk' event and clk = '1' then
              if status = "11" then
                      if s_door_cnt = 1000 then
                              s_door_cnt <= 0;
```

(계속)

```
                else
                        case  senser_floor  is
                                when  "110"  =>
                        if  bt_updn(0)  =  '0'  or  bt_door_open  =  '0'  then
```

① 해당 층의 up/down 버튼이나 도어 오픈버튼을 누를 경우

```
                if  s_door_cnt  >  960  then
                        s_door_cnt  <=  s_door_cnt  -  920;
                                elsif  s_door_cnt  >  920  then
                                        s_door_cnt  <=  s_door_cnt  -  840;
                                elsif  s_door_cnt  >  880  then
                                        s_door_cnt  <=  s_door_cnt  -  760;
                                elsif  s_door_cnt  >  840  then
                                        s_door_cnt  <=  s_door_cnt  -  680;
                                elsif  s_door_cnt  >  800  then
                                        s_door_cnt  <=  s_door_cnt  -  600;
                                else
                                        s_door_cnt  <=  s_door_cnt;
                                end  if;
                        elsif  bt_door_close  >  '0'  then
```

② 도어 닫힘버튼을 누를 경우

```
                if  s_door_cnt  >  200  and  s_door_cnt  <  800  then
                                s_door_cnt  <=  800;
                end  if;
                else
                                s_door_cnt  <=  s_door_cnt  +  1;
                end  if;
                        when  "101"  =>
        if  bt_updn(1)  =  '0'  or  bt_updn(2)  =  '0'  or  bt_door_open  =  '0'  then
                if  s_door_cnt  >  960  then
                        s_door_cnt  <=  s_door_cnt  -  920;
                elsif  s_door_cnt  >  920  then
                        s_door_cnt  <=  s_door_cnt  -  840;
                elsif  s_door_cnt  >  880  then
                        s_door_cnt  <=  s_door_cnt  -  760;
                elsif  s_door_cnt  >  840  then
                        s_door_cnt  <=  s_door_cnt  -  680;
                elsif  s_door_cnt  >  800  then
                        s_door_cnt  <=  s_door_cnt  -  600;
```

(계속)

```vhdl
                    else
                            s_door_cnt <= s_door_cnt;
                    end if;
                elsif bt_door_close = '0' then
                    if s_door_cnt > 200 and s_door_cnt < 800 then
                            s_door_cnt <= 800;
                    end if;
                else
                            s_door_cnt <= s_door_cnt + 1;
                    end if;
                when "001" =>
            if bt_updn(3) = '0' or bt_door_open = '0' then
                    if s_door_cnt > 960 then
                            s_door_cnt <= s_door_cnt - 920;
                    elsif s_door_cnt > 920 then
                            s_door_cnt <= s_door_cnt - 840;
                    elsif s_door_cnt > 880 then
                            s_door_cnt <= s_door_cnt - 760;
                    elsif s_door_cnt > 840 then
                            s_door_cnt <= s_door_cnt - 680;
                    elsif s_door_cnt > 800 then
                            s_door_cnt <= s_door_cnt - 600;
                    else
                            s_door_cnt <= s_door_cnt;
                    end if;
                elsif bt_door_close = '0' then
                    if s_door_cnt > 200 and s_door_cnt < 800 then
                            s_door_cnt <= 800;
                    end if;
                else
                            s_door_cnt <= s_door_cnt + 1;
                    end if;
                when others =>
                end case;
                end if;
            else
                    s_door_cnt <= 0;
                end if;
        end if;
end process;

door_colse <= '1' when s_door_cnt = 1000 else '0';
```

(계속)

-- s_door_cnt 값이 1000이 되면 도어는 완전히 닫힌 상태가 되며 dor_close의 값도 1이 된다.
-- s_door_cnt의 값에 따라 도어의 개폐를 표시하게 된다.

```vhdl
process (clk)
begin
    if s_door_cnt < 40 then
            led_door <= "1111111111";
    elsif s_door_cnt < 80 then
            led_door <= "1111001111";
    elsif s_door_cnt < 120 then
            led_door <= "1110000111";
    elsif s_door_cnt < 160 then
            led_door <= "1100000011";
    elsif s_door_cnt < 200 then
            led_door <= "1000000001";
    elsif s_door_cnt < 800 then
            led_door <= "0000000000";
    elsif s_door_cnt < 840 then
            led_door <= "1000000001";
    elsif s_door_cnt < 880 then
            led_door <= "1100000011";
    elsif s_door_cnt < 920 then
            led_door <= "1110000111";
    elsif s_door_cnt < 960 then
            led_door <= "1111001111";
    else
            led_door <= "1111111111";
    end if;
end process;
end a;
```

| 과제 |

　3층 승강기코드를 4층 승강기코드로 확장한 VHDL 구문을 완성하시오.

# Quartus Prime Design Software의 사용

# 프로젝트의 생성과 컴파일

VHDL로 새로운 설계를 하기 위해서는 Quartus Software에서 프로젝트를 생성해야 한다. 설계를 시작할 때는 새로운 프로젝트를 생성해서 설계를 하지만 기존에 있는 프로젝트를 계속해서 진행을 할 때는 프로젝트를 오픈(open)해서 설계를 시작한다. 다음은 새로운 프로젝트를 시작하는 경우와 기존의 프로젝트를 오픈해서 설계를 하는 방법과 코드를 작성한 후에 컴파일하는 과정을 살펴본다.

프로젝트란 설계를 하기 위한 작업 단위로써 이 프로젝트 내에서 설계, 컴파일, 시뮬레이션 및 FPGA 구성이 이루어진다.

## 1 새 프로젝트 생성(creating a project)

새로운 설계를 시작할 때는 프로젝트를 새로 만들어야 한다.

### 1) New Project 마법사 실행

우선 프로젝트를 개설하기 위해 Quartus Software를 실행하면 초기 화면에서 [File] – [New Project Wizard] 메뉴를 선택하거나 Home 화면의 [New Project Wizard] 버튼을 클릭한다.

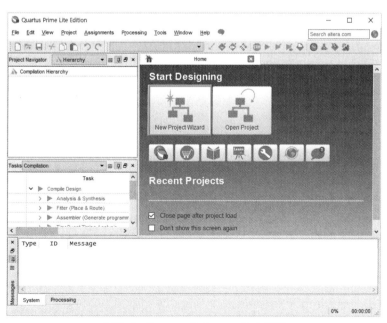

**부록-1** Quartus Software 초기 화면

## 2) New Project 마법사 시작

New Project 마법사에 대한 간략한 소개가 나온다. 새 프로젝트 생성을 계속하려면 [Next] 버튼을 클릭한다.

**부록-2** Quartus Software 초기 화면

## 3) 프로젝트 위치, 이름 지정

프로젝트의 작업 폴더(working directory)와 프로젝트 이름(project name)을 입력한다. 이 때 작업 폴더 이름과 프로젝트 이름을 일치시킬 필요는 없지만, 프로젝트 이름과 top-level design entry name은 반드시 일치시켜야 한다. 입력을 마치면 [Next] 버튼을 클릭한다.

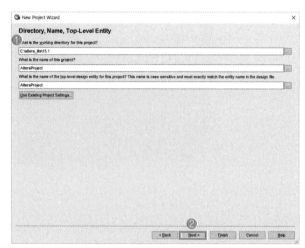

**부록-3** 프로젝트 위치, 이름 지정

## 4) 프로젝트 타입 지정

프로젝트 타입(Project Type)을 지정한다. 처음 시작하는 프로젝트이므로 'Empty Project'를 선택하고 [Next] 버튼을 클릭한다.

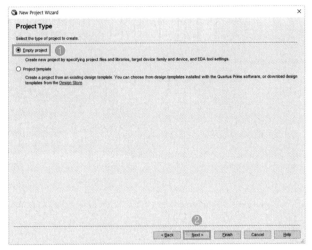

**부록-4** 프로젝트 타입 지정

## 5) 프로젝트 파일 선택

프로젝트에 포함시킬 디자인 파일을 선택한다. 일반적으로 처음 설계를 시작할 때는 포함시킬 디자인 파일이 없으므로 [Next] 버튼을 클릭한다. 만약 포함시킬 디자인 파일이 있을 때는 ⬚ 버튼을 눌러 직접 파일을 선택한 후 [Next] 버튼을 클릭한다.

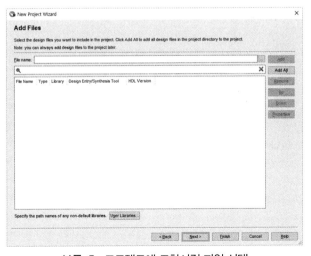

**부록-5** 프로젝트에 포함시킬 파일 선택

## 6) 디바이스 선택

프로젝트에서 사용할 디바이스를 선택한다. Family는 'Cyclone Ⅳ E'를 선택하고, 사용 가능한 디바이스 목록을 추리기 위한 조건으로 Package는 'FBGA', Pin count는 '256', Core Speed grade는 '8'을 선택한다. 하단에 나타난 사용 가능한 디바이스 목록 중 ' EP4CE6F17C8'을 선택하고 [Next]를 클릭한다.

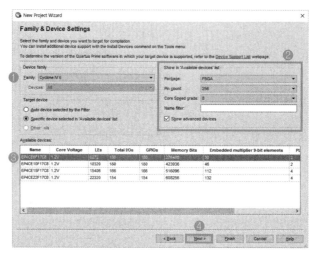

부록-6  디바이스 선택

## 7) EDA Tool Settings

프로젝트에서 사용할 EDA Tool을 설정한다. 본 실습에서 다른 도구는 사용하지 않으므로, [Next] 버튼을 클릭한다.

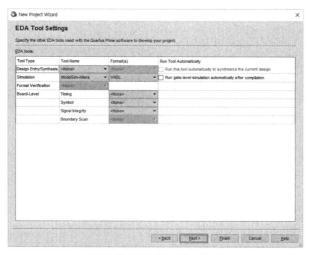

부록-7  EDA Tool Setting

## 8) 설정 요약 및 설정 완료

지금까지 선택한 프로젝트 설정을 확인한다. 프로젝트 설정을 마치려면 [Finish] 버튼을 클릭한다.

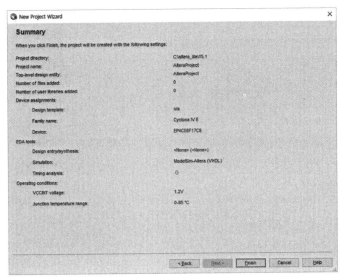

부록-8  프로젝트 Summary

## 9) 프로젝트 생성 완료

프로젝트 생성이 완료되면 제목 표시줄에 프로젝트 경로와 이름이 나타난다.

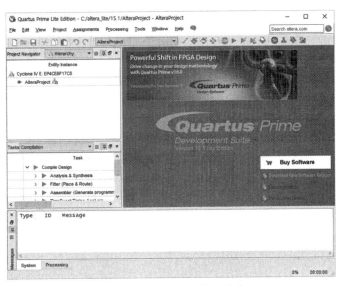

부록-9  생성된 프로젝트 화면

## 10) 코드 파일 생성

Verilog 또는 VHDL로 설계하려면 코드 파일을 생성해야 한다. [File]-[New] 메뉴를 클릭하거나 [New] 아이콘을 클릭한다. 그러면 프로젝트에서 사용할 설계 파일의 종류를 선택할 수 있다. VHDL로 설계할 때는 'VHDL File'을 선택하고 [OK] 버튼을 클릭하면 된다.

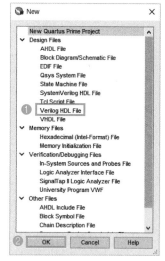

부록-10  코드 파일 생성

## 11) 코드 작성

코드를 작성한 후, 코드를 저장한다. 이때 코드의 이름은 반드시 프로젝트 이름과 동일하게(AlteraProject) 저장한다.

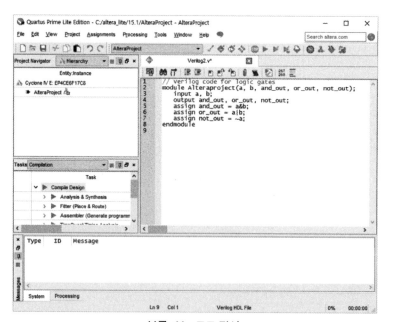

부록-11  코드 작성

## 2 프로젝트 불러오기(Open a Project)

이미 작성한 프로젝트를 불러오면 기존 프로젝트에 이어 설계하거나 수정할 수 있다.

### 1) Open Project

Quartus 초기 화면에서 [File]-[Open Project] 메뉴를 선택하고 오픈하고자 하는 프로젝트 파일(AlteraProject.qpf)을 선택하여 기존의 프로젝트를 오픈한다.

**부록-12** 프로젝트 불러오기

## 3 코드(Verilog, VHDL)의 컴파일(Compile)

코드 작성을 마치면 컴파일한 후 합성(Synthesis)해야 한다. 합성이란 동작(behavior)으로 표현되었거나 레지스터 전송 단계(RTL : Register Transfer Level)로 표현된 회로의 추상화 형태(abstract form)를 논리 게이트(logic gate)로 구현하는 과정이다.

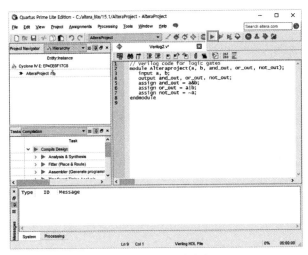

**부록-13** 코드 컴파일

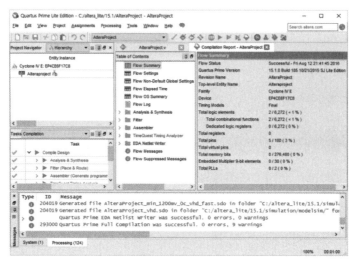

**부록-14** 컴파일 성공

컴파일하려면 [Processing]－[Start Compilation] 메뉴를 클릭하거나 ▶ [Start Compilation] 단축 아이콘을 클릭하여 직접 컴파일한다.

## 시뮬레이션

시뮬레이션(Simulation)은 Verilog 또는 VHDL로 설계한 회로를 디버깅할 수 있는 가장 좋은 방법이다. 시뮬레이션을 하지 않고 FPGA에 다운로드하여 실행할 수도 있지만 제대로 동작하지 않을 때에는 디버깅이 쉽지 않기 때문에 많은 시간만 소모된다. 따라서 시뮬레이션으로 설계를 검증한 후에 FPGA에서 실행하는 것이 가장 확실한 방법이다.

기본적으로 Quartus Software에서는 시뮬레이션 도구로 ModelSim을 사용할 것을 권하고 있지만 본 교재에서는 Quartus에서 제공하는 자체 시뮬레이션 도구를 사용하도록 한다. ModelSim이란 Mentor Graphics사에서 제공하는 시뮬레이션 도구로써, Altera의 Quartus 및 Xilinx의 ISE Design Suite와 같이 사용하는 설계 소프트웨어와 독립적으로 사용할 수 있다. ModelSim을 사용하기 위해서는 다른 참고문헌을 참고하기 바란다.

시뮬레이션을 하기 위해서는 입력 파형을 지정하고 시뮬레이션을 수행한 후에 출력 파형을 분석해야 한다.

## 1 시뮬레이션 입력 파형 지정

컴파일을 마친 후, 시뮬레이션의 입력 파형을 지정하기 위해서 [File] – [New] 메뉴를 클릭한다. 입력 파형 중 'University Program VWF'을 선택한다.

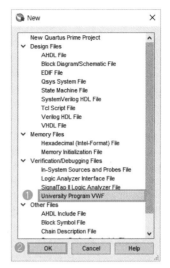

**부록-15** 시뮬레이션 입력 파형 지정

## 2 시뮬레이션 입력 파형 지정

Simulation Waveform Editor 창이 나타나면 입력 파형을 지정하기 위해 VWF 파일의 입출력 신호를 입력해야 한다. 먼저 입출력 포트를 찾기 위해 포트/노드 목록을 나타내는 화면에서 마우스 오른쪽 버튼을 누른 후 [Insert Node or Bus...] 메뉴를 선택한다.

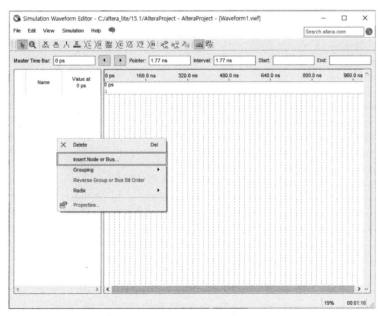

**부록-16** Simulation Waveform Editor

## 3 노드 추가

Insert Node or Bus 창에서 [Node Finder...] 버튼을 클릭하면 Node Finder 창이 나타난다.

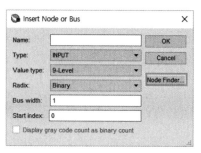

**부록-17** Insert Node or Bus 창

Filter:에서 Pins: all을 선택한 후 [List] 버튼을 클릭하면 Verilog 또는 VHDL 설계에서 사용하는 입출력 단자의 이름이 나열된다. Nodes Found:에서 모든 노드를 선택한 후 ▷▷ 버튼을 클릭하여 Selected Nodes:로 이동시키고 [OK] 버튼을 클릭한다. Insert Node or Bus 창에서도 [OK] 버튼을 클릭하여 창을 닫는다.

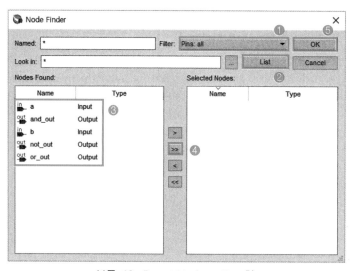

**부록-18** Insert Node or Bus 창

## 4 시뮬레이션 노드 추가 완료

노드 추가가 완료되면 노드 이름이 표시된 시뮬레이션 화면이 나타난다. 이때 시뮬레이션 파일의 이름을 반드시 'AlteraProject.vwf'로 저장해야 한다.

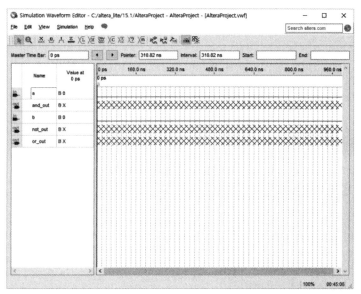

부록-19 입출력 노드가 표시된 시뮬레이션 화면

## 5 입력신호값 지정

마우스를 끌어 입력 신호의 범위를 지정한 후에 신호 레벨 버튼을 클릭하여 입력신호값을 정한다.

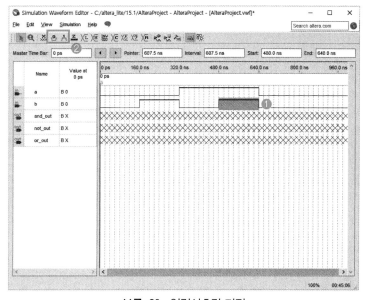

부록-20 입력신호값 지정

## 6 시뮬레이션

Simulation Waveform Editor의 Simulation 메뉴에는 Run Timing Simulation과 Run Functional Simulation이 있다. Functional Simulation은 논리 게이트의 지연 시간을 고려하지 않은 시뮬레이션으로 논리의 결과만을 보여준다. 반면 Timing Simulation은 논리 게이트의 지연 시간까지 반영한 결과를 보여주기 때문에 입력파형이 바뀔 때 약간의 지연이 발생한 후에 결과값이 나타난다.

Simulation Waveform Editor에서 [Simulation] - [Run Timing Simulation] 메뉴를 클릭하거나 단축 아이콘 중 ![icon] [Run Timing Simulation] 버튼을 클릭하면 시뮬레이션이 진행된다.

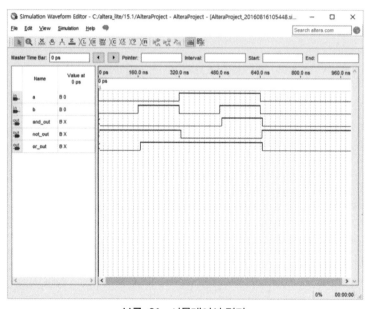

**부록-21**  시뮬레이션 결과

## 7 시뮬레이션 시간 변경

기본적인 시뮬레이션 시간은 1usec이지만, [Edit] - [Set End Time] 메뉴를 클릭한 후에 시뮬레이션 시간을 변경할 수 있다.

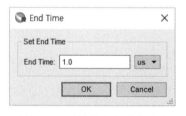

**부록-22**  시뮬레이션 시간 변경

# 디바이스와 핀 할당(Device and Pin Assignment)

컴파일을 하고 시뮬레이션을 했을 때 결과가 정상적이면 DIGCOM-A1.2의 FPGA에 다운로드하여 실행시켜야 한다. FPGA에 다운로드하기 위해서는 디바이스 종류를 선택하고 핀을 할당해야 한다.

## 1 디바이스 종류 선택

DIGCOM-A1.2에서는 Cyclone IV EP4CE6F17C8 디바이스를 사용하므로 [Assignments] -[Device] 메뉴에서 Cyclone IV EP4CE6F17C8를 선택한다. 디바이스를 선택한 후 [Device and Pin Options...] 버튼을 클릭한다.

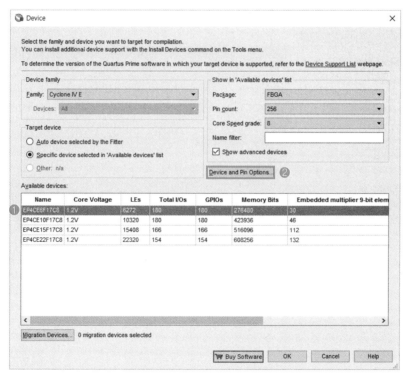

**부록-23** 디바이스 종류 선택

## 2 디바이스 옵션 설정

그러면 Device and Pin Options 창이 나타난다. Category:에서 'Configuration'을 선택한 후에 Configuration scheme:을 'Active Serial(can use Configuration Device)'를 선택한다. 'Use configuration device'를 체크하고 configuration device는 'EPCS4'로, configuration device I/O voltage는 3.3V로 설정한다.

Cyclone 디바이스는 휘발성이므로 전원이 꺼지면 데이터가 보존되지 않는다. 따라서 데이터를 저장하기 위해 configuration 디바이스를 사용해야 한다. 이때 configuration 디바이스란 컴파일되어 생성되는 pof(Programmable Object File)을 저장하는 디바이스이다. 이 디바이스는 전원이 꺼져도 데이터가 지워지지 않으며 전원이 켜지면 저장된 데이터를 Cyclone 디바이스로 configure한다.

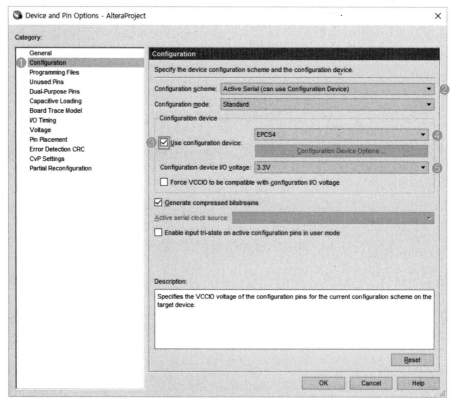

**부록-24** configuration 디바이스 옵션 설정

## 3 사용하지 않는 핀 설정

Device and Pin Options 창의 Catagory:에서 Unused Pins를 선택한다. Reserve all unused pins:를 'As input tri-stated'로 선택하고 [OK] 버튼을 클릭하여 창을 닫는다. 이는 FPGA에서 사용하지 않는 핀들을 입력으로 설정함으로써 필요 없는 값이 출력장치에 출력되는 것을 방지하기 위한 것이다.

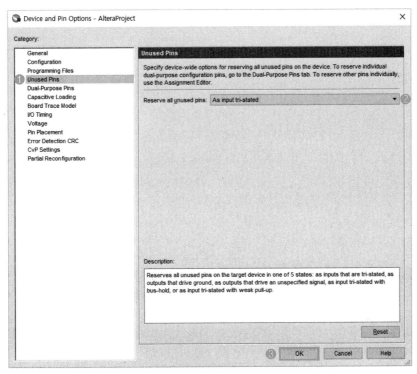

**부록-25**  사용하지 않는 핀 설정

## 4 디바이스 핀 할당

Cyclone IV 디바이스는 디바이스의 한 면에 핀이 배열되어 있는데, 각 핀에는 핀 번호가 부여되어 있고 슬라이스 스위치나 LED와 같은 입출력장치가 연결되어 있다. 따라서 입출력 노드를 디바이스의 핀에 할당하면 이 노드들이 입출력장치와 연결된다.

디바이스 핀을 할당하기 위해 Quartus Prime Lite Edition 창에서 [Assignment]-[Pin Planner] 메뉴를 클릭하면 Pin Planner 화면이 나타난다. 화면 아래에 프로젝트 설계에서 사용되는 입출력 노드의 이름이 나타난다. 입출력 노드에 연결할 입출력장치가 연결된 핀 번호를 할당한다. 핀 번호를 할당할 때에는 각 입출력 장치에 할당된 할당 표를 참고한다.

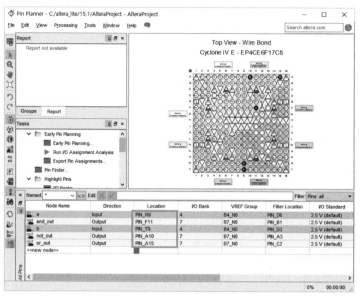

**부록-26** 디바이스 핀 할당

## 5 컴파일

핀을 할당한 후에는 다시 컴파일 해야 한다. 컴파일을 하면 pof 파일이 생성된다. pof(Programmer Object File) 파일은 설계된 코드를 컴파일했을 때 생성되는 다운로드 파일로, configuration 디바이스에 저장되고 FPGA에서 실행된다.

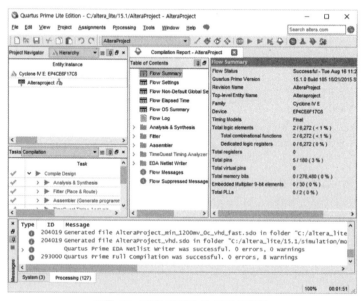

**부록-27** 핀을 할당한 후 다시 컴파일

## FPGA에 다운로드

설계된 회로를 실행시키기 위해서는 컴파일된 pof 파일을 FPGA에 다운로드 해야 한다. 다음은 pof 파일을 USB Blaster를 통해서 EPCS4 configuration 디바이스에 다운로드하고 Cyclone IV FPGA에서 실행시키는 과정을 설명한다. FPGA에 다운로드 하기 전에 USB Blaster 케이블의 한 쪽을 컴퓨터의 USB 포트에 연결하고 한 쪽은 DIGCOM-A1.2의 커넥터에 연결하고 전원을 켠다.

### 1 Programmer 실행

[Tools] – [Programmer] 메뉴를 클릭하거나 📎 [Programmer] 단축 아이콘을 클릭하여 Programmer를 실행한다.

**부록-28**  프로그래머 화면 열기

### 2 Programmer 설정 및 FPGA 다운로드

먼저 Hardware Setup이 'USB-Blaster[USB-0]'으로 설정되었는지 확인하고, Mode:를 'Active Serial Programming'으로 선택한다. 프로젝트 파일을 추가하기 위해 [Add

File...] 버튼을 클릭하여 '프로젝트 폴더\output_files\AlteraProject.pof' 파일을 선택한 후 [Open] 버튼을 클릭한다. 파일이 추가되면 'Program/Configure'를 체크한다. 설정이 완료되면 [Start] 버튼을 클릭하여 FPGA를 다운로드 한다.

부록-29  프로그래머 설정

Progress bar에서 다운로드가 완료됨을 확인할 수 있으며, 다운로드가 완료되면 설계한 코드가 실행된다.

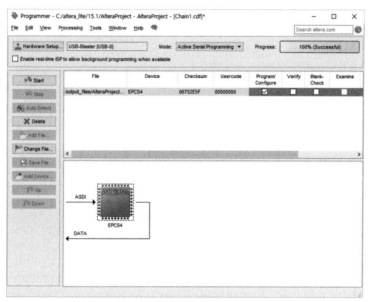

**부록-30** pof 파일 다운로드 확인

## 계층적 프로젝트 (Hierarchical Project)

설계가 복잡해지면 기능 단위 블록으로 나누어 설계한 후 상위 계층에서 통합하는 방법인 계층적인 설계를 한다. 계층적으로 설계하는 과정을 간단한 예를 통해 알아보자.

계층적으로 설계하는 과정은 전체 설계를 기능적으로 분리한 후에 각 기능들을 Verilog 또는 VHDL로 설계한 후 컴파일을 해서 시뮬레이션을 통해 동작에 이상이 없는지를 확인하고 BSF(Block Symbol File)을 생성한다.

상위 계층에서는 새로운 프로젝트를 생성하고 새로운 디자인 파일로 Block Diagram/Schematic 파일을 오픈한다. 이 파일에서는 schematic 설계가 가능하며 앞에서 생성한 BSF를 사용해서 라이브러리에서 제공하는 다른 심볼과 함께 설계할 수 있다. 이 예에서는 4×1 멀티플렉서(mux41)을 VHDL로 설계하고 BSF로 생성한 후 상위 계층에서 이용해서 설계하는 과정을 보여주고 있으며, VHDL 뿐만 아니라 Verilog 또는 schematic 등과 같은 방법으로 설계를 했을 때에도 BSF로 생성해 상위 계층에서 이를 이용해서 설계를 할 수 있다. 또한 schematic 방법을 사용하지 않고 Verilog 또는 VHDL을 사용해서 계층적인 설계를 할 수도 있다.

다음 예는 4×1 멀티플렉서를 VHDL로 설계한 후에 mux41.BSF을 생성하고, 상위 계층에서는 생성된 mux41 심볼과 Altera에서 제공되는 D 플립-플롭 심볼을 연결하는 설계과정을 보여준다. 만일 VHDL 대신에 Verilog로 4×1 멀티플렉서를 설계해도 심볼을 생성하고 schematic으로 설계하는 과정은 동일하다.

## 1 심볼로 생성될 프로젝트 생성

상위 계층 설계를 위한 HierDesign 폴더 안에 심볼로 생성될 프로젝트(mux41)를 생성한다. 즉 HierDesign 폴더에 새로운 프로젝트 mux41 프로젝트를 생성하고 부록-31과 같이 mux41.vhd를 설계한다.

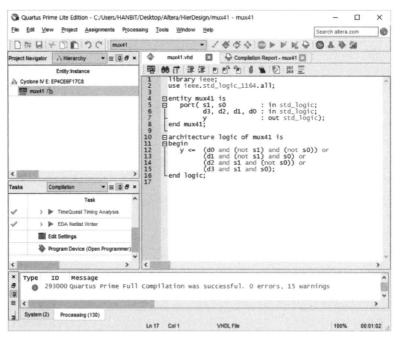

**부록-31** 계층적 설계를 위한 mux41의 VHDL 설계

## 2 Block Symbol File(BSF) 생성

시뮬레이션으로 VHDL 설계의 결과가 이상이 없음을 확인한 후 [File]－[Create/Update]－[Create Symbol Files for Current File] 메뉴를 클릭하여 Block Symbol File(BSF)을 생성한다.

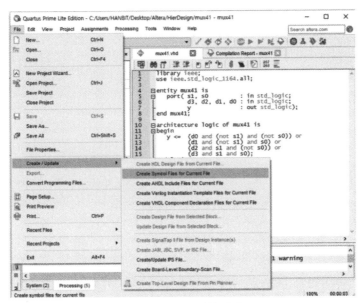

부록-32  BSF 파일 생성

## 3 최상위 프로젝트 생성

새로운 프로젝트를 동일한 폴더 안에 최상위 프로젝트 이름(HierDesign)으로 생성한다. 이때 폴더에 다른 프로젝트가 있으므로 경로를 수정할 것인지를 묻는 메시지가 출력되나, [No] 버튼을 클릭하여 같은 폴더에 프로젝트를 생성한다.

부록-33  한 폴더에 최상위 프로젝트의 생성 여부 확인

## 4 최상위 프로젝트 생성

Schematic 설계를 하기 위해 [File] – [New] – [Block Diagram/Schematic File] 메뉴를 선택한다. 이는 생성된 mux41 BSF 파일과 Altera에서 제공하는 D 플립-플롭을 이용하여 그래픽으로 설계하기 위한 템플릿이다.

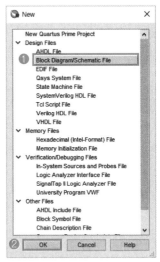

**부록-34** Block Diagram/
Schematic 파일 생성

## 5 mux41 심볼 호출

Schematic 설계 화면 위에서 왼쪽 마우스 버튼을 더블 클릭하면 Symbol 창이 나타난다. 이때 Libraries:에서 [Project] – [mux41]을 선택하면 생성된 심볼이 나타난다. 참고로 Project 폴더는 Altera에서 제공되는 심볼이 아닌 사용자가 생성한 심볼이 저장되는 폴더이다. 선택이 완료되면 [OK] 버튼을 클릭하여 창을 닫고 적당한 위치에 심볼을 배치한다.

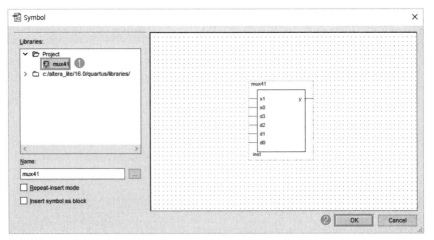

(계속)

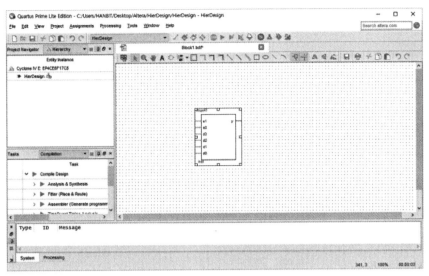

부록-35   mux41 BSF 심볼 호출

## 6 D 플립-플롭 호출

Schematic 설계 화면 위에서 다시 왼쪽 마우스 버튼을 더블 클릭하여 Symbol 창을 띄운다. libraries:에서 [primitives] – [storage] – [dff]를 선택하고 [OK] 버튼을 클릭한다. Library에는 Altera에서 제공하는 컴포넌트가 심볼로 제공된다.

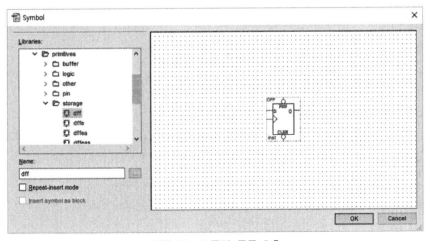

부록-36   D 플립-플롭 호출

## 7 D 플립-플롭 호출

회로의 나머지 부분을 설계한 후 'HierDesign.bdf'로 저장한다. 이때 input, output 단자는 ▓▾ 아이콘을 눌러 입력하고, VCC는 빈 공간을 더블 클릭하여 Symbol 창을 띄우거나 ▦ 아이콘을 클릭하여 Symbol 창을 띄워 입력한다.

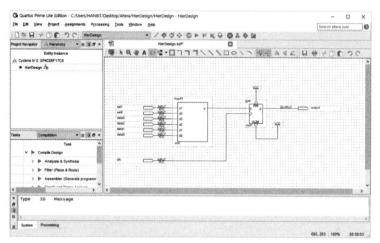

**부록-37** 최상위 프로젝트에서의 설계 화면

## 8 컴파일 및 FPGA 다운로드

다시 컴파일을 한 후 성공한 메시지를 확인한다. 이후 시뮬레이션과 FPGA에 다운로드 하여 실행하는 과정은 앞에서 설명한 방법과 동일하다.

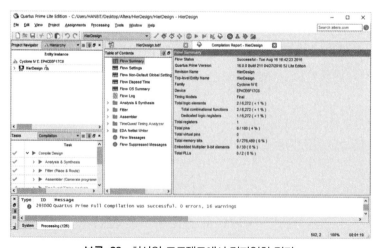

**부록-38** 최상위 프로젝트에서 컴파일한 결과

1. 임석구, 홍경호, 디지털 논리회로, 한빛아카데미, 2015.

2. 한승조, 이성순, VHDL, 2000.

3. 이대영 외, VHDL 기초와 응용, 홍릉과학출판사, 1998.

4. R. Tokheim, Digital Electronics, principles & applications, 2006.

5. D. J. smith, HDL chip Design, Doone publications, 1996.

6. L. A. Glasser and D. W. Dobberpuhl, *The Design and Analysis of VLSI Circuits*, Addison-Wesley Publishing Company, 1985.

7. N. H. E. Weste and k. Eshraghian, *Principles of CMOS VLSI Design*, Addison-Wesley Publishing Company, 1985.

8. M. Annaratone, *Digital CMOS Circuit Design*, Kluwer Academic Publishers, 1986.

9. J. P. Uyemura, *Fundamentals of MOS Digital Integrated Circuits*, Addison-Wesley Publishing Company, 1988.

10. J. P. Uyemura, *Circuit Design for CMOS VLSI*, Kluwer Academic Publishers, 1992.

11. *LSI Logic 0.7-Micron Array-Based Products Databook*, LSI Logic Co., CA, 1993.

12. R. H. Katz, *Contemporary Logic Design, The Benjamin*/Cummings Publishing Company, Inc., CA. 1994.

13. T. A. DeMassa and Z. Ciccone, *Digital Integrated Circuits*, John Wiley & Sons, Inc., NY, 1996.

14. J. M. Rabaey, *Digital Integrated Circuits: A Design Perspective*, Prentice-Hall, Inc., 1996.

15. B. Kang, S. Lee, J. Park, *CMOS Layout Design using MyChip Station, MyCAD, Inc.*/Seudu Logic, Inc., 2000.

# 디지털 시스템 설계

2017년 8월 10일 제1판 1쇄 펴냄
지은이 류장렬 | 펴낸이 류원식 | 펴낸곳 **청문각출판**

**편집부장** 김경수 | **책임진행** 오세은 | **본문편집** 디자인이투이 | **표지디자인** 유선영
**제작** 김선형 | **홍보** 김은주 | **영업** 함승형·박현수·이훈섭
**주소** (10881) 경기도 파주시 문발로 116(문발동 536-2) | **전화** 1644-0965(대표)
**팩스** 070-8650-0965 | **등록** 2015. 01. 08. 제406-2015-000005호
**홈페이지** www.cmgpg.co.kr | **E-mail** cmg@cmgpg.co.kr
ISBN 978-89-6364-324-3 (93560) | **값** 29,200원

* 잘못된 책은 바꿔 드립니다.    * 저자와의 협의 하에 인지를 생략합니다.


* 불법복사는 지적재산을 훔치는 범죄행위입니다.
저작권법 제125조의 2(권리의 침해죄)에 따라 위반자는 5년 이하의 징역 또는
5천만 원 이하의 벌금에 처하거나 이를 병과할 수 있습니다.